卓越工程师培养系列
战略性新兴领域"十四五"高等教育教材

emWin 应用开发
——基于 GD32

唐 浒 董 磊 主 编

陈可东 何 青 郭文波 副主编

U0281180

电子工业出版社·
Publishing House of Electronics Industry
北京·BEIJING

内 容 简 介

GD32F3 苹果派开发板（主控芯片为 GD32F303ZET6）配套有多本教材，分别介绍微控制器基础外设、微控制器复杂外设、GUI 设计、微机原理、操作系统等知识。本书为基于 emWin 的 GUI 设计教程，通过 15 章分别介绍 LCD 显示与触摸、emWin 移植、emWin 仿真、emWin 基础显示、窗口管理，emWin 的 BUTTON、FRAMEWIN、TEXT、EDIT、PROGBAR、RADIO、LISTBOX、GRAPH、ICONVIEW 控件，以及 emWin 的图片显示和中文显示。全书程序的代码编写均遵循统一规范，并且各章的工程采用模块化设计，以便于将各模块应用到实际项目和产品中。

本书配有丰富的资料包，涵盖 GD32F3 苹果派开发板原理图、例程、软件包、PPT 等，资料包将持续更新，下载链接可通过微信公众号"卓越工程师培养系列"获取。

本书既可以作为高等院校电子信息、自动化等专业微控制器相关课程的教材，也可以作为微控制器系统设计及相关行业工程技术人员的入门培训用书。

图书在版编目（CIP）数据

emWin 应用开发 ：基于 GD32 / 唐浒，董磊主编.

北京 ：电子工业出版社, 2024. 9. -- ISBN 978-7-121 -48729-3

Ⅰ. TP368.1

中国国家版本馆 CIP 数据核字第 2024VB5262 号

责任编辑：张小乐　　文字编辑：曹　旭

印　　刷：北京捷迅佳彩印刷有限公司

装　　订：北京捷迅佳彩印刷有限公司

出版发行：电子工业出版社

　　　　　北京市海淀区万寿路 173 信箱　邮编　100036

开　　本：787×1 092　1/16　印张：18.25　字数：467 千字

版　　次：2024 年 9 月第 1 版

印　　次：2025 年 6 月第 2 次印刷

定　　价：89.00 元

前 言

本书主要介绍 emWin 开发与应用，采用的硬件平台为 GD32F3 苹果派开发板套件，包含开发板主板和 4.3 寸 LCD 显示模块。主板的主控芯片为 GD32F303ZET6（封装为 LQFP-144），由兆易创新科技集团股份有限公司（以下简称"兆易创新"）研发并推出。兆易创新的 GD32 MCU 是我国高性能通用微控制器领域的领跑者，主要体现在以下几点：①GD32 MCU 是我国最大的 ARM MCU 产品家族，已经成为我国 32 位通用 MCU 市场的主流产品；②兆易创新在我国第一个推出基于 ARM Cortex-M3、Cortex-M4、Cortex-M23 和 Cortex-M33 内核的 MCU 产品系列；③全球首个 RISC-V 内核通用 32 位 MCU 产品系列出自兆易创新；④在我国 32 位 MCU 厂商排名中，兆易创新连续五年位居第一。

本书旨在介绍基于 emWin 的图形用户界面（GUI）开发，并提供一系列设计实例。图形用户界面是嵌入式设备与用户进行交互的重要手段之一，它提供了直观的可视化界面和丰富的交互方式，一方面以图表、图像、动态效果等形式呈现复杂的数据，使用户更易于获取和分析信息；另一方面通过图标、按钮、窗口等控件实现人机交互，用户只需操作界面元素即可控制应用程序的行为。图形用户界面相较于其他人机交互方式的优势在于其用户友好性，降低了用户学习和使用的门槛，极大地提升了用户体验。在医疗器械、家用电器、工控设备等领域中，图形用户界面具有非常广泛的应用。

emWin 是 Segger 公司开发的一款高性能、可移植、可扩展的 GUI 开发库，支持市面上常见的各大嵌入式平台和操作系统，包括使用 ARM Cortex-M 系列处理器的 Renesas、NXP、GigaDevice 等。除了强大的适配性，emWin 还为开发者提供了丰富的界面设计元素，包括基本的图形（线条、圆形、矩形等）绘制和文本显示接口、丰富的控件（按钮、编辑框、进度条等）、灵活的窗口管理器等。此外，emWin 还提供了强大的事件驱动机制，开发者可以通过注册事件回调函数来处理用户输入和界面交互，保障用户交互的实时性和准确性。

emWin 为图形用户界面设计提供了丰富的解决方案，也为开发者提供了强大的支持，在嵌入式 GUI 开发领域具有出色的用户反馈。然而市面上关于 emWin 应用开发的书籍较少，基于国产微控制器的 emWin 教材更是屈指可数，相关开发者难以系统性地获取 emWin 的知识体系。为此，我们希望通过编写本书，使初学者能够快速学习 emWin，掌握其基本概念、特性和开发技巧。无论是刚刚踏入嵌入式 GUI 开发领域的初学者，还是已有一定经验的开发者，本书都将为其提供一定的实践指导和实用的开发案例。希望读者通过学习 emWin，能够掌握更高效的 GUI 开发技术和方法，为嵌入式设备应用带来更出色的用户体验。

本书聚焦 emWin 应用开发，涉及微控制器外设的介绍较少。因此，对于缺乏嵌入式开发经验的读者，建议先学习"卓越工程师培养系列"教材中的《GD32F3 开发基础教程——基于 GD32F303ZET6》。读者可通过该教材来学习 GD32F303ZET6 微控制器基础片上外设的原理与应用，同时还可以掌握开发板及相关软件工具的使用方法，为 emWin 的学习打下基础。

本书章节内容安排如下：

第 1～2 章简要介绍 emWin 开发所用的软件平台及对应的安装配置步骤，还介绍了硬件平台和配套的资料包。

第 3 章介绍了 GD32F3 苹果派开发板上搭载的 4.3 英寸触摸屏的 LCD 显示原理，为 emWin 的开发提供底层的硬件原理与基础。

第 4～7 章介绍了 emWin 在开发板上的移植和在 Windows 端仿真的详细步骤，并初步介绍了 emWin 的文本、绘图等基础显示函数及窗口管理器的功能和用法。

第 8～15 章介绍了 emWin 所提供的常用控件的功能，并通过具体的案例来说明各个控件的用法。

第 16～17 章介绍了 emWin 对图片显示和中文显示提供的支持。

本书特点如下：

（1）本书内容对有一定微控制器开发基础的读者来说较为友好，建议先学习前面提到的《GD32F3 开发基础教程——基于 GD32F303ZET6》，再学习本书。

（2）本书适合具有 ARM 基础的嵌入式工程师学习，以及适合高等院校电子信息、自动化等专业的学生作为教材使用。

（3）本书注重理论与实践相结合，对高深晦涩的原理涉及较少，大多采用通俗易懂的语言深入浅出地进行介绍。按照先学习后实践的方式，将理论运用到实际工程中，以巩固所学知识。

（4）书中的所有例程按照统一的工程架构设计，每个子模块都按照统一标准设计，以方便读者使用书中所学知识进行进一步开发，或者将其应用到项目中。

（5）本书配套有丰富的资料包，包含例程、软件包、PPT 等。这些资料会持续更新，下载链接可通过微信公众号"卓越工程师培养系列"获取。

唐浒和郭文波对本书的编写思路和大纲进行了总体策划，指导了全书的编写，对全书进行了统稿，并参与了部分章节的编写；陈可东、何青协助完成统稿工作，并参与了部分章节的编写；董磊对全书进行了审核。本书配套的 GD32F3 苹果派开发板和例程由深圳市乐育科技有限公司开发。兆易创新科技集团股份有限公司的金光一、王霄为本书的编写提供了充分的技术支持。本书的出版还得到了电子工业出版社的鼎力支持，在此一并致以衷心的感谢！

由于编者水平有限，书中难免有不成熟和错误之处，恳请读者批评指正。读者反馈问题、获取相关资料或遇开发板技术问题，可发邮件至邮箱：ExcEngineer@163.com。

目　录

第 1 章 emWin 简介及开发环境搭建

本书主要介绍 emWin 应用开发的相关知识，硬件平台为 GD32F3 苹果派开发板，软件平台为 Keil µVision5 和 Visual Studio 2019 等。读者通过学习本书各章的 emWin 相关原理，并基于本书提供的配套例程代码进行验证，可初步掌握在嵌入式平台上使用 emWin 进行图形用户界面（GUI）设计的方法。

1.1 emWin 简介

1.1.1 emWin 是什么

emWin 是一个在嵌入式系统开发中广泛使用的图形用户界面开发库，由 Segger 公司开发并推出，旨在简化嵌入式系统的开发和用户界面设计，提升开发效率和用户体验。下面介绍 emWin 的基本功能和用法。

1. 文本显示

文本显示是 GUI 开发中使用较为频繁的功能之一，emWin 提供了一系列 API 函数用于显示各种格式的文本。支持显示的文本为字符串，可由任意一个或多个 ASCII 码值大于 31 的字符组合而成（ASCII 码表见附录）。通过设置函数的坐标参数，可以控制文本在 LCD 的任意位置上显示。如图 1-1 所示为文本显示示例图。

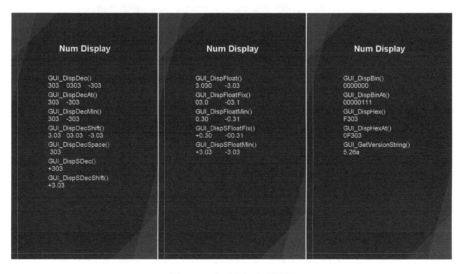

图 1-1　文本显示示例图

2. 2D 绘图

emWin 提供了一个完备的 2D 绘图图形库，包含用于绘制点、线条、矩形、多边形、圆、椭圆、弧线、曲线、饼图、位图等图形的基础绘图函数，这些函数均采用快速高效的算法来实现，保证了图形绘制的流畅度。图形的颜色或样式均可通过相关函数进行设置。如图 1-2 所示为 2D 绘图显示示例图。

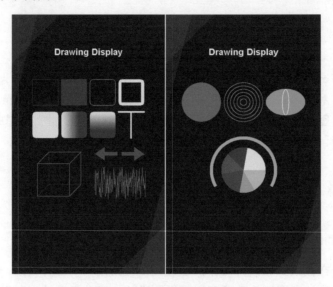

图 1-2　2D 绘图显示示例图

3. 控件

emWin 提供了丰富的图形用户界面控件，如按钮、对话框、文本框、编辑框、进度条、复选框、图表等。针对每个控件，emWin 均提供了大量的库函数，这些库函数可用于实现创建控件、设置控件样式、获取控件输入等功能。灵活组合这些控件，并结合对应的库函数，可满足各种应用需求。如图 1-3 所示为部分控件显示示例图。

图 1-3　部分控件显示示例图

4．软件工具

emWin 提供了多个软件工具，用于协助用户进行 GUI 开发。下面简要介绍这些软件工具的部分常用功能。

（1）将二进制文件转为 C 语言数组，从而直接在代码中应用。

（2）将常见图像文件格式，如 BMP、JPEG、PNG 等，转为所需的位图格式，从而将其显示在 GUI 上。

（3）通过在界面编辑器中拖放控件来实现自定义 GUI 设计，设计完成的界面可以保存为.c 文件，从而在工程中应用。

（4）将文本文件中的内容生成为带字体的字库，从而可以将字库中的字符显示在 GUI 上。

emWin 提供的软件工具，可使 GUI 开发过程更高效便捷，最终实现的 GUI 也更丰富美观。

5．仿真

emWin 除了可以在嵌入式硬件系统上运行，还可以在 Windows 系统上通过仿真查看运行效果。Segger 官方提供的仿真例程中包含了所有控件的使用案例，用户通过对照案例源码及仿真运行效果，可以快速掌握控件的基本使用方法。此外，还可以将在嵌入式平台上设计的 GUI 导入仿真例程，从而验证 GUI 的功能并进行优化，这样将大幅减少下载程序到嵌入式平台的次数，提高开发效率。

emWin 基本提供了 GUI 设计过程中的全套解决方案，满足绝大多数应用场景和设计需求。

用户只需将 emWin 库移植到嵌入式软件工程中，调用封装库中的 API 函数并设置参数，即可完成 GUI 设计，无须考虑 GUI 中实现图形或动画效果的算法。

据官方统计，一个移植了 emWin 库的基础例程大约需要占用 60KB ROM 和 7KB RAM，目前大多数微控制器都可以满足此需求。

下面是 emWin 仿真例程中的部分案例运行结果，如图 1-4 所示。

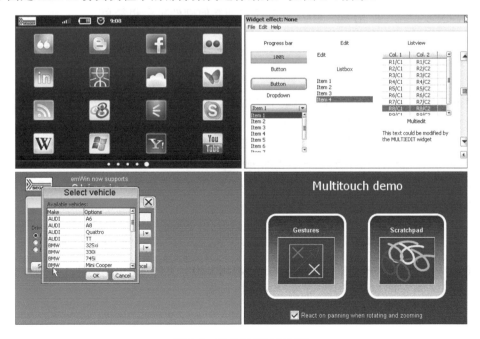

图 1-4　部分案例运行结果

1.1.2 emWin 支持的平台

emWin 支持的嵌入式硬件平台非常广泛，几乎支持所有的 16 位或 32 位微控制器，常见的如搭载 ARM Cortex-M 系列内核的微控制器（GigaDevice 的 GD32 系列、Renesas 的 RA 系列、NXP 的 LPC 系列）等均可以运行 emWin。此外，emWin 对软件工程的系统架构没有限制，不仅可以在操作系统上运行，还可以在裸机上运行。

Segger 公司不仅提供免费版的 emWin，还为众多芯片厂商定制了专用的 emWin 产品。例如，Segger 为 STMicroelectronics 定制了 STemWin，针对 STMicroelectronics 的微控制器进行了特定优化。STemWin 中有一个检测机制用于检测代码所运行的平台，凡是使用 STMicroelectronics 微控制器均可免费使用 STemWin，而其他厂商的微控制器则无法使用。

1.1.3 emWin 工程的软件架构

emWin 通常作为第三方库被移植到嵌入式软件工程中，移植 emWin 后的工程架构如图 1-5 所示。硬件层为最底层的硬件驱动，它实现了对硬件平台资源的直接访问。应用层则用于实现用户的 GUI 方案。emWin 运行于硬件层和应用层之间，起到承上启下的作用。emWin 在向应用层提供各种 GUI 设计元素的同时，通过控制液晶驱动来使用户的 GUI 方案在 LCD 上呈现。

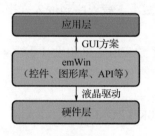

图 1-5　移植 emWin 后的工程架构

emWin 虽然为 GUI 设计提供了极大的便利，但并非是进行 GUI 设计的必备条件。用户通过自行编写算法和接口，也可以进行简单的 GUI 设计，但对应的工程架构则可能由硬件层直接过渡到应用层，这样的工程对硬件平台的依赖性大，导致程序的可移植性差。

在使用 emWin 进行 GUI 设计的过程中，用户只需要编写用于连接 emWin 与硬件层之间的液晶驱动，就能正常使用 emWin。同样地，GUI 方案迁移到其他硬件平台也简单。

1.2　Keil μVision5 安装

Keil μVision5 是 Keil 公司开发的基于 ARM 内核的系列微控制器集成开发环境，它适合不同层次的开发者，包括专业的应用程序开发工程师和嵌入式软件开发初学者。Keil μVision5 包含工业标准的 Keil C 编译器、宏汇编器、调试器、实时内核等组件，支持所有基于 ARM 内核的微控制器，能帮助工程师按照计划完成项目。

本书的所有例程均基于 Keil μVision5 软件编写，建议读者选择相同版本的开发环境进行学习。下面介绍 Keil μVision5 的安装过程。

1.2.1 安装 Keil μVision5

双击运行本书配套资料包"02.相关软件\MDK5.30"文件夹中的 MDK5.30.exe 程序，在弹出的如图 1-6 所示的对话框中，单击"Next"按钮。

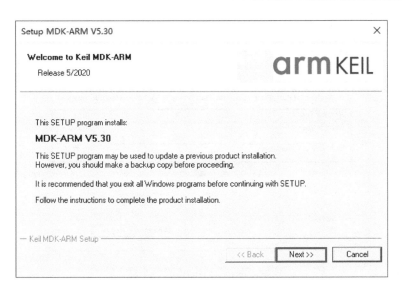

图 1-6　Keil μVision5 安装步骤 1

系统弹出如图 1-7 所示的对话框，勾选"I agree to all the terms of the preceding License Agreement"复选框，然后单击"Next"按钮。

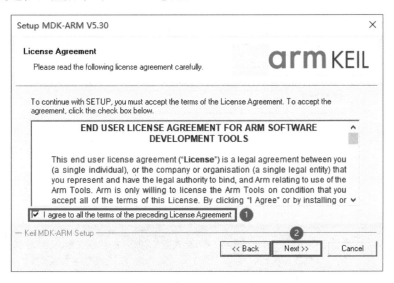

图 1-7　Keil μVision5 安装步骤 2

如图 1-8 所示，选择安装路径和包存放路径，这里建议安装在 D 盘。然后，单击"Next"按钮。读者也可以自行选择安装路径。

随后，系统弹出如图 1-9 所示的对话框，输入 First Name、Last Name、Company Name 和 E-mail 信息，然后单击"Next"按钮。软件开始安装。

在软件安装过程中，系统会弹出如图 1-10 所示的对话框，勾选"始终信任来自"ARM Ltd"的软件（A）"复选框，然后单击"安装"按钮。

图 1-8　Keil μVision5 安装步骤 3

图 1-9　Keil μVision5 安装步骤 4

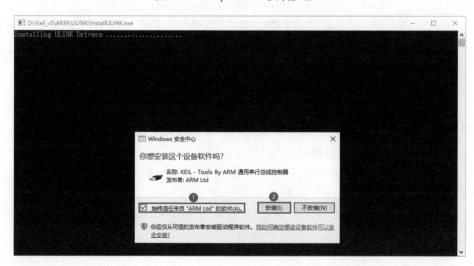

图 1-10　Keil μVision5 安装步骤 5

软件安装完成后，系统弹出如图 1-11 所示的对话框，取消勾选"Show Release Notes"复选框，然后单击"Finish"按钮。

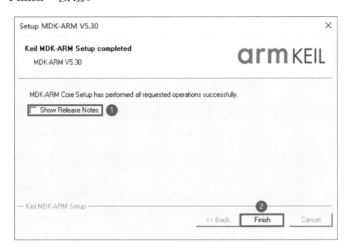

图 1-11　Keil μVision5 安装步骤 6

　　在如图 1-12 所示的对话框中，取消勾选"Show this dialog at startup"复选框，然后单击"OK"按钮，最后关闭"Pack Installer"对话框。

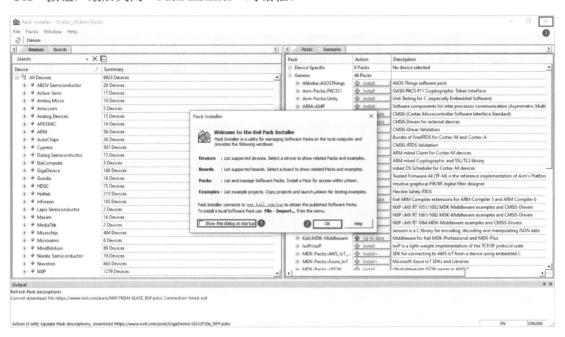

图 1-12　Keil μVision5 安装步骤 7

　　在资料包的"02.相关软件\MDK5.30"文件夹中，还有 1 个名为 GigaDevice.GD32F30x_DFP.2.1.0.pack 的文件，该文件为 GD32F30x 系列微控制器的固件库包。如果使用 GD32F30x 系列微控制器，则需要安装该固件库包。双击运行 GigaDevice.GD32F30x_DFP.2.1.0.pack，打开如图 1-13 所示的对话框，直接单击"Next"按钮，固件库包即开始安装。

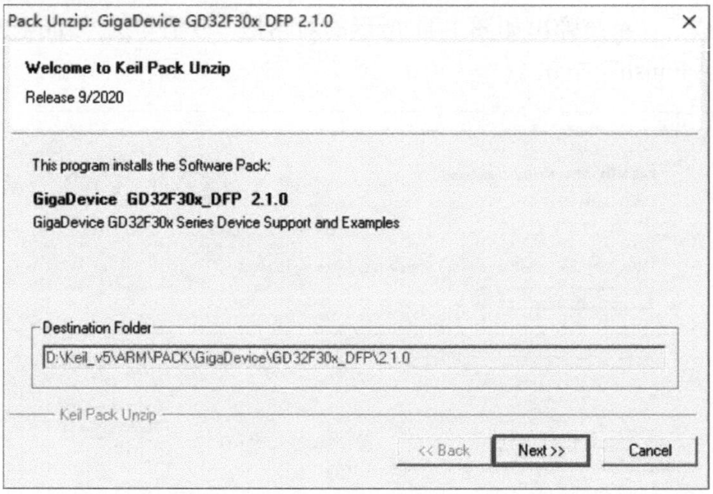

图 1-13　安装固件库包步骤 1

固件库包安装完成后，弹出如图 1-14 所示的对话框，单击"Finish"按钮。

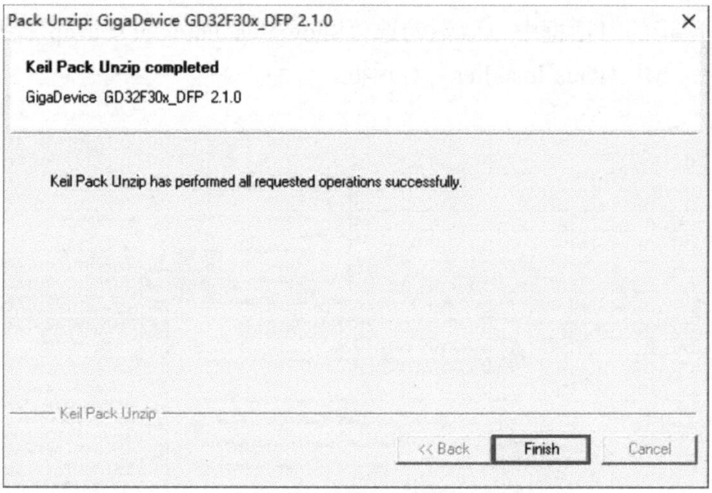

图 1-14　安装固件库包步骤 2

1.2.2　设置 Keil μVision5

Keil μVision5 安装完成后，需要对软件进行标准化设置。首先在计算机"开始"菜单中找到并单击"Keil μVision5"选项，软件启动之后，在如图 1-15 所示对话框中单击"是"按钮。

然后在打开的 Keil μVision5 软件界面中，执行菜单命令"Edit"→"Configuration"，如图 1-16 所示。

系统弹出如图 1-17 所示的"Configuration"对话框，在"Editor"标签页的"Encoding"栏中选择"Chinese GB2312(Simplified)"选项。将编码格式改为 Chinese GB2312(Simplified)可以防止代码文件中输入的中文出现乱码现象。在"C/C++ Files"选项组中勾选所有复选框，并在"Tab size"栏中输入 2；在"ASM Files"选项组中勾选所有复选框，并在"Tab size"

图 1-15　设置 Keil μVision5 步骤 1

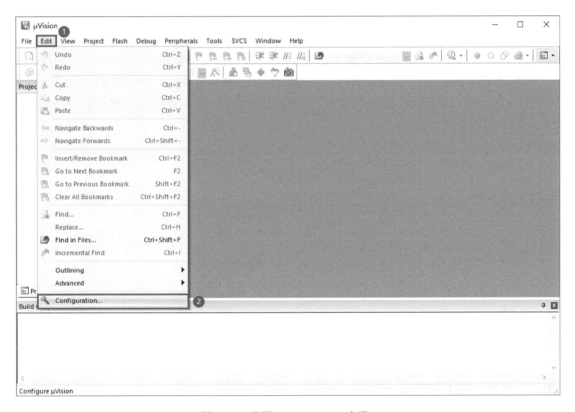

图 1-16　设置 Keil μVision5 步骤 2

栏中输入 2；在"Other Files"选项组中勾选所有选项，并在"Tab size"栏中输入 2。将缩进的空格数设置为 2，同时将 Tab 键也设置为 2，这样可以防止使用不同的编辑器阅读代码时出现代码布局不整齐的现象。设置完成后，单击"OK"按钮。

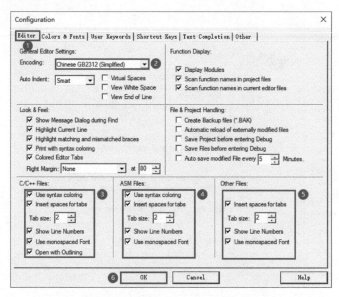

图 1-17　设置 Keil μVision5 步骤 3

1.2.3　安装 CH340 驱动程序

借助开发板上集成的通信-下载模块，可以实现通过串口给微控制器下载程序，以及微控制器与计算机之间的通信。因此，要先安装通信-下载模块驱动程序。

在本书配套资料包的"02.相关软件\CH340 驱动(USB 串口驱动)_XP_WIN7 公用"文件夹中，双击运行 SETUP.EXE，单击"安装"按钮，在弹出的"DriverSetup"对话框中单击"确定"按钮，如图 1-18 所示。

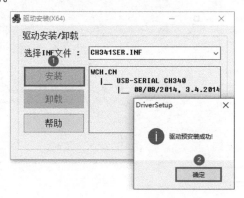

图 1-18　安装 CH340 驱动程序

1.3　Visual Studio 2019 安装

emWin 在 Windows 端进行仿真时需要使用 Visual C++编译器，本书配套例程使用 Visual Studio 2019 开发环境来仿真 emWin。Visual Studio 2019 是微软推出的一款编程开发软件，拥有完整的开发工具集，包含软件开发整个生命周期中所需要的大部分工具，如 UML 工具、代码管控工具、集成开发环境等。Visual Studio 2019 拥有强大的源代码编辑功能，以及丰富的扩展插件库，可用于进行基于 C、C++、PHP 等各种编程语言的开发，可用于构建功能强大、性能优异的应用程序。

Visual Studio 2019 的安装文件位于配套资料包的 "02.相关软件" 文件夹中。在安装 Visual Studio 2019 之前，先安装 .NET Framework 4.6 框架，可通过在 "02.相关软件\.NET Framework 4.6" 文件夹中双击 NDP46-KB3045557-x86-x64-AllOS-ENU.exe 文件进行安装，如果在安装过程中弹出 "这台计算机中已经安装了.NET Framework 4.6 或版本更高的更新" 提示信息，则不必安装 .NET Framework 4.6 框架。注意，Visual Studio 2019 需要在联网状态下安装。使用 Windows 7 操作系统安装时，若遇到无法联网下载的情况，则可以尝试通过安装 "02.相关软件\补丁文件" 文件夹中的两个补丁文件 KB4490628 和 KB4474419 来解决，双击运行即可开始安装。

双击运行本书配套资料包 "02.相关软件\Visual Studio Community 2019" 文件夹中的 vs_community__408779306.1590572925.exe 文件，弹出如图 1-19 所示的对话框，单击 "继续" 按钮。

系统弹出如图 1-20 所示的安装界面，等待准备就绪。

图 1-19　Visual Studio 2019 安装步骤 1

图 1-20　Visual Studio 2019 安装步骤 2

在如图 1-21 所示的对话框中，在 "工作负载" 标签页中勾选 ".NET 桌面开发" 和 "使用 C++的桌面开发" 复选框，并在 "可选" 选项组中勾选 "适用于最新 v142 生成工具的 C++ MFC……" 复选框。最后，单击 "安装" 按钮。

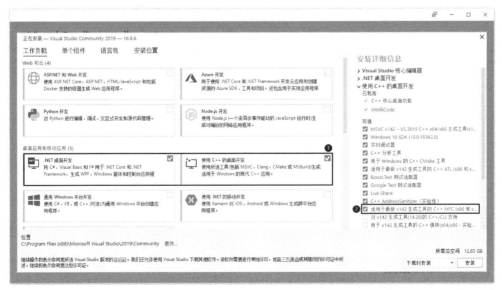

图 1-21　Visual Studio 2019 安装步骤 3

emWin 应用开发——基于 GD32

如图 1-22 所示为安装界面。

图 1-22　Visual Studio 2019 安装步骤 4

安装完成后，系统弹出如图 1-23 所示的对话框。若有账户，可以登录；若没有，则可以选择"以后再说"或"创建一个"选项。

如图 1-24 所示，在"开发设置"栏中选择"Visual C++"选项，选择合适的颜色主题后，单击"启动 Visual Studio"按钮。

图 1-23　Visual Studio 2019 安装步骤 5

图 1-24　Visual Studio 2019 安装步骤 6

系统配置完成后，弹出如图 1-25 所示的对话框，这时就可以正常使用 Visual Studio 2019 了。

· 12 ·

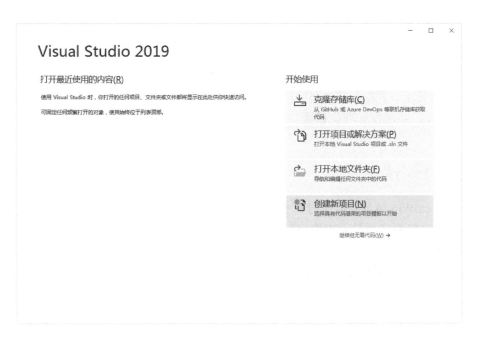

图 1-25 Visual Studio 2019 安装步骤 7

程序块通常采用缩进风格编写，本书建议缩进 2 个空格。同时将 Tab 键设置为 2 个空格，这样可以防止使用不同的编辑器阅读代码时出现代码布局不整齐的现象。注意，开发工具自动生成的代码可以不一致。针对 Visual Studio 2019 软件，设置制表符长度和缩进长度的具体方法如图 1-26 所示：①在 Visual Studio 2019 软件中，执行菜单命令"工具"→"选项"；②在弹出的"选项"对话框中，执行"文本编辑器"→"C/C++"→"制表符"命令，选中"插入空格"单选按钮；③将"制表符大小"和"缩进大小"均设置为 2，即可完成制表符长度和缩进长度设置。

图 1-26 Visual Studio 2019 软件设置

本章任务

学习完本章后，下载本书配套资料包。按照教材步骤搭建 Keil μVision5 和 Visual Studio 2019 开发环境，并进行标准化设置。

 本章习题

1. 使用 emWin 显示字符串时，支持显示的字符有哪些？
2. emWin 能否实现显示中文字符？如果可以，则简述实现思路。
3. emWin 的 Windows 端仿真有何意义？
4. 简述使用 emWin 进行 GUI 设计的优势。

第 2 章　GD32F3 苹果派开发板简介

本章首先介绍选择 GD32 的理由及 GD32F3 系列微控制器，并解释为什么选择 GD32F3 苹果派开发板作为本书的实践载体；然后，介绍 GD32F3 苹果派开发板的电路模块；最后，对 GD32F3 苹果派开发板上可以实现的 emWin 相关实例及本书配套的资料包进行介绍。

2.1　为什么选择 GD32

兆易创新的 GD32 微控制器是我国高性能通用微控制器领域的领跑者，也是基于 ARM Cortex-M3、Cortex-M4、Cortex-M23、Cortex-M33 及 Cortex-M7 内核的通用微控制器产品系列，现已成为我国 32 位通用微控制器市场的主流之选。所有型号的 GD32 微控制器在软件和硬件引脚封装方面都保持了相互兼容，全面满足各种高、中、低端嵌入式控制需求和升级需要，具有高性价比、完善的生态系统和易用性优势，全面支持多层次开发，可缩短设计周期。

自 2013 年我国推出第一个 ARM Cortex 内核微控制器以来，GD32 已经成为我国最大的 ARM 微控制器家族，提供了 63 个产品系列共 700 余个型号供用户选择。各系列都具有很高的设计灵活性，并且软、硬件相互兼容，使得用户可以根据项目开发需求在不同型号间自由切换。

GD32 产品家族以 Cortex-M3 和 Cortex-M4 主流型内核为基础，由 GD32F1、GD32F3 和 GD32F4 等系列产品构建，并不断向高性能和低成本两个方向延伸。其中，GD32F3 系列微控制器的子系列 GD32F303 通用微控制器基于 120MHz Cortex-M4 内核并支持快速 DSP（数字信号处理）功能，持续以更高性能、更低功耗、更方便易用的灵活性为工控消费及物联网等市场主流应用注入澎湃动力。

"以触手可及的开发生态为用户提供更好的使用体验"是兆易创新支持服务的理念。兆易创新丰富的生态系统和开放的共享中心，既与用户需求紧密结合，又与合作伙伴互利共生，在蓬勃发展中使多方受益，惠及大众。

兆易创新联合全球合作厂商推出了多种集成开发环境（IDE）、开发套件（EVB）、图形用户界面（GUI）、安全组件、嵌入式 AI、操作系统和云连接方案，并打造了全新技术网站 GD32MCU.com，提供多个系列的视频教程和短片，可任意点播在线学习，产品手册和软、硬件资料也可随时下载。此外，兆易创新还推出了多周期全覆盖的微控制器开发人才培养计划，从青少年科普到高等教育全面展开，为新一代工程师提供学习与成长的沃土。

2.2　GD32F3 系列微控制器介绍

在以往的微控制器选型过程中，工程师常常会陷入这样一个困局：一方面为 8 位/16 位微控制器有限的指令和性能，另一方面为 32 位微控制器的高成本和高功耗，到底该如何选择？能否有效地解决这个问题，让工程师不必在性能、成本、功耗等因素中做出取舍？

GD32F3 系列微控制器具有六大子系列（F303、F305、F307、F310、F330 和 F350）共 80 个产品型号，包括 LQFP144、LQFP100、LQFP64、LQFP48、LQFP32、QFN32、QFN28、TSSOP20 共 8 种封装类型，能以很高的设计灵活性和兼容度应对飞速发展的智能应用挑战。

GD32F3 系列微控制器最高主频可达 120MHz，并支持 DSP 指令运算；配备了 128～3072KB 的超大容量 Flash 及 48～96KB 的 SRAM，内核访问 Flash 高速零等待。芯片采用 2.6～3.6V 供电，I/O 接口可承受 5V 电平；配备了 2 个支持三相 PWM 互补输出和霍尔采集接口的 16 位高级定时器，可用于矢量控制，还拥有多达 10 个 16 位通用定时器、2 个 16 位基本定时器和 2 个多通道 DMA 控制器。芯片还为广泛的主流应用配备了多种基本外设资源，包括 3 个 USART、2 个 UART、3 个 SPI、2 个 I^{2}C、2 个 I^{2}S、2 个 CAN2.0B 和 1 个 SDIO，以及外部总线扩展控制器（EXMC）。

其中，全新设计的 I^{2}C 接口支持快速 Plus（Fm+）模式，频率最高可达 1MHz，是以往速率的两倍，从而以更高的数据传输速率来适配高带宽应用场合。SPI 接口也已经支持四线制，方便扩展 Quad/SPI/NOR Flash 并实现高速访问。内置的 USB 2.0 OTG FS 接口可提供 Device、HOST、OTG 等多种传输模式，还拥有独立的 48MHz 振荡器，支持无晶振设计以降低使用成本。10/100Mbit/s 自适应的快速以太网媒体存取控制器（MAC）可协助开发以太网连接功能的实时应用。芯片还配备了 3 个采样率高达 2.6MSPS（每秒采样百万次）的 12 位高速 ADC，提供多达 21 个可复用通道，并新增了 16 位硬件过采样滤波功能和分辨率可配置功能，还拥有 2 个 12 位 DAC。多达 80% 的 GPIO 具有多种可选功能，还支持端口重映射，并以增强的连接性满足主流开发应用需求。

由于采用了最新的 Cortex-M4 内核，GD32F3 系列主流产品在最高主频下的工作性能（整数计算能力）可达 150DMIPS（每秒执行百万条整数运算指令），CoreMark 测试可达 403 分。同主频下的代码执行效率相比市场同类 Cortex-M4 产品提高 10%～20%，相比 Cortex-M3 产品提高 30%。不仅如此，全新设计的电压域支持高级电压管理功能，使得芯片在所有外设全速运行模式下的最大工作电流仅为 380μA，电池供电时的 RTC 待机电流仅为 0.8μA，在确保高性能的同时实现了最佳的能耗比，从而全面超越 GD32F1 系列产品。此外，GD32F3 系列与 GD32F1 系列保持了完美的软件和硬件兼容性，并使用户可以在多个产品系列之间方便地自由切换，以前所未有的灵活性和易用性构建设计蓝图。

兆易创新还为新产品系列配备了完整丰富的固件库，包括多种开发板和应用软件在内的 GD32 开发生态系统也已准备就绪。GD32 MCU 线上技术门户已经为研发人员提供了强大的产品支持、技术讨论及设计参考平台。得益于广泛丰富的 ARM 生态体系，Keil MDK、CrossWorks 等更多开发环境和第三方烧录工具也均已全面支持。这些都极大限度地简化了项目开发难度并有效缩短了产品上市周期。

由于拥有丰富的外设、强大的开发工具、易于上手的固件库，在 32 位微控制器选型中，GD32 微控制器已经成为许多工程师的首选。而且经过多年的积累，相关开发资料非常完善，这也降低了初学者的学习难度。因此，本书选用 GD32 微控制器作为载体，GD32F3 苹果派开发板上的主控芯片就是封装为 LQFP144 的 GD32F303ZET6 芯片，其最高主频可达 120MHz。

GD32F303ZET6 芯片拥有的资源包括 64KB SRAM、512KB Flash、1 个 EXMC 接口、1 个 NVIC、1 个 EXTI（支持 20 个外部中断/事件请求）、2 个 DMA（支持 12 个通道）、1 个 RTC、2 个 16 位基本定时器、4 个 16 位通用定时器、2 个 16 位高级定时器、1 个独立看门狗定时器、1 个窗口看门狗定时器（WDGT）、1 个 24 位 SysTick、2 个 I²C、3 个 USART、2 个 UART、3 个 SPI、2 个 I²S、1 个 SDIO、1 个 CAN、1 个 USBD、112 个 GPIO、3 个 12 位 ADC（可测量 16 个外部和 2 个内部信号源）、2 个 12 位 DAC、1 个内置温度传感器和 1 个串行调试接口 JTAG 等。

GD32 微控制器可以用于开发各种产品，如智能小车、无人机、电子体温枪、电子血压计、血糖仪、胎心多普勒、监护仪、呼吸机、智能楼宇控制系统和汽车控制系统等。

2.3　GD32F3 苹果派开发板电路简介

本书将以 GD32F3 苹果派开发板为载体对 emWin 应用开发进行介绍。那么，到底什么是 GD32F3 苹果派开发板呢？

GD32F3 苹果派开发板如图 2-1 所示，是由电源转换电路、通信-下载模块电路、GD-Link 调试下载模块电路、LED 电路、蜂鸣器电路、独立按键电路、触摸按键电路、外部温/湿度电路、SPI Flash 电路、EEPROM 电路、外部 SRAM 电路、NAND Flash 电路、音频电路、以太网电路、RS-485 电路、RS-232 电路、CAN 电路、SD Card 电路、USB Slave 电路、摄像头接口电路、LCD 接口电路、外扩引脚电路、外扩接口电路和 GD32 微控制器电路组成的电路板。

图 2-1　GD32F3 苹果派开发板

利用 GD32F3 苹果派开发板验证本书实例，还需要搭配两条 USB 转 Type-C 型连接线。开发板上集成了通信-下载模块和 GD-Link 调试下载模块，这两个模块分别通过一条 USB 转 Type-C 型连接线连接到计算机，通信-下载模块除了可以用于向微控制器下载程序，还可以实现开发板与计算机之间的数据通信；GD-Link 调试下载模块既能下载程序，又能进行在线调试。GD32F3 苹果派开发板和计算机的连接图如图 2-2 所示。

图 2-2　GD32F3 苹果派开发板和计算机的连接图

1. 通信-下载模块电路

工程师编写完程序后，需要通过通信-下载模块将.hex（或.bin）文件下载到微控制器中。通信-下载模块通过一条 USB 转 Type-C 型连接线与计算机连接，通过计算机上的 GD32 下载工具（如 GigaDevice MCU ISP Programmer），就可以将程序下载到微控制器中。通信-下载模块除具备程序下载功能外，还担任着"通信员"的角色，即可以通过通信-下载模块实现计算机与 GD32F3 苹果派开发板之间的通信。此外，除了使用 12V 电源适配器供电，还可以用通信-下载模块的 Type-C 接口为开发板提供 5V 电源。注意，开发板上的 PWR_KEY 为电源开关，通过通信-下载模块的 Type-C 接口引入 5V 电源后，还需要按下电源开关才能使开发板正常工作。

通信-下载模块电路如图 2-3 所示。USB_1 为 Type-C 接口，可引入 5V 电源。编号为 U_{104} 的芯片 CH340G 为 USB 转串口芯片，可以实现计算机与微控制器之间的通信。J_{104} 为 2×2Pin 双排排针，在使用通信-下载模块之前应先使用跳线帽分别将 CH340_TX 和 USART0_RX、CH340_RX 和 USART0_TX 连接。

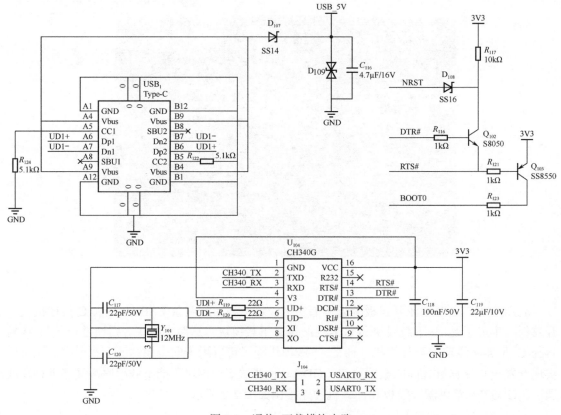

图 2-3　通信-下载模块电路

2. GD-Link 调试下载模块电路

GD-Link 调试下载模块不仅可以下载程序，还可以对 GD32F303ZET6 芯片进行断点调试。图 2-4 为 GD-Link 调试下载模块电路，USB$_2$ 为 Type-C 接口，同样可引入 5V 电源，USB$_2$ 上的 UD2+和 UD2−通过一个 22Ω 电阻连接到 GD32F103RGT6 芯片，该芯片为 GD-Link 调试下载模块电路的核心，可通过 SWD 接口对 GD32F303ZET6 芯片进行断点调试或程序下载。

虽然 GD-Link 调试下载模块既可以下载程序，又能进行断点调试，但是无法实现微控制器与计算机之间的通信。因此，在设计产品时，除了保留 GD-Link 接口，还建议保留通信-下载接口。

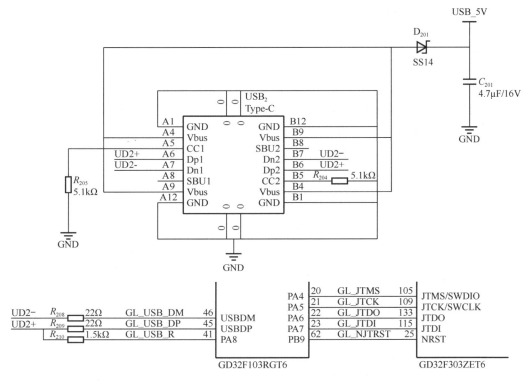

图 2-4　GD-Link 调试下载模块电路

3. 电源转换电路

如图 2-5 所示为电源转换电路，其功能是将 5V 输入电压转换为 3.3V 输出电压。通信-下载模块和 GD-Link 调试下载模块的两个 Type-C 接口均可引入 5V 电压（USB_5V 网络），由 12V 电源适配器引入 12V 电源后，通过 12V 转 5V 电路同样可以得到 5V 电压（VCC_5V 网络）。然后通过电源开关 PWR_KEY 控制开发板的电源，开关闭合时，USB_5V 和 VCC_5V 网络与 5V 网络连通，并通过 AMS1117-3.3 芯片转出 3.3V 电压，开发板即可正常工作。D$_{103}$ 为瞬态电压抑制二极管，用于防止电源电压过高时损坏芯片。U$_{101}$ 为低压差线性稳压芯片，可将 Vin 端输入的 5V 电压转化为 3.3V 电压在 Vout 端输出。

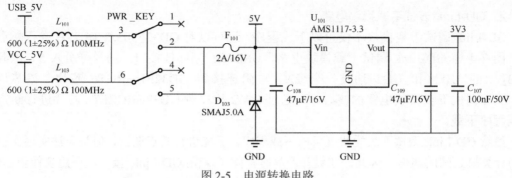

图 2-5 电源转换电路

2.4 本书配套开发资料

2.4.1 资料包简介

本书配套的"《emWin 应用开发指南——基于 GD32》资料包"可通过微信公众号"卓越工程师培养系列"提供的链接获取。为了保持与本书实践操作的一致性，建议将资料包复制到计算机的 D 盘中。资料包由若干文件夹组成，清单如表 2-1 所示。

表 2-1 《emWin 应用开发指南——基于 GD32》资料包清单

序　号	文件夹名	文件夹介绍
1	入门资料	学习 emWin 应用开发相关的入门资料，建议读者在开始学习前，先阅读入门资料
2	相关软件	本书使用到的软件，如 MDK5.30、Visual Studio 2019、CH340 驱动程序、串口烧录工具等
3	原理图	GD32F3 苹果派开发板的 PDF 版本原理图
4	例程资料	emWin 应用开发实例的相关例程
5	PPT 讲义	配套 PPT 讲义
6	视频资料	配套视频资料
7	数据手册	GD32F3 苹果派开发板使用到的部分元器件的数据手册
8	软件资料	本书使用到的文件，如 emWin 库文件、SD 卡文件等，以及《C 语言软件设计规范（LY-STD001—2019）》
9	参考资料	GD32 微控制器相关参考手册，如《GD32F303xx 数据手册》《GD32F30x 用户手册（中文版）》《GD32F30x 用户手册（英文版）》《GD32F30x 固件库使用指南》《emWin Manual V5.26 Rev. 1》等

2.4.2 相关参考资料

在基于 GD32F303ZET6 芯片微控制器的 emWin 应用开发过程中，有许多资料可供参考，在表 2-1 中已列出，下面对这些参考资料进行简要介绍。

1.《GD32F303xx 数据手册》

选定好某一款具体芯片之后，需要清楚地了解该芯片的主功能引脚定义、默认复用引脚定义、重映射引脚定义、电气特性和封装信息等，可以通过《GD32F303xx 数据手册》查询这些信息。

2.《GD32F30x 用户手册（中文版）》

该手册是 GD32F30x 系列芯片的用户手册（中文版），主要对 GD32F30x 系列微控制器的外设，如存储器、FMC、RCU、EXTI、GPIO、DMA、DBG、ADC、DAC、WDGT、RTC、TIMER、USART、I²C、SPI、SDIO、EXMC 和 CAN 等进行介绍，包括各个外设的架构、工作原理、特性及寄存器等。读者在开发过程中会频繁使用到该手册，尤其是查阅某个外设的工作原理和相关寄存器。

3.《GD32F30x 用户手册（英文版）》

该手册是 GD32F30x 系列芯片的用户手册（英文版）。

4.《GD32F30x 固件库使用指南》

固件库实际上就是读/写寄存器的一系列函数集合，该手册是这些固件库函数的使用说明文档，包括封装寄存器的结构体说明、固件库函数说明、固件库函数参数说明，以及固件库函数使用实例等。不需要记住这些固件库函数，在开发过程中遇到不清楚的固件库函数时，能够翻阅之后解决问题即可。

5.《emWin Manual V5.26 Rev. 1》

该手册是 Segger 官方提供的 emWin 用户使用手册。该手册详细介绍了如何安装、配置和使用 emWin，并介绍了 emWin 中所有控件的使用方法和 API 函数，提供了丰富的示例代码和图示，以便开发者能够快速掌握并应用 emWin 库的各项功能，从而开发出高质量的嵌入式图形用户界面应用程序。

本书中各实例的例程所涉及的上述参考资料均已汇总在各章中。因此，读者在学习 emWin 时，只需借助本书和一套 GD32F3 苹果派开发板，就可踏上 emWin 应用开发之路。当开展本书以外的案例开发时，若遇到书中未涉及的知识点，可查阅以上参考资料，也可以翻阅其他书籍，或者借助于网络资源。

2.4.3　基于 emWin 的应用实例

基于本书配套的 GD32F3 苹果派开发板，可以实现的嵌入式实例非常丰富：基于微控制器的片上外设开发的基础实例；基于开发板上其他复杂外设开发的进阶实例；基于微控制器原理的应用实例；基于 emWin 开发的应用实例；基于 μC/OS III 和 FreeRTOS 操作系统开发的应用实例。

这里仅列出与 emWin 相关的具有代表性的 15 个实例，如表 2-2 所示。

表 2-2　基于 emWin 的实例清单

序　号	实 例 名 称	序　号	实 例 名 称
1	LCD 显示与触摸	9	PROGBAR 控件
2	emWin 移植	10	RADIO 控件
3	emWin 仿真	11	LISTBOX 控件
4	emWin 基础显示	12	GRAPH 控件
5	窗口管理	13	ICONVIEW 控件
6	BUTTON 控件	14	图片显示
7	FRAMEWIN 控件	15	中文显示
8	TEXT 和 EDIT 控件		

2.4.4 GD32 工程模块名称及说明

在本书配套例程中，每个工程均按照模块分为 App、Alg、HW、OS、TPSW、FW 和 ARM，如图 2-6 所示。各模块名称及说明如表 2-3 所示。

图 2-6 emWin 工程模块

表 2-3 emWin 工程模块名称及说明

模 块	名 称	说 明
App	应用层	应用层包括 Main、硬件应用和软件应用文件
Alg	算法层	算法层包括项目算法相关文件，如心电算法文件等
HW	硬件驱动层	硬件驱动层包括 GD32 微控制器的片上外设驱动文件，如 UART0、TIMER 等
OS	操作系统层	操作系统层包括第三方操作系统，如 μC/OS III、FreeRTOS 等
TPSW	第三方软件层	第三方软件层包括第三方软件，如 emWin、FatFs 等
FW	固件库层	固件库层包括与 GD32 微控制器相关的固件库，如 gd23f30x_gpio.c 和 gd32f30x_gpio.h 文件
ARM	ARM 内核层	ARM 内核层包括启动文件、NVIC、SysTick 等与 ARM 内核相关的文件

2.4.5 Keil 编辑、编译及程序下载过程

GD32 微控制器的集成开发环境有很多种，本书使用的是 Keil。首先，用 Keil 建立工程、编写程序；其次，编译工程并生成二进制或十六进制文件；最后，将二进制或十六进制文件下载到 GD32 微控制器上运行。

1. Keil 编辑和编译过程

Keil 的编辑和编译过程与其他集成开发环境类似，如图 2-7 所示，可分为以下 4 步：①创建工程，并编辑程序，程序包括 C/C++代码（存放于.c 文件中）和汇编代码（存放于.s 文件中）；②通过编译器 armcc 对.c 文件进行编译，通过汇编器 armasm 对.s 文件进行编译，这两种文件在编译之后，都会生成一个对应的目标程序（.o 文件），.o 文件的内容主要是从源文件编译得到的机器码，包含代码、数据及调试使用的信息；③通过链接器 armlink 将各个.o 文件及库文件链接生成一个映射文件（.axf 或.elf 文件）；④通过格式转换器 fromelf，将.axf 或.elf 文件转换成二进制文件（.bin 文件）或十六进制文件（.hex 文件）。编译过程中使用到的编译器 armcc、汇编器 armasm、链接器 armlink 和格式转换器 fromelf 均位于 Keil 的安装目录下。如果 Keil 默认安装在 C 盘，则这些工具就存放在 C:\Keil_v5\ARM\ARMCC\bin 目录下。

2. 程序下载过程

通过 Keil 生成的映射文件（.axf 或.elf 文件）或二进制/十六进制文件（.bin 或.hex 文件）可以使用不同的工具下载到 GD32 微控制器的 Flash 中。通电后，系统将会运行整个代码。

本书使用了两种下载程序的方法：①使用 Keil 将.axf 文件通过 GD-Link 调试下载模块下载到 GD32 微控制器的 Flash 中；②使用 GigaDevice MCU ISP Programmer 将.hex 文件通过串口下载到 GD32 微控制器的 Flash 中。

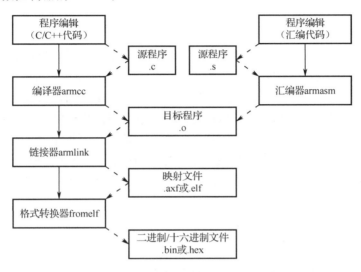

图 2-7　Keil 编辑和编译过程

本章任务

进入兆易创新官网了解 GD32 的产品系列和最新资讯，尝试搜索 GD32F30x 系列微控制器的相关参考手册、固件库包、Demo 程序并下载。熟悉 GD32F3 苹果派开发板的 2 个 Type-C 接口电路及 emWin 的工程架构。

本章习题

1. GD32F3 苹果派开发板上的主控芯片型号是什么？该芯片的内部 Flash 和内部 SRAM 的容量分别是多少？

2. 通信–下载模块和 GD-Link 调试下载模块的功能有何异同？

3. 简述微控制器的数据手册、用户手册和固件库手册的主要内容。

4. 在本书配套的例程中，每个工程由哪些模块组成？emWin 库属于哪一个模块？

5. Keil 在编译过程中使用了哪些工具？

第 3 章　LCD 显示与触摸

LCD 是 Liquid Crystal Display 的缩写，即液晶显示器，是一种支持全彩显示的显示设备。GD32F3 苹果派开发板上的 LCD 显示模块尺寸为 4.3 寸，能够显示丰富的内容，如彩色文本、图片、波形及 GUI 等。LCD 显示模块上还集成了触摸传感器，这样的模块我们通常称为触摸屏，触摸屏支持多点触控，能够减少对机械按键的使用，提高设备的便携性和交互性。基于 LCD 显示模块可以呈现出更为直观的结果，我们能够设计更加丰富的嵌入式实例。使用 emWin 开发 GUI 需要使用 LCD 显示模块驱动程序，且最终的界面也需要通过 LCD 进行显示。本章将学习 LCD 显示原理和使用方法，以及触摸屏工作原理，实现模拟手写板的功能。

3.1　LCD 显示原理

LCD 按工作原理不同可分为 2 种：被动矩阵式，常见的有 TN-LCD、STN-LCD 和 DSTN-LCD；主动矩阵式，通常为 TFT-LCD。GD32F3 苹果派开发板上使用的 LCD 为 TFT-LCD，在 LCD 的每个像素点上都设置了一个薄膜晶体管（TFT），可有效克服非选通时的串扰，使液晶屏的静态特性与扫描线数无关，极大地提高了图像质量。

LCD 的结构如图 3-1 所示，主要由背光层、垂直偏光片、正极电路、液晶层（包含液晶分子）、负极电路、水平偏光片和彩色滤光片构成。最底层的背光层用于发出白光，通过为液晶层施加电场，影响液晶分子的排列，并结合偏光片对光线的过滤效果，控制输出到彩色滤光片的红色、绿色和蓝色部分的白光光强（发光强度）。不同强度的白光透过彩色滤光片后，形成不同强度的红、绿、蓝三原色光，三原色光混合即可使 LCD 的每个像素点显示不同的颜色，多个像素点组合即可实现在 LCD 上显示文字和图片等效果。

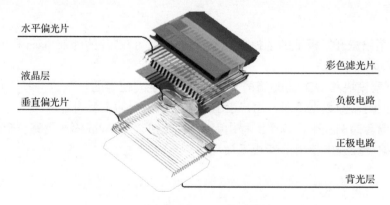

图 3-1　LCD 的结构

为了精确控制像素点的颜色，需要对像素点的红、绿、蓝三种颜色分量进行量化。下面简要介绍本书使用到的 RGB565 和 RGB888 两种颜色格式。

在使用 RGB565 格式时，每个像素点的颜色由 16bit（2 字节）来控制。其中，R 值（红色分量）占最高 5bit，G 值（绿色分量）占中间 6bit，B 值（蓝色分量）占最低 5bit。R 值、G 值、B 值共同组成一个像素点的 RGB 值，如图 3-2 所示。R 值、G 值、B 值越大，表示对应的红色、绿色、蓝色的光强越强。在程序设计过程中，可以通过设置每个像素点的 RGB 值来使像素点呈现对应的颜色。

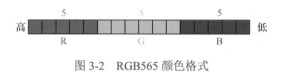

图 3-2 RGB565 颜色格式

而在使用 RGB888 格式时，每个像素点的颜色由 24bit（3 字节）来控制，其中 R 值、G 值、B 值各占 8bit，如图 3-3 所示。

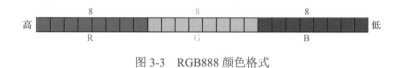

图 3-3 RGB888 颜色格式

在嵌入式开发中使用的主流 LCD 按接口类型不同分为 2 种：RGB 屏（使用 RGB 接口）和 MCU 屏（使用 MCU 接口）。两种屏的主要区别是显存的位置不同。RGB 屏的显存由系统内存（通常为外部 SRAM、SDRAM 等存储器）充当，通过提升系统内存容量，RGB 屏的显存大小也可以灵活提升，因此可以实现大尺寸 RGB 屏。而对于 MCU 屏，在设计之初，由于微控制器的内存较小，将显存内置于 LCM（指液晶显示模块，通常包括 LCD 的显示驱动电路、背光板、接口电路等）中，然后通过特定的命令更新显存，因此 MCU 屏的尺寸往往不会很大。

RGB 屏和 MCU 屏的数据传输模式也不同。对于 RGB 屏，用户需要先将待显示的数据写入系统内存为 LCD 显存分配的空间，启动显示后，微控制器的 DMA（直接存储器访问）机制会自动将显存数据通过 RGB 接口发送到 LCM，RGB 屏即可正常显示。而对于 MCU 屏，需要微控制器发送命令来修改 MCU LCM 内部的 RAM，因此 MCU 屏的显示速度会比 RGB 屏慢。MCU 接口的 LCM 内部通常自带 LCD 控制器，可对微控制器发送过来的数据和命令进行处理，从而得到每个像素点的 RGB 值，最终在显示屏上显示。而对于 RGB 接口的 LCM，微控制器发送过来的数据为每个像素点的 RGB 值，无须转换即可显示。RGB 屏和 MCU 屏的框架分别如图 3-4 和图 3-5 所示。

GD32F3 苹果派开发板上使用的 LCD 显示模块是一款集 NT35510 驱动芯片、4.3 寸（480 像素×800 像素分辨率）触摸屏及驱动电路于一体的 MCU 屏，可以通过 GD32F303ZET6 芯片上的外部存储器控制器 EXMC 来控制 LCD 显示模块。

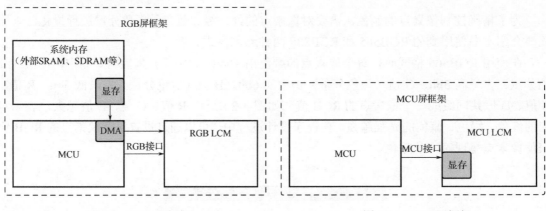

图 3-4　RGB 屏框架　　　　　　图 3-5　MCU 屏框架

3.2　LCD 显示模块接口

　　开发板上的 LCD 显示模块接口电路原理图如图 3-6 所示。LCD 显示模块的 EXMC_D[0:15] 引脚分别与 GD32F303ZET6 芯片的 PD[14:15]、PD[0:1]、PE[7:15] 和 PD[8:10] 引脚相连，LCD_CS 引脚连接到 PG9 引脚，LCD_RD 引脚连接到 PD4 引脚，LCD_WR 引脚连接到 PD5 引脚，LCD_RS 引脚连接到 PF0 引脚，LCD_BL 引脚连接到 PB0 引脚，LCD_IO4 引脚连接到 NRST 引脚。

图 3-6　LCD 显示模块接口电路原理图

　　MCU 接口分为多种类型，常用的有 8080 并行接口、6800 并行接口、3 线 SPI 接口、4 线 SPI 接口等。与 GD32F3 苹果派开发板配套的 LCD 显示模块采用 16 位的 8080 并行接口来传输数据，用到了 4 条控制线（LCD_CS、LCD_WR、LCD_RD 和 LCD_RS）和 16 条双向数据线。LCD 显示模块接口定义如表 3-1 所示。

表 3-1　LCD 显示模块接口定义

序　号	名　称	说　明	引　脚
1	LCD_CS	片选信号，低电平有效	PG9

序　号	名　称	说　明	引　脚
2	LCD_WR	写入信号，上升沿有效	PD5
3	LCD_RD	读取信号，上升沿有效	PD4
4	LCD_RS	指令/数据标志（0-读/写指令，1-读/写数据）	PF0
5	LCD_BL	背光控制信号，高电平有效	PB0
6	LCD_IO4	硬件复位信号，低电平有效	NRST
7	EXMC_D[0:15]	16 位双向数据线	PE[7:15]、PD[0:1]、PD[8:10]、PD[14:15]

　　LCD 显示模块通过 8080 并行接口传输的数据有两种，分别为 NT35510 芯片的控制指令和 LCD 像素点显示的 RGB 颜色数据。这两种数据都涉及读取和写入，下面根据 LCD 的信号线来简单介绍 LCD 读取、写入控制指令和 RGB 颜色数据的时序图。

　　读取、写入数据首先需要拉低片选信号 LCD_CS，然后根据是读取还是写入数据，配置 LCD_RD 和 LCD_WR 的电平。如果是写入数据，则将 LCD_WR 的电平拉低，LCD_RD 的电平拉高；读数据则相反。数据通过 EXMC_D 的 16 位双向数据线进行传输。

　　（1）写入数据：在 LCD_WR 的上升沿，将数据写入 NT35510 芯片，如图 3-7 所示。

　　（2）读取数据：在 LCD_RD 的上升沿，读取数据线上的数据（EXMC_D[0:15]），如图 3-8 所示。

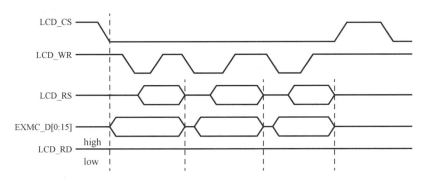

图 3-7　写入数据时序图

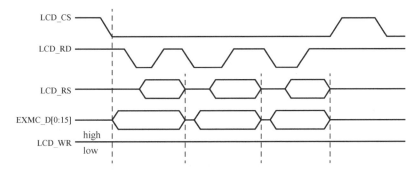

图 3-8　读取数据时序图

3.3 LCD 控制原理

3.3.1 NT35510 芯片的显存及常用指令

NT35510 驱动芯片为液晶控制器，自带显存，显存大小为 1152000 字节（480×800×24/8 字节），即 24 位模式下的显存容量。在 16 位模式下，NT35510 芯片采用 RGB565 格式存储颜色数据，此时 NT35510 芯片的 24 位数据线、GD32F30x 系列 MCU 的 16 位数据线和 LCD GRAM 的对应关系如表 3-2 所示。

表 3-2　数据线与 LCD GRAM 的对应关系

名　　称	对　应　关　系				
NT35510（24 位）	D17~D13	D12	D11~D6	D5~D1	D0
MCU（16 位）	D15~D11	NC	D10~D5	D4~D0	NC
LCD GRAM（16 位）	R[4]~R[0]	NC	G[5]~G[0]	B[4]~B[0]	NC

NT35510 芯片在 16 位模式下，使用的数据线为 D17~D13 和 D11~D1，D0 和 D12 未使用，D17~D13 和 D11~D1 分别对应 GD32F303ZET6 MCU 上的 16 个 GPIO。16 位的 RGB 颜色数据，低 5 位为蓝色分量，中间 6 位为绿色分量，高 5 位为红色分量。数值越大，表示颜色越深。注意，NT35510 芯片的所有指令均为 16 位，且读/写 GRAM 时也是 16 位。

微控制器通过向 NT35510 芯片发送指令来设置 LCD 的显示参数，NT35510 芯片提供了一系列指令供用户开发，关于这些指令具体的定义和描述请参考文件 *NT35510 Data Sheet*（《NT35510 数据表》，位于本书配套资料包"09.参考资料"文件夹下）的第 255~257 页。设置 NT35510 芯片的过程如下：先向 NT35510 芯片发送某项设置对应的指令，目的是告知 NT35510 芯片接下来将进行该项设置，然后发送此项设置的参数完成设置。例如，设置 LCD 的扫描方向为从左到右、从下到上，应先向 NT35510 芯片发送设置读/写方向的指令（0x3600），然后发送从左到右、从下到上的读写方向参数（0x0080），即可完成设置。

下面简要介绍 NT35510 芯片的几条常用指令：0xDA00~0xDC00、0x3600、0x2A00~0x2A03、0x2B00~0x2B03、0x2C00 和 0x2E00。

1. 0xDA00~0xDC00

指令 0xDA00~0xDC00 为读 ID 指令，分别用于读取 LCD 产品的 ID、控制器版本的 ID 及控制器的 ID，每个指令输出一个参数，每个 ID 以 8 位数据（即指令后的参数）的形式输出（高 8 位固定为 0）。将 3 条指令的输出进行组合即可得到芯片 ID。例如，读出的 ID 为 8000H，表示芯片型号为 NT35510。

上述 3 条读 ID 指令的具体描述如表 3-3 所示，下面以 0xDA00 为例进行介绍。要完成读 ID 指令的操作，就要先向 NT35510 芯片写入指令 0xDA00。写指令操作需要将 LCD_RS 的电平拉低，将 LCD_RD 的电平拉高，然后在 LCD_WR 的上升沿通过 EXMC_D[0:15]写入 0xDA00。NT35510 芯片接收并识别到指令后，会发送 ID 参数，接下来需要将 LCD_RS 和 LCD_WR 的电平拉高，然后在 LCD_RD 的上升沿通过 EXMC_D[0:15]读取 ID 参数。通过以上操作即可完成读 ID 指令的操作。

表 3-3　读 ID 指令

顺序	控　制			各 位 描 述									HEX
	RS	RD	WR	D15	D14	D13	D12	D11	D10	D9	D8	D7~D0	
指令	0	1	↑	1	1	0	1	1	0	1	0	00H	DA00
参数	1	↑	1	0	0	0	0	0	0	0	0	00H	00
指令	0	1	↑	1	1	0	1	1	0	1	1	00H	DB00
参数	1	↑	1	0	0	0	0	0	0	0	0	80H	80
指令	0	1	↑	1	1	0	1	1	1	0	0	00H	DC00
参数	1	↑	1	0	0	0	0	0	0	0	0	00H	

2. 0x3600

指令 0x3600 为存储访问控制指令，用于控制 NT35510 芯片存储器的读/写方向。在连续写 GRAM 时，可以通过该指令控制 GRAM 指针的增长方向，从而控制显示方式，读 GRAM 类似。关于该指令的具体描述如表 3-4 所示。

表 3-4　存储访问控制指令

顺序	控　制			各 位 描 述									HEX
	RS	RD	WR	D15~D8	D7	D6	D5	D4	D3	D2	D1	D0	
指令	0	1	↑	36H	0	0	0	0	0	0	0	0	3600
参数	1	1	↑	00H	MY	MX	MV	ML	RGB	MH	RSMX	RSMY	

其中，ML 用于控制 TFT-LCD 的垂直刷新方向；RGB 用于控制 R、G、B 的排列顺序：0（RGB）或 1（BGR）；MH 用于控制水平刷新方向；RSMX 用于左右翻转图像（该位为 1 时有效）；RSMY 用于上下翻转图像（该位为 1 时有效）。

另外，通过设置 MY、MX 和 MV 这 3 位参数，可以控制 LCD 的扫描方向，如表 3-5 所示。例如，在显示 BMP 格式的图片时，BMP 解码是从图片的左下角开始到右上角结束的，如果设置 LCD 的扫描方向为从左到右，从下到上，则只需要设置一次原点坐标，然后不断向 NT35510 芯片发送颜色数据就可以了，这样可以大大提高显示速率。

表 3-5　MY、MX 和 MV 参数的取值及其效果

控 制 位			效　果
MY	MX	MV	LCD 扫描方向（GRAM 自增模式）
0	0	0	从左到右，从上到下
1	0	0	从左到右，从下到上
0	1	0	从右到左，从上到下
1	1	0	从右到左，从下到上
0	0	1	从上到下，从左到右
0	1	1	从上到下，从右到左
1	0	1	从下到上，从左到右
1	1	1	从下到上，从右到左

3. 0x2A00～0x2A03

指令 0x2A00～0x2A03 为列地址设置指令。在默认的扫描方式（从左到右，从上到下，即竖屏显示）下，这 4 条指令用于设置横坐标（X 轴坐标）的范围。因为 GD32F3 苹果派开发板上使用的 LCD 分辨率为 480 像素×800 像素，所以 NT35510 芯片给出了 X 轴和 Y 轴坐标的范围限制：$0 \leqslant x \leqslant 479$，$0 \leqslant y \leqslant 799$，此范围适用于竖屏情况。若为横屏显示，则 X 轴和 Y 轴坐标范围互换。

指令 0x2A00～0x2A03 各带有一个参数，用于设置两个坐标值，即列地址的起始值 XS 和结束值 XE（XS 和 XE 都为 16 位，且都由两个参数的低 8 位组合而成），这两个坐标值的范围需满足 $0 \leqslant XS \leqslant XE \leqslant 479$（竖屏）。一般在设置 X 轴坐标范围时，只需要设置 XS，因为 XE 在初始化的时候已被设置了一个固定值。关于列地址设置指令的具体描述如表 3-6 所示。

表 3-6　列地址设置指令

顺序	控　制			各 位 描 述									HEX
	RS	RD	WR	D15～D8	D7	D6	D5	D4	D3	D2	D1	D0	
指令 1	0	1	↑	2AH	0	0	0	0	0	0	0	0	2A00
参数 1	1	1	↑	00H	XS15	XS14	XS13	XS12	XS11	XS10	XS9	XS8	XS[15:8]
指令 2	0	1	↑	2AH	0	0	0	0	0	0	0	1	2A01
参数 2	1	1	↑	00H	XS7	XS6	XS5	XS4	XS3	XS2	XS1	XS0	XS[7:0]
指令 3	0	1	↑	2AH	0	0	0	0	0	0	1	0	2A02
参数 3	1	1	↑	00H	XE15	XE14	XE13	XE12	XE11	XE10	XE9	XE8	XE[15:8]
指令 4	0	1	↑	2AH	0	0	0	0	0	0	1	1	2A03
参数 4	1	1	↑	00H	XE7	XE6	XE5	XE4	XE3	XE2	XE1	XE0	XE[7:0]

4. 0x2B00～0x2B03

与列地址设置指令类似，指令 0x2B00～0x2B03 为行地址设置指令。在默认扫描方式下，这 4 条指令用于设置纵坐标（Y 轴坐标）范围，也各带有一个参数，用于设置行地址的起始值 YS 和结束值 YE（YS 和 YE 都为 16 位，且都由两个参数的低 8 位组合而成），这两个坐标值的范围需满足 $0 \leqslant YS \leqslant YE \leqslant 799$（竖屏）。一般在设置 Y 轴坐标范围时，只需要设置 YS，因为 YE 在初始化的时候已被设置了一个固定值。

5. 0x2C00

指令 0x2C00 为写 GRAM 指令。在向 NT35510 芯片发送该指令之后，即可向 LCD 的 GRAM 中写入颜色数据，该指令支持连续写，具体描述如表 3-7 所示。

在收到指令 0x2C00 后，数据有效位宽变为 16 位，可以连续写入 LCD GRAM 值（16 位的 RGB565 值），GRAM 的地址将根据 MY、MX 和 MV 设置的扫描方向进行自增。例如，如果设置的扫描方向为从左到右，从上到下，那么设置好起始坐标(XS,YS)后，每写入一个颜色值，GRAM 地址将会自增 1（XS++）。如果写到 XE，则重新回到 XS，此时 YS++，即先显示完一行，然后列数加 1，再显示下一行，一直写到结束坐标(XE,YE)，其间无须再次设置其他坐标，从而提高写入速度。

表 3-7 写 GRAM 指令

顺序	控 制			各 位 描 述									HEX
	RS	RD	WR	D15	D14	D13	D12	D11	D10	D9	D8	D7～D0	
指令	0	1	↑	0	0	1	0	1	1	0	0	0	2C00
参数 1	1	1	↑	D1[15:0]									
……	1	1	↑	D2[15:0]									
参数 N	1	1	↑	D3[15:0]									

6. 0x2E00

指令 0x2E00 为读 GRAM 指令，如表 3-8 所示。该指令用于读取 GRAM。NT35510 芯片在收到该指令后，第一次输出的为 dummy 数据，即无效数据，从第二次开始，输出的才是有效的 GRAM 数据（从起始坐标(XS,YS)开始），输出方式为，每个颜色分量占 8 位，一次输出两个颜色分量。例如，第一次输出 R1G1，随后的规律为，B1R2→G2B2→R3G3→B3R4→G4B4→R5G5，以此类推。如果只需要读取一个点的颜色值，那么只需要接收至参数 3，后面的参数不需要接收；若要连续读取，则按照上述规律接收颜色数据。

表 3-8 读 GRAM 指令

顺序	控 制			各 位 描 述												HEX
	RS	RD	WR	D15～D11	D10	D9	D8	D7	D6	D5	D4	D3	D2	D1	D0	
指令	0	1	↑	2EH				0	0	0	0	0	0	0	0	2E
参数 1	1	↑	1	××												dummy
参数 2	1	↑	1	R1[4:0]	××			G1[5:0]						××		R1G1
参数 3	1	↑	1	B1[4:0]	××			R2[4:0]						××		B1R2
参数 4	1	↑	1	G2[5:0]		××		B2[4:0]						××		G2B2
参数 5	1	↑	1	R3[4:0]	××			G3[5:0]						××		R3G3
参数 N	1	↑	1	按以上规律输出												

以上就是 NT35510 芯片常用的一些指令，通过这些指令可以控制 LCD 进行简单的显示。

3.3.2 EXMC 简介

LCD 显示可以通过 GPIO 引脚模拟 8080 接口时序来控制，但由于使用 GPIO 引脚模拟时序较慢，且 CPU 的占用率较高，因此通常使用微控制器的 EXMC 接口来驱动 LCD 显示模块。下面介绍 EXMC 的基本原理。

1. EXMC 功能框图

EXMC 是外部存储器控制器，主要用于访问各种外部存储器。通过配置寄存器，EXMC 可以把 AMBA 协议转换为专用的片外存储器通信协议。GD32F30x 系列微控制器的 EXMC 可访问的存储器包括 SRAM、ROM、NOR Flash、NAND Flash 和 PC Card 等。用户还可以通过调整、配置寄存器中的时间参数来提高通信效率。EXMC 的访问空间被划分为多个块（Bank），每个块支持特定的存储器类型，用户可以通过配置 Bank 的控制寄存器来控制外部存储器。

GD32F30x 系列微控制器的 EXMC 由 5 部分组成：AHB（先进高性能总线）接口、EXMC 配置寄存器、NOR Flash/PSRAM 控制器、NAND Flash/PC Card 控制器和外部设备接口，如图 3-9 所示。

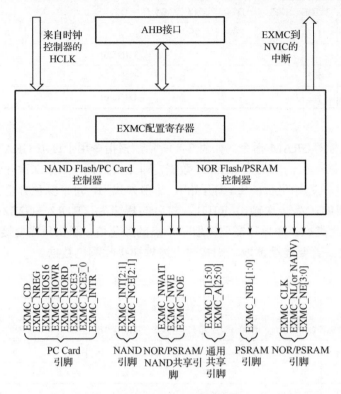

图 3-9　EXMC 功能框图

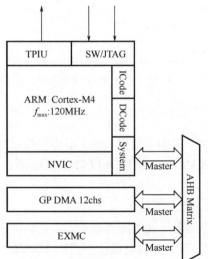

图 3-10　GD32F30x 系列微控制器的局部架构

2. AHB 接口

EXMC 是 AHB 至外部设备协议的转换接口。如图 3-10 所示，EXMC 由 AHB 控制，AHB 同时也由微控制器控制。如果需要对芯片内某个地址进行读/写操作，则通过图 3-9 中的通用共享引脚 EXMC_A[25:0]即可完成对外部存储器的寻址。

AHB 的宽度为 32 位，32 位的 AHB 读/写操作可以转化为几个连续的 8 位或 16 位读/写操作。但在数据传输的过程中，AHB 数据宽度和存储器数据宽度可能不相同。为了保证数据传输的一致性，EXMC 读/写访问需要遵循以下规范：①若 AHB 访问数据宽度等于存储器数据宽度，则正常传输；②若 AHB 访问数据宽度大于存储器数据宽度，则自动将 AHB 访问数据分割成几个连续的存储器数据来传输，即 32 位的 AHB 读/写操作可以转化为几个连续的 8 位或 16 位读/写操作；③若 AHB 访问数据宽度小于存储器数据宽度，则当外部存储设备有字节选择功能（如 SRAM、ROM、

ROM、PSRAM），可通过它的字节通道 EXMC_NBL[1:0]来访问对应的高低字节，否则禁止
写操作，只允许读操作。

3．NOR Flash/PSRAM 控制器

EXMC 将外部存储器分成 4 个 Bank：Bank0～Bank3，每个 Bank 占 256MB，其中 Bank0
又分为 4 个 Region，每个 Region 占 64MB，如图 3-11 所示。每个 Bank 或 Region 都有独立
的片选控制信号，也都能进行独立的配置。

Bank0 用于访问 NOR Flash 和 PSRAM 设备；Bank1 和 Bank2 用于连接 NAND Flash，且
每个 Bank 连接一个 NAND Flash；Bank3 用于连接 PC Card。

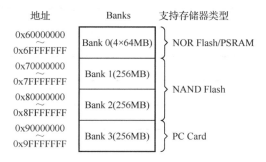

图 3-11　EXMC Bank 划分

本章例程通过 EXMC 来驱动 LCD 显示模块，具体使用的存储区域范围为 Bank0 的
Region1（即 0x64000000～0x67FFFFFF），如图 3-12 所示。

HADDR[27:26]	地址	Regions	支持存储器类型
00	0x60000000 ～ 0x63FFFFFF	Region0	NOR Flash/PSRAM
01	0x64000000 ～ 0x67FFFFFF	Region1	NOR Flash/PSRAM
10	0x68000000 ～ 0x6BFFFFFF	Region2	NOR Flash/PSRAM
11	0x6C000000 ～ 0x6FFFFFFF	Region3	NOR Flash/PSRAM

图 3-12　Bank0 地址映射

每个 Region 都有独立的寄存器，用于对所连接的存储器进行配置。Bank0 的 256MB 空
间由 28 条地址线（HADDR[27:0]）寻址。

这里的 HADDR 为内部 AHB 地址总线，其中，HADDR[25:0]来自外部存储器地址
EXMC_A[25:0]，而 HADDR[27:26]对 4 个 Region 进行寻址，如表 3-9 所示。

表 3-9　EXMC 片选

Bank0	片 选 信 号	地 址 范 围	HADDR	
			[27:26]	[25:0]
Region0	EXMC_NE0	0x60000000～63FFFFFF	00	
Region1	EXMC_NE1	0x64000000～67FFFFFF	01	
Region2	EXMC_NE2	0x6800 000～6BFFFFFF	10	EXMC_A[25:0]
Region3	EXMC_NE3	0x6C000000～6FFFFFFF	11	

当 Bank0 连接 16 位宽度存储器时，HADDR[25:1]对应 EXMC_A[24:0]。当 Bank0 连接 8 位宽度存储器时，HADDR[25:0]对应 EXMC_A[25:0]。这两种情况下，EXMC_A[0]都接在外部设备地址 A[0]。

EXMC 的 Bank0 支持的异步突发访问模式包括模式 1 和模式 A～D 等多种时序模型，驱动 SRAM 时一般使用模式 1 或模式 A，这里使用模式 A 来驱动 LCD 显示模块（实际上是内部 SRAM）。模式 A 的读/写时序分别如图 3-13 和图 3-14 所示。

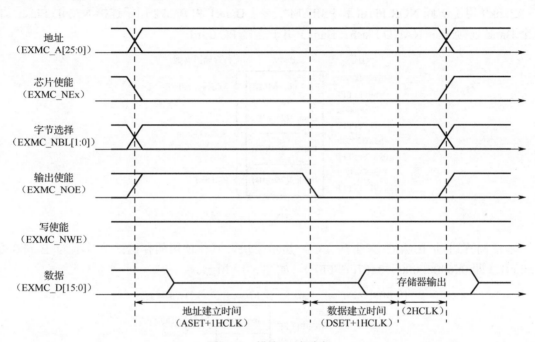

图 3-13　模式 A 读时序

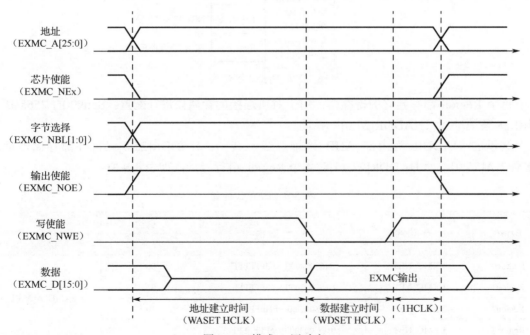

图 3-14　模式 A 写时序

4．外部设备接口

EXMC 驱动外部 SRAM 时，外部 SRAM 的控制信号线一般有：地址线（如 EXMC_A[0:25]）、数据线（如 EXMC_D[0:15]）、写信号（EXMC_NWE）、读信号（EXMC_NOE）和片选信号（EXMC_NEx）；如果 SRAM 支持字节控制，那么还有 UB/LB 信号。

LCD 涉及的信号包括 LCD_RS、EXMC_D[0:15]、LCD_WR、LCD_RD、LCD_CS、NRST 和 LCD_BL 等，其中，真正在操作 LCD 时需要用到的仅有 LCD_RS、EXMC_D[0:15]、LCD_WR、LCD_RD 和 LCD_CS。操作 LCD 时序与 SRAM 的控制类似，唯一不同的是 LCD 有 LCD_RS 信号，没有地址信号。

LCD 通过 LCD_RS 信号来决定传输的是数据还是指令，本质上可以将 LCD_RS 理解为一个地址信号，例如把 LCD_RS 视为 A[0]，LCD_RS 为 0 或 1 时分别对应两个地址，假设为地址 0x64000000 和地址 0x64000001，当 EXMC 控制器写地址 0x64000000 时，LCD_RS 输出为 0，对于 LCD 而言，就是写指令；当 EXMC 控制器写地址 0x64000001 时，LCD_RS 输出为 1，对于 LCD 而言，则是写数据。这样，即可将数据区和指令区分开。上述操作本质上即是对应读写 SRAM 时的两个连续地址。因此，在编写驱动程序时，可以将 LCD 当作 SRAM 来看待，只是该"SRAM"有两个地址，这就是 EXMC 可以用于驱动 LCD 显示模块的原理。

5．EXMC 寄存器

对于 NOR Flash/PSRAM 控制器（Bank0），可以通过 EXMC_SNCTLx、EXMC_SNTCFGx 和 EXMC_SNWTCFGx 这 3 个寄存器进行配置（其中 x=0,1,2,3，对应 4 个 Region），包括设置 EXMC 访问外部存储器的时序参数等，拓宽了可选用的外部存储器的速度范围。

关于上述寄存器的定义及对位的介绍可以参见《GD32F30x 用户手册（中文版）》（位于本书配套资料包"07.数据手册"文件夹下）第 602～606 页。

6．EXMC 部分固件库函数

本章例程涉及的 EXMC 固件库函数包括 exmc_norsram_deinit、exmc_norsram_struct_para_init、exmc_norsram_init、exmc_norsram_enable 和 exmc_norsram_disable。这些函数在 gd32f30x_exmc.h 文件中声明，在 gd32f30x_exmc.c 文件中实现。下面简单介绍其中部分函数的定义、功能和用法，更多关于 EXMC 部分的固件库函数可参见《GD32F30x 固件库使用指南》（位于本书配套资料包"07.数据手册"文件夹下）第 290～315 页。

（1）exmc_norsram_deinit。

exmc_norsram_deinit 函数的功能是复位 NOR/SRAM Region，具体描述如表 3-10 所示。

表 3-10　exmc_norsram_deinit 函数的具体描述

函数名	exmc_norsram_deinit
函数原型	void exmc_norsram_deinit(uint32_t exmc_norsram_region);
功能描述	复位 NOR/SRAM Region
输入参数	exmc_norsram_region: EXMC_BANK0_NORSRAM_REGIONx(x = 0,1,2,3)
输出参数	无
返回值	void

例如，复位 EXMC 的 Bank0 的 Region1，代码如下：

```
exmc_norsram_deinit(EXMC_BANK0_NORSRAM_REGION1);
```

（2）exmc_norsram_enable。

exmc_norsram_enable 函数的功能是使能 EXMC NOR/SRAM Region，具体描述如表 3-11 所示。

表 3-11　exmc_norsram_enable 函数的具体描述

函数名	exmc_norsram_enable
函数原型	void exmc_norsram_enable(uint32_t exmc_norsram_region);
功能描述	使能 EXMC NOR/SRAM Region
输入参数	exmc_norsram_region：EXMC_BANK0_NORSRAM_REGIONx(x=0,1,2,3)
输出参数	无
返回值	void

例如，使能 EXMC 的 Bank0 的 Region1，代码如下：

```
exmc_norsram_enable(EXMC_BANK0_NORSRAM_REGION1);
```

3.3.3　LCD 显示模块驱动流程

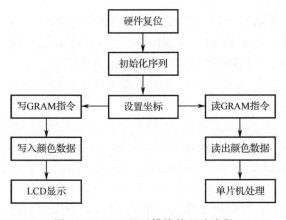

图 3-15　LCD 显示模块的驱动流程

LCD 显示模块的驱动流程如图 3-15 所示。其中，硬件复位即初始化 LCD 显示模块，初始化序列的代码由 LCD 厂家提供，不同厂家不同型号都不相同，硬件复位和初始化序列只需要执行一次即可。下面以画点和读点的流程为例进行介绍。

画点流程如下：设置坐标→写 GRAM 指令→写入颜色数据。完成上述操作后，即可在 LCD 的指定坐标处显示对应的颜色。

读点流程如下：设置坐标→读 GRAM 指令→读取颜色数据，这样即可获取到对应点的颜色数据，最后由微控制器进行处理。

3.4　触摸屏分类

GD32F3 苹果派开发板上的 LCD 显示模块集成了触摸屏及其驱动电路。常用的触摸屏可分为电阻式触摸屏和电容式触摸屏，两种触摸屏的应用范围与其特点有关。电阻式触摸屏具有精确度高、成本较低和稳定性好等优点，但其缺点是表面易划破、透光性不好且不支持多点触控，通常只应用在一些需要精确控制或对使用环境要求较高的情况下，如工厂车间的工控设备等。与电阻式触摸屏不同，电容式触摸屏支持多点触控、透光性好，且无须校准，广泛应用于智能手机、平板电脑等便携式电子设备中。

电容式触摸屏按照工作原理不同，可分为表面电容式触摸屏和投射式触摸屏。表面电容式触摸屏一般不透光，常用于非显示领域，如笔记本电脑的触控板。投射式触摸屏能够透光，多用于显示领域，GD32F3 苹果派开发板上的 LCD 显示模块配套的触摸屏为投射式触摸屏，因此本章主要基于投射式触摸屏进行介绍。

3.5　投射式触摸屏工作原理

1．投射式触摸屏的结构

投射式触摸屏在结构上主要由 3 部分组成，如图 3-16 所示，从上到下分别为保护玻璃、ITO（氧化铟锡）面板和基板。触摸屏的顶部是保护玻璃，为手指直接接触的地方，具有保护内部结构的作用。中间的 ITO 面板是触摸屏的核心部件，ITO 是一种同时具有导电性和透光性的材料。底部的基板在支撑以上结构的同时与 ITO 面板连接，一起构成触摸检测电路。另外，基板上还带有与触摸屏控制芯片连接的接口，ITO 面板检测到的电平变化能够转换成数据发送到触摸屏控制芯片中进行处理。

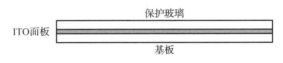

图 3-16　投射式触摸屏的结构

2．检测手指坐标的原理

触摸屏按照检测原理可以分为交互电容型和自我电容型两种。交互电容型投射式触摸屏的 ITO 面板具有特殊结构，为横纵两列菱形交错排列的网状结构（实际的 ITO 面板为透明结构），如图 3-17 所示。交互电容型投射式触摸屏 ITO 面板的 X、Y 轴两组电极之间彼此结合组成电容单元，如图 3-17（d）所示。X 轴和 Y 轴的通道数决定了触摸屏的精度和分辨率，X 轴、Y 轴之间的电容位置决定了 X 轴、Y 轴的坐标。这一点和自我电容型触摸屏不同，自我电容型触摸屏虽然也有 X 轴、Y 轴两组电极，但是彼此之间是与地构成电容的，因此两者检测手指坐标的原理也不同。GD32F3 苹果派开发板上的触摸屏属于交互电容型投射式触摸屏。

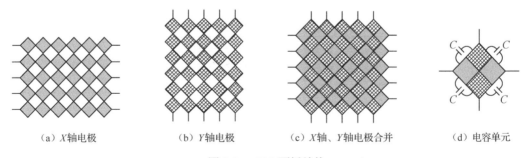

（a）X 轴电极　　　　（b）Y 轴电极　　　　（c）X 轴、Y 轴电极合并　　　　（d）电容单元

图 3-17　ITO 面板结构

交互电容型投射式触摸屏的 ITO 面板 X 轴、Y 轴之间的电容位置代表了触摸屏的实际坐标，控制芯片通过检测电容的充电时间来确定是否有手指按下。和电容按键原理类似，ITO 面板成型出厂后的阻容特性是固定的，因此 X 轴、Y 轴电极之间的电容量和充电时间也是固定的。当用手指触碰屏幕时，X 轴、Y 轴电极间的电容量会改变。检测触摸点坐标时，第 1 条 X 轴的电极发出激励信号，所有 Y 轴的电极同时接收到信号，触摸屏控制芯片通过检测交互电容的充电时间可检测出各条 Y 轴与第 1 条 X 轴相交的交互电容的大小。接着各条 X 轴依次发出激励信号，Y 轴重复上述步骤，即可得到整个触摸屏二维平面的所有电容大小。根据

得到的触摸屏电容量变化的二维数据表，可以得知每个触摸点的坐标。

3.6 触摸控制芯片简介

3.6.1 GT1151Q 芯片

触摸屏控制芯片的作用为检测 ITO 面板电极之间电容的变化，从而得到手指按压的具体坐标，同时将这些坐标和状态信息进行编码，并保存在芯片内部相应的寄存器内，供微控制器读取和调用。开发板配套触摸屏使用的控制芯片型号为 GT1151Q，触摸扫描频率为 120Hz，检测通道分为 16 个驱动通道和 29 个感应通道，这两种通道分别对应 ITO 面板的 X 轴和 Y 轴电极数，数字越大表示检测坐标的精度越高。GT1151Q 最高支持 10 点触控，如图 3-18 所示为 GT1151Q 芯片引脚图。

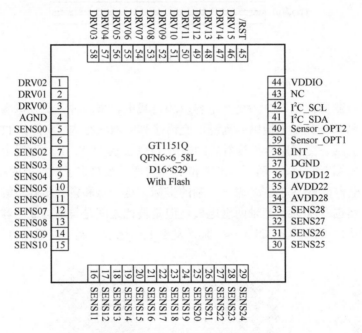

图 3-18 GT1151Q 芯片引脚图

GT1151Q 芯片共有 58 个引脚，引脚功能描述如表 3-12 所示。

表 3-12 GT1151Q 芯片引脚功能描述

引 脚 号	名 称	功 能 描 述
1～3	DRV02～DRV00	触摸驱动信号输出
4	AGND	模拟地
5～33	SENS00～SENS28	触摸模拟信号输入
34	AVDD28	模拟电压输入
35	AVDD22	LDO 输出
36	DVDD12	LDO 输出

续表

引　脚　号	名　　称	功　能　描　述
37	DGND	数字地
38	INT	中断信号
39、40	Sensor_OPT1、Sensor_OPT2	模组识别口
41	I²C_SDA	I²C 数据信号
42	I²C_SCL	I²C 时钟信号
43	NC	
44	VDDIO	GPIO 电平控制
45	/RST	系统复位引脚
46～58	DRV15～DRV03	触摸驱动信号输出

　　芯片的大部分引脚已连接到触摸屏，用于输出触摸驱动信号和获取触摸模拟信号，只有 4 个引脚引出，分别为 INT、/RST、I²C_SCL 和 I²C_SDA。GT1151Q 使用 I²C 协议与微控制器进行通信，器件地址为 0x14。在硬件连接上，GD32F3 苹果派开发板通过 2×16Pin 双排排针和排母与 LCD 显示模块连接，其中开发板上 GD32F303ZET6 芯片的 PB6～PB9 引脚分别与 GT1151Q 芯片的 I²C_SCL、I²C_SDA、INT 和/RST 引脚相连，如图 3-19 所示。

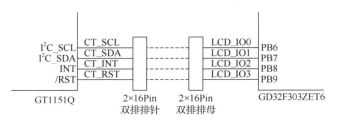

图 3-19　引脚连接图

3.6.2　GT1151Q 常用寄存器

下面简要介绍基于 GT1151Q 芯片进行程序开发时常用的寄存器。

1．控制寄存器（0x8040）

通过向 GT1151Q 中的控制寄存器写入不同的值，可以实现相应的操作，如表 3-13 所示。

表 3-13　控制寄存器

地址	名称	Bit7	Bit6	Bit5	Bit4	Bit3	Bit2	Bit1	Bit0
0x8040	Command	0x00：读坐标状态；　　　　　　　　　　　0x01、0x02：差值原始值； 0x03：基准更新（内部测试）；　　　　　0x04：基准校验（内部测试）；　0x05：关屏； 0x06：进入充电模式；　　　　　　　　　0x07：退出充电模式；　　　　0x08：进入手势唤醒模式； 0x0b：手模式（不支持弱信号）；　　　　0x0c：自动模式（自动切换手和手套）； 0x31：保存自定义手势模板；　　　　　　0x35：清空触控芯片中保存的手势模板信息； 0x36：删除某个手势模板；　　　　　　　0x37：查询手势模板信息； 0xaa：ESD 保护机制使用，由驱动程序定时写入 aa 并定时读取检查

2. 配置寄存器（0x8050～0x813E）

GT1151Q 共有 239 个配置寄存器，如表 3-14 所示，用于设置和保存配置，通常芯片在出厂时已配置完成，在程序中无须修改。如果需要配置相应的参数，则需要注意以下 4 个寄存器：①0x8050 寄存器用于指示配置文件的版本号，只有程序写入的版本号比 GT1151Q 本地保存的版本号新，才可以更新配置；②0x813C 和 0x813D 寄存器用于存储累加和校验；③0x813E 寄存器用于确定是否已更新配置。

表 3-14　配置寄存器

地　　址	名　　称	Bit7	Bit6	Bit5	Bit4	Bit3	Bit2	Bit1	Bit0
0x8050	Config_Version	Bit7 为是否固化标记（0：普通；1：固化），Bit0～Bit6 为对应的版本号							
0x8051～0x813B		配置内容							
0x813C	Config_Chksum_H	配置信息 16 位累加和校验（大端模式：高位存入低地址）							
0x813D	Config_Chksum_L								
0x813E	Config_Fresh	配置已更新标记（微控制器在此写入 1）							

3. 产品 ID 寄存器（0x8140）

产品 ID 寄存器共有 4 个，在本章例程中只用到其中一个，如表 3-15 所示，直接使用 I²C 总线读取该寄存器即可获得 ASCII 编码的 ID 值。

表 3-15　产品 ID 寄存器

地址	可读/写	Bit7	Bit6	Bit5	Bit4	Bit3	Bit2	Bit1	Bit0
0x8140	读	产品 ID（首字节，ASCII 码）							

4. 状态寄存器（0x814E）

状态寄存器用于保存手指触摸状态，即触摸点数目，如表 3-16 所示。状态寄存器需要关注 Bit7 和 Bit0～Bit3。Bit7 为标志位，当有手指按下时该位为 1。注意，此位不会自动清零。Bit0～Bit3 用于保存有效触摸点的个数，范围是 0～10，表示触摸点的数目。

表 3-16　状态寄存器

地址	可读/写	Bit7	Bit6	Bit5	Bit4	Bit3	Bit2	Bit1	Bit0
0x814E	读/写	缓冲区状态	Large Detect	保留	Have Key	触摸点数目			

5. 坐标寄存器（0x8150、0x8158、0x8160、0x8168、0x8170 等）

坐标寄存器用于保存触摸点的坐标数据。GT1151Q 芯片共有 60 个坐标寄存器，每个点的坐标数据分别由 6 个寄存器保存，最多可同时支持 10 个触摸点的坐标数据的保存。X 轴和 Y 轴坐标值分别由 2 个寄存器保存，其余 2 个寄存器用于计算坐标数据的大小。下面以点 1 为例介绍数据存储的基本原理。如表 3-17 所示，地址 0x8150 和 0x8151 中存储的是点 1 的 X 轴坐标值，数据量为 16 位，分为高 8 位和低 8 位存储。Y 轴坐标值同理。地址 0x8154 和 0x8155 中存储的是点 1 的数据大小。

表 3-17　坐标寄存器

地址	可读/写	Bit7	Bit6	Bit5	Bit4	Bit3	Bit2	Bit1	Bit0
0x8150	读	点 1 的 X 轴坐标数据（低字节）							
0x8151	读	点 1 的 X 轴坐标数据（高字节）							
0x8152	读	点 1 的 Y 轴坐标数据（低字节）							
0x8153	读	点 1 的 Y 轴坐标数据（高字节）							
0x8154	读	点 1 数据大小（低字节）							
0x8155	读	点 1 数据大小（高字节）							

3.7　实例与代码解析

下面通过编写实例程序，设计一个可同时支持 5 点触控的手写板，当手指在屏幕上滑动时，能够实时显示滑动轨迹，并且当多点触控时，每条轨迹将使用不同的颜色显示。

3.7.1　新建存放工程的文件夹

在计算机的 D 盘中建立一个 emWinKeilTest 文件夹，将本书配套资料包中的 "04.例程资料\Material" 文件夹复制到 emWinKeilTest 文件夹中，然后在 emWinKeilTest 文件夹中新建一个 Product 文件夹。工程保存的文件夹路径也可以自行选择。注意，保存工程的文件夹一定要严格按照要求进行命名，从细微之处养成良好的规范习惯。

3.7.2　复制并编译原始工程

首先，将 "D:\emWinKeilTest\Material\01.LCDTouch" 文件夹复制到 "D:\emWinKeilTest\Product" 文件夹中。然后，双击运行 "D:\emWinKeilTest\Product\01.LCDTouch\Project" 文件夹中的 "GD32KeilPrj.uvprojx" 文件，单击工具栏中的 ▦按钮，进行编译。当 Build Output 栏中出现 "FromELF：creating hex file..." 时，表示已经成功生成.hex 文件，出现 "0 Error(s)，0 Warning(s)" 表示编译成功，表明原始工程正确。

3.7.3　LCD 文件对

1．LCD.h 文件

在 LCD.h 文件的 "宏定义" 区，进行如程序清单 3-1 所示的定义。第 13 行代码中的宏定义 LCD_BASE 必须根据外部电路的连接来确定，本章例程使用 Bank0 的 Region1 即是从地址 0x64000000 开始的。将这个地址强制转换为 StructLCDBase 结构体地址，可以得到 LCD->cmd 的地址为 0x64000000，对应 A[0] 的状态为 0（即 LCD_RS=0），而 LCD->data 的地址为 0x64000001（结构体地址自增），对应 A[0] 的状态为 1（即 LCD_RS=1）。

程序清单 3-1

```
1.   //-----------------LCD 端口定义-----------------
2.   #define LCD_LED_HIGH    gpio_bit_set(GPIOB, GPIO_PIN_0) //LCD 背光 PB0
3.   #define LCD_LED_LOW     gpio_bit_reset(GPIOB, GPIO_PIN_0)
```

```
4.
5.    //LCD 地址结构体
6.    typedef struct
7.    {
8.      volatile u16 cmd;    //读写指令
9.      volatile u16 data;    //读写数据
10.   }StructLCDBase;
11.   //使用 NOR/PSRAM 的 Bank0 Region1，地址位 HADDR[27,26]=01，A0 作为数据、指令区分线
12.   //注意在设置时，GD32 内部会右移一位对齐
13.   #define LCD_BASE    ((u32)(0x60000000 | 0x04000000))
14.   #define LCD        ((StructLCDBase *)LCD_BASE)
15.
16.   //扫描方向定义
17.   #define L2R_U2D    0                    //从左到右，从上到下
18.   …
19.
20.   #define DFT_SCAN_DIR    L2R_U2D        //默认的扫描方向
21.
22.   //画笔颜色
23.   #define WHITE            0xFFFF    //白色
24.   …
25.
26.   //LCD 分辨率设置
27.   #define SSD_HOR_RESOLUTION    800    //LCD 水平分辨率
28.   #define SSD_VER_RESOLUTION    480    //LCD 垂直分辨率
29.
30.   //LCD 驱动参数设置
31.   #define SSD_HOR_PULSE_WIDTH    1    //水平脉宽
32.   …
```

　　在"枚举结构体"区中，声明如程序清单 3-2 所示的结构体。该结构体用于保存一些 LCD 的重要参数信息，如 LCD 宽度和高度、LCD ID（驱动 IC 型号）和 LCD 横竖屏状态等，其中 width、height、dir、wramcmd、setxcmd 和 setycmd 等指令或参数都在 LCDDisplayDir 中进行初始化。

程序清单 3-2

```
1.    //LCD 重要参数信息
2.    typedef struct
3.    {
4.      u16 width;        //LCD 宽度
5.      u16 height;        //LCD 高度
6.      u16 id;            //LCD ID
7.      u8  dir;            //横屏还是竖屏控制：0-竖屏；1-横屏
8.      u16 wramcmd;    //开始写 GRAM 指令
9.      u16 setxcmd;    //设置 X 轴坐标指令
10.     u16 setycmd;    //设置 Y 轴坐标指令
11.   }StructLCDDev;
12.
13.   //LCD 参数
14.   extern StructLCDDev s_structLCDDev;    //管理 LCD 重要参数
```

在"API 函数声明"区，声明如程序清单 3-3 所示的 API 函数。InitLCD 函数用于初始化 LCD 显示模块，LCDWriteCMD 函数用于向 LCD 写指令，LCDWriteData 函数用于向 LCD 写数据，LCDReadData 函数用于从 LCD 读数据，LCDSendWriteGramCMD 函数用于发送开始写 GRAM 指令，LCDWriteRAM 函数用于向 LCD 写 GRAM，LCDSetCursor 函数用于设置光标，LCDShowChar 和 LCDShowNum 函数分别用于在指定位置显示一个字符和一个数字。

程序清单 3-3

```
1.    void InitLCD(void);                                      //初始化
2.    void LCDWriteCMD(u16 cmd);                               //向 LCD 写指令
3.    void LCDWriteData(u16 data);                             //向 LCD 写数据
4.    u16   LCDReadData(void);                                 //从 LCD 读数据
5.    …
6.    void LCDSendWriteGramCMD(void);                          //发送开始写 GRAM 指令
7.    void LCDWriteRAM(u16 rgb);                               //写 GRAM
8.    …
9.    void LCDSetCursor(u16 x, u16 y);                         //设置光标
10.   …
11.   void LCDShowChar(u16 x,u16 y,u8 num,u8 size,u8 mode);    //显示一个字符
12.   …
13.   void LCDShowNum(u16 x,u16 y,u32 num,u8 len,u8 size);     //显示一个数字
14.   …
```

2. LCD.c 文件

在 LCD.c 文件的"内部函数实现"区，首先实现 LCDWriteCMD 函数，如程序清单 3-4 所示。LCDWriteCMD 函数的功能是向 LCD 写指令，LCD->cmd 的地址为 0x64000000，对应 A[0]的状态为 0（即 LCD_RS=0），即给 LCD 读/写指令。函数输入参数 cmd 为向 NT35510 输入的指令。

程序清单 3-4

```
1.    void LCDWriteCMD(u16 cmd)
2.    {
3.        LCD->cmd = cmd;
4.    }
```

在 LCDWriteCMD 函数实现代码后为 LCDWriteData 函数的实现代码，如程序清单 3-5 所示。LCDWriteData 函数的功能是向 LCD 写数据，LCD->data 的地址为 0x64000001，对应 A[0]的状态为 1（即 LCD_RS=1），即给 LCD 读/写数据。函数输入参数 data 为写入 NT35510 的数据。

程序清单 3-5

```
1.    void LCDWriteData(u16 data)
2.    {
3.        LCD->data = data;
4.    }
```

在 LCDWriteData 函数实现代码后为 LCDReadData 函数的实现代码，如程序清单 3-6 所示。LCDReadData 函数的功能是从 LCD 读数据，LCD->data 的地址为 0x64000001，对应 A[0]

的状态为 1（即 LCD_RS=1），即给 LCD 读/写数据。ram 为读取的数据，使用 volatile 关键字定义 ram 是为了防止编译器优化。

程序清单 3-6

```
1.   u16 LCDReadData(void)
2.   {
3.      volatile u16 ram;
4.      ram = LCD->data;
5.      return ram;
6.   }
```

在 LCDReadData 函数实现代码后为 LCDWriteReg 和 LCDReadReg 函数的实现代码，这两个函数分别用于写和读寄存器，寄存器地址由函数的输入参数指定。

在 LCDReadReg 函数实现代码后为 LCDSendWriteGramCMD 和 LCDWriteRAM 函数的实现代码，如程序清单 3-7 所示。LCDWriteRAM 函数的功能是向 LCD 写 GRAM，GRAM 的值为 RGB565 值。若直接向 LCD 写入 GRAM 值，则 LCD 无法识别写入的为 RGB565 值，所以在向 LCD 写 GRAM 值之前，必须先向 LCD 发送写 GRAM 的指令，即通过调用 LCDSendWriteGramCMD 函数来实现。

程序清单 3-7

```
1.   void LCDSendWriteGramCMD(void)
2.   {
3.     LCD->cmd = s_structLCDDev.wramcmd;
4.   }
5.
6.    void LCDWriteRAM(u16 rgb)
7.   {
8.     LCD->data = rgb; //写 16 位 GRAM
9.   }
```

在 LCDWriteRAM 函数实现代码后为 LCDBGRToRGB、LCDReadPoint、LCDDisplayOn、LCDDisplayOff、LCDSetCursor 和 LCDScanDir 函数的实现代码，这些函数的功能分别为将 BGR 格式数据转化为 RGB 格式数据、读取某个点的颜色值、LCD 开启显示、LCD 关闭显示、设置光标位置和设置自动扫描方向。

在 LCDScanDir 函数实现代码后为 LCDDrawPoint 函数的实现代码，如程序清单 3-8 所示。LCDDrawPoint 函数的功能是向 LCD 上的特定位置写入 GRAM 值，以实现在该位置的像素点上显示指定的颜色。下面按照顺序解释说明 LCDDrawPoint 函数中的语句。

（1）第 3 行代码：LCDSetCursor 函数的功能是设置光标位置，该函数中使用了 0x2A00 和 0x2B00 指令，其工作原理如表 3-6 所示。

（2）第 4 至 5 行代码：在设置好光标位置后，就可以调用 LCDSendWriteGramCMD 函数向 LCD 发送写 GRAM 指令，再向 LCD 写入该点的 GRAM 值。

程序清单 3-8

```
1.   void LCDDrawPoint(u16 x,u16 y)
2.   {
3.     LCDSetCursor(x, y);                        //设置光标位置
```

```
4.        LCDSendWriteGramCMD();                    //发送写 GRAM 指令
5.        LCD->data = s_iLCDPointColor;             //写入 GRAM 值
6.    }
```

在 LCDDrawPoint 函数实现代码后为 LCDFastDrawPoint、LCDSSDBackLightSet、LCDDisplayDir 和 LCDSetWindow 函数的实现代码，这些函数的功能分别是快速画点、进行 SSD1963 背光设置、设置 LCD 显示方向和设置窗口。

在 LCDSetWindow 函数实现代码后为 InitLCD 函数的实现代码，如程序清单 3-9 所示。InitLCD 函数的功能是初始化 LCD。

（1）第 6 至 7 行代码：首先设置 LCD 的背光控制，即背光亮度。控制 LCD 背光的端口是 LCD_BL，对应 PB0 引脚。LCD 背光亮度由 PWM（脉冲宽度调制）占空比的大小来控制，所以把 PB0 引脚设置为推挽输出。

（2）第 9 至 19 行代码：在延时 50ms 等待上一步设置完成后，开始读取 LCD 的 ID。读 ID 指令用的是 0xDA00、0xDB00 和 0xDC00，其读取原理如表 3-3 所示。

（3）第 29 至 37 行代码：读取完 ID 后，开始打印并校验 ID，然后进行 LCD 寄存器初始化设置，寄存器的初始化设置代码由生产 LCD 的厂商提供，代码量较大，这里不展开介绍。在寄存器初始化设置后，延时 120ms 等待设置完成，向 LCD 写入点亮屏幕指令（0x2900）。

（4）第 38 至 40 行代码：最后根据需求初始化 LCD 部分功能，将 LCD 显示方式设置为默认竖屏，点亮背光并且将 LCD 清屏显示为白色背景。

程序清单 3-9

```
1.    void InitLCD(void)
2.    {
3.        //GPIOB 时钟使能
4.        rcu_periph_clock_enable(RCU_GPIOB);
5.
6.        //配置背光控制 GPIO
7.        gpio_init(GPIOB, GPIO_MODE_OUT_PP, GPIO_OSPEED_MAX, GPIO_PIN_0);
8.
9.        //延时 50ms
10.       DelayNms(50);
11.
12.       //校验 ID
13.       LCDWriteCMD(0xDA00);
14.       s_structLCDDev.id = LCDReadData();        //读回 0x00
15.       LCDWriteCMD(0xDB00);
16.       s_structLCDDev.id = LCDReadData();        //读回 0x80
17.       s_structLCDDev.id <<= 8;
18.       LCDWriteCMD(0xDC00);
19.       s_structLCDDev.id |= LCDReadData();       //读回 0x00
20.
21.       if(s_structLCDDev.id==0x8000)
22.       {
23.           //NT35510 读回的 ID 是 8000H，为方便区分，强制设置为 5510
24.           s_structLCDDev.id=0x5510;
25.       }
26.
```

```
27.         printf("LCD ID:%x\r\n", s_structLCDDev.id);  //打印 LCD ID
28.
29.         if(s_structLCDDev.id == 0x5510)
30.         {
31.             LCDWriteReg(0xF000, 0x55);
32.             LCDWriteReg(0xF001, 0x55);
33.             …//此处省略 LCD 设置寄存器代码
34.
35.             DelayNus(120);
36.             LCDWriteCMD(0x2900);
37.         }
38.         LCDDisplayDir(0);         //默认为竖屏
39.         LCD_LED_HIGH;            //点亮背光
40.         LCDClear(WHITE);        //清屏
41.     }
```

在 InitLCD 函数实现代码后为 LCDClear、LCDFill、LCDColorFill、LCDDrawLine、LCDDrawRectangle 和 LCDDrawCircle 函数的实现代码，这些函数的功能分别是清屏、在指定区域内填充单个颜色、在指定区域内填充颜色块、画线、画矩形和画圆。

在 LCDDrawCircle 函数实现代码后为 LCDShowChar 函数的实现代码，如程序清单 3-10 所示。

（1）第 1 行代码：LCDShowChar 函数用于在指定位置显示一个字符，字符位置由输入参数 x 和 y 确定，待显示的字符以整数形式（ASCII 码）存放于参数 num 中。参数 size 是字体选项，24 代表 24×24 字体（汉字为 24 像素×24 像素，字符为 24 像素×12 像素），16 代表 16×16 字体（汉字为 16 像素×16 像素，字符为 16 像素×8 像素），12 代表 12×12 字体（汉字为 12 像素×12 像素，字符为 12 像素×6 像素）。最后一个参数 mode 用于选择显示方式，即以叠加方式或非叠加方式显示。叠加方式显示为输入的字符以透明背景的方式显示，即输入的字符与背景叠加在一起；非叠加方式显示为输入的字符以有底纹的方式显示，即输入的字符不与背景叠加在一起，而是自带一个纯色背景。其中，mode 为 1 表示以叠加方式显示，mode 为 0 表示以非叠加方式显示。

（2）第 6 行代码：由于本章例程只对 ASCII 码表中的 95 个字符进行取模，12×6 字体字模存放于 asc2_1206 数组，16×8 字体字模存放于 asc2_1608 数组，24×12 字体字模存放于 asc2_2412 数组，这 95 个字符中的第 1 个字符是 ASCII 码表中的空格（空格的 ASCII 值为 32），且所有字符的字模都是按照 ASCII 码表顺序存放于数组 asc2_1206、asc2_1608 和 asc2_2412 中的。由于 LCDShowChar 函数的参数 num 是可视字符型数据（以 ASCII 码存放，ASCII 码表中的前 32 个字符不可视），因此需要将 num 减去空格的 ASCII 值（即 32），即可得到 num 在数组中的索引。

（3）第 8 至 63 行代码：对于 16×16 字体的字符（实际是 16 像素×8 像素），每个字符由 16 字节组成（变量 csize），每个字符由 8 个有效位组成，每位对应 1 个像素点。因此，分为两个循环画点，16 个大循环，每次取出 1 字节，8 个小循环，每次画 1 个像素点。对于 12×12 字体的字符和 24×24 字体的字符，其显示原理相同。

程序清单 3-10

```
1.   void LCDShowChar(u16 x, u16 y, u8 num, u8 size, u8 mode)
2.   {
3.       u8 temp, t1, t;
4.       u16 y0 = y;
5.       u8 csize = (size / 8 + ((size % 8) ? 1 : 0)) * (size / 2);   //得到一个字符对应点阵集所占的字节
6.       num = num - ' '; //得到偏移后的值（ASCII 字库是从空格开始取模的，所以-' '就是对应字符的字库）
7.
8.       for(t = 0; t < csize; t++)
9.       {
10.          //调用 12×6 字体
11.          if(size == 12)
12.          {
13.              temp = asc2_1206[num][t];
14.          }
15.
16.          //调用 16×8 字体
17.          else if(size == 16)
18.          {
19.              temp = asc2_1608[num][t];
20.          }
21.
22.          //调用 24×12 字体
23.          else if(size == 24)
24.          {
25.              temp = asc2_2412[num][t];
26.          }
27.
28.          //没有的字库
29.          else
30.          {
31.              return;
32.          }
33.
34.          for(t1 = 0; t1 < 8; t1++)
35.          {
36.              if(temp & 0x80)
37.              {
38.                  LCDFastDrawPoint(x, y, s_iLCDPointColor);
39.              }
40.              else if(mode == 0)
41.              {
42.                  LCDFastDrawPoint(x, y, s_iLCDBackColor);
43.              }
44.
45.              temp <<= 1;
46.              y++;
47.
48.              //超区域了
49.              if(y >= s_structLCDDev.height)
50.              {
```

```
51.          return;
52.        }
53.        if((y - y0) == size)
54.        {
55.          y = y0;
56.          x++;
57.
58.          //超区域了
59.          if(x >= s_structLCDDev.width)
60.          {
61.            return;
62.          }
63.          break;
64.        }
65.      }
66.    }
67.  }
```

在 LCDShowChar 函数的实现代码后为 LCDPow 和 LCDShowNum 函数的实现代码，这两个函数的功能分别是进行幂运算和显示数字。

在 LCDShowNum 函数的实现代码后为 LCDShowString 函数的实现代码，如程序清单 3-11 所示。LCDShowString 函数的功能是在指定位置显示字符串。该函数调用了 LCDShowChar 来实现字符串的显示。

程序清单 3-11

```
1.  void LCDShowString(u16 x, u16 y, u16 width, u16 height, u8 size, u8 *p)
2.  {
3.    u8 x0 = x;
4.    width += x;
5.    height += y;
6.    while((*p <= '~') && (*p >= ' '))//判断是不是非法字符
7.    {
8.      if(x >= width)
9.      {
10.       x = x0;
11.       y += size;
12.     }
13.     if(y >= height)
14.     {
15.       break;                    //退出
16.     }
17.     LCDShowChar(x, y, *p, size, 0);
18.     x += size / 2;
19.     p++;
20.   }
21. }
```

3.7.4 GT1151Q 文件对

1. GT1151Q.h 文件

在 GT1151Q.h 文件的"宏定义"区，进行如程序清单 3-12 所示的定义。

（1）第 1 至 9 行代码：本章例程使用到的 GT1151Q 芯片的相关寄存器。

（2）第 11 至 12 行代码：GT1151Q 芯片的 I^2C 设备地址。

程序清单 3-12

```
1.   #define GT1151Q_PID_REG      0x8140        //GT1151Q 产品 ID 寄存器
2.   ...
3.
4.   #define GT1151Q_GSTID_REG    0x814E        //GT1151Q 当前检测到的触摸情况
5.   #define GT1151Q_TP1_REG      0x8150        //第 1 个触摸点数据地址
6.   #define GT1151Q_TP2_REG      0x8158        //第 2 个触摸点数据地址
7.   #define GT1151Q_TP3_REG      0x8160        //第 3 个触摸点数据地址
8.   #define GT1151Q_TP4_REG      0x8168        //第 4 个触摸点数据地址
9.   #define GT1151Q_TP5_REG      0x8170        //第 5 个触摸点数据地址
10.
11.  //I2C 设备地址（含最低位）
12.  #define GT1151Q_DEVICE_ADDR 0x28
```

在"API 函数声明"区，声明 2 个 API 函数，如程序清单 3-13 所示。InitGT1151Q 函数用于初始化 GT1151Q 芯片。ScanGT1151Q 函数用于扫描触摸点数。

程序清单 3-13

```
void InitGT1151Q(void);                      //初始化 GT1151Q 芯片，即初始化触摸屏驱动模块
void ScanGT1151Q(StructTouchDev* dev);       //触屏扫描
```

2. GT1151Q.c 文件

在 GT1151Q.c 文件的"内部变量"区，定义 1 个 I^2C 通信设备结构体，如程序清单 3-14 所示。

程序清单 3-14

```
static StructIICCommonDev s_structIICDev;  //I2C 通信设备结构体
```

在"内部函数声明"区，声明 1 个内部函数，如程序清单 3-15 所示，ConfigGT1151QGPIO 函数用于初始化连接到 GT1151Q 芯片的 GPIO。

程序清单 3-15

```
static  void   ConfigGT1151QGPIO(void);   //配置 GT1151Q 的 GPIO
```

在"内部函数实现"区，首先实现 ConfigGT1151QGPIO 函数，如程序清单 3-16 所示。该函数通过调用 GPIO 相关库函数配置连接 GT1151Q 芯片的部分 GPIO，即 PB6、PB7 和 PB9。

程序清单 3-16

```
1.   static void ConfigGT1151QGPIO(void)
2.   {
3.     //使能 RCU 相关时钟
4.     rcu_periph_clock_enable(RCU_GPIOB);   //使能 GPIOB 的时钟
5.
6.     //SCL
7.     gpio_init(GPIOB, GPIO_MODE_OUT_PP, GPIO_OSPEED_50MHZ, GPIO_PIN_6);   //设置 GPIO 的输
出模式及速度
8.     gpio_bit_set(GPIOB, GPIO_PIN_6);                                    //将 SCL 默认状态设置为拉高
```

```
9.
10.    //SDA
11.    gpio_init(GPIOB, GPIO_MODE_OUT_PP, GPIO_OSPEED_50MHZ, GPIO_PIN_7);   //设置 GPIO 的输
出模式及速度
12.    gpio_bit_set(GPIOB, GPIO_PIN_7);                              //将 SDA 默认状态设置为拉高
13.
14.    //RST，低电平有效
15.    gpio_init(GPIOB, GPIO_MODE_OUT_PP, GPIO_OSPEED_50MHZ, GPIO_PIN_9);   //设置 GPIO 的输
出模式及速度
16.    gpio_bit_reset(GPIOB, GPIO_PIN_9);                           //将 RST 默认状态设置为拉低
17.  }
```

在 ConfigGT1151QGPIO 函数的实现代码后为 ConfigGT1151QAddr 函数的实现代码，该函数用于配置 GT1151Q 的设备地址。

在 ConfigGT1151QAddr 函数的实现代码后为 ConfigSDAMode、SetSCL、SetSDA、GetSDA 和 Delay 函数的实现代码。这些内部函数对应 IICCommon.h 文件中 StructIICCommonDev 结构体定义的函数指针。ConfigSDAMode 函数用于配置 SDA 模式为输入或输出，SetSCL 函数用于控制 I^2C 时钟信号线 SCL，SetSDA 函数用于控制 I^2C 数据信号线 SDA，GetSDA 函数用于获取 SDA 的输入电平，Delay 函数用于 I^2C 时序的延时。下面以 ConfigSDAMode 函数为例进行介绍，如程序清单 3-17 所示。ConfigSDAMode 函数仅有一个输入参数 mode，根据 mode 的值配置数据信号线 SDA 为输入或输出。

程序清单 3-17

```
1.    static void ConfigSDAMode(u8 mode)
2.    {
3.
4.      rcu_periph_clock_enable(RCU_GPIOB);   //使能 GPIOB 的时钟
5.
6.      //配置成输出
7.      if(IIC_COMMON_OUTPUT == mode)
8.      {
9.        gpio_init(GPIOB, GPIO_MODE_OUT_PP, GPIO_OSPEED_50MHZ, GPIO_PIN_7);
10.     }
11.
12.     //配置成输入
13.     else if(IIC_COMMON_INPUT == mode)
14.     {
15.       gpio_init(GPIOB, GPIO_MODE_IPU, GPIO_OSPEED_50MHZ, GPIO_PIN_7);
16.     }
17.   }
```

在"API 函数实现"区，首先实现的是 InitGT1151Q 函数，如程序清单 3-18 所示。

（1）第 5 至 6 行代码：通过 ConfigGT1151QGPIO 函数配置所要使用的 GPIO。

（2）第 11 至 18 行代码：初始化 I^2C 结构体，即配置 I^2C。

（3）第 23 至 32 行代码：读取芯片 ID 并通过串口打印。

程序清单 3-18

```
1.    void InitGT1151Q(void)
2.    {
```

```
3.      u8 id[5];
4.
5.      //配置 GT1151Q 的 GPIO
6.      ConfigGT1151QGPIO();
7.
8.      //配置 GT1151Q 的设备地址为 0x28/0x29
9.      ConfigGT1151QAddr();
10.
11.     //配置 I²C
12.     s_structIICDev.deviceID      = GT1151Q_DEVICE_ADDR; //设备 ID
13.     //s_structIICDev.deviceID     = 0xBA;                //设备 ID
14.     s_structIICDev.SetSCL         = SetSCL;              //设置 SCL 电平值
15.     s_structIICDev.SetSDA         = SetSDA;              //设置 SDA 电平值
16.     s_structIICDev.GetSDA         = GetSDA;              //获取 SDA 输入电平
17.     s_structIICDev.ConfigSDAMode = ConfigSDAMode;        //配置 SDA 输入/输出方向
18.     s_structIICDev.Delay          = Delay;               //延时函数
19.
20.     //等待 GT1151Q 工作稳定
21.     DelayNms(100);
22.
23.     //读取产品 ID
24.     if(0 != IICCommonReadBytesEx(&s_structIICDev, GT1151Q_PID_REG, id, 4, IIC_COMMON_NACK))
25.     {
26.         printf("InitGT1151Q: Fail to get id\r\n");
27.         return;
28.     }
29.
30.     //打印产品 ID
31.     id[4] = 0;
32.     printf("Touch ID: %s\r\n", id);
33. }
```

在 InitGT1151Q 函数的实现代码后为 ScanGT1151Q 函数的实现代码，如程序清单 3-19 所示。该函数以触摸屏设备结构体 StructTouchDev 为输入参数，用于记录触摸点数和坐标点数据。下面按照顺序解释说明 ScanGT1151Q 函数中的语句。

（1）第 9 至 10 行代码：使用 IICCommonReadBytesEx 函数读取 GT1151Q 芯片的状态寄存器，并将读到的触摸点的个数保存在结构体中。

（2）第 20 至 21 行代码：使用 for 循环获取 5 个点的坐标值。

（3）第 23 至 42 行代码：若检测到手指按下，则通过 IICCommonReadBytesEx 函数循环读取坐标寄存器的坐标值，并保存在结构体中。

（4）第 44 至 51 行代码：若状态寄存器检测到没有手指按下，则将结构体赋值为默认的无效值。

程序清单 3-19

```
1.  void ScanGT1151Q(StructTouchDev* dev)
2.  {
3.      static  u16  s_arrRegAddr[5]  =  {GT1151Q_TP1_REG,  GT1151Q_TP2_REG,  GT1151Q_TP3_REG,
GT1151Q_TP4_REG, GT1151Q_TP5_REG};
4.      u8   regValue;
```

```
5.      u8   buf[6];
6.      u8   i;
7.      u16 swap;
8.
9.      //读取状态寄存器
10.     IICCommonReadBytesEx(&s_structIICDev, GT1151Q_GSTID_REG, &regValue, 1, IIC_COMMON_
NACK);
11.     regValue = regValue & 0x0F;
12.
13.     //记录触摸点个数
14.     dev->pointNum = regValue;
15.
16.     //清除状态寄存器
17.     regValue = 0;
18.     IICCommonWriteBytesEx(&s_structIICDev, GT1151Q_GSTID_REG, &regValue, 1);
19.
20.     //循环获取 5 个触摸点数据
21.     for(i = 0; i < 5; i++)
22.     {
23.        //检测到触摸点
24.        if(dev->pointNum >= (i + 1))
25.        {
26.           IICCommonReadBytesEx(&s_structIICDev, s_arrRegAddr[i], buf, 6, IIC_COMMON_NACK);
27.           dev->point[i].x    = (buf[1] << 8) | buf[0];
28.           dev->point[i].y    = (buf[3] << 8) | buf[2];
29.           dev->point[i].size = (buf[5] << 8) | buf[4];
30.
31.           //横屏坐标转换
32.           if(1 == s_structLCDDev.dir)
33.           {
34.              swap          = dev->point[i].x;
35.              dev->point[i].x = dev->point[i].y;
36.              dev->point[i].y = swap;
37.              dev->point[i].x = 800 - dev->point[i].x;
38.           }
39.
40.           //标记触摸点按下
41.           dev->pointFlag[i] = 1;
42.        }
43.
44.        //未检测到触摸点
45.        else
46.        {
47.           dev->pointFlag[i] = 0;         //未检测到
48.           dev->point[i].x    = 0xFFFF;    //无效值
49.           dev->point[i].y    = 0xFFFF;    //无效值
50.        }
51.     }
52.  }
```

3.7.5　Touch 文件对

1．Touch.h 文件

在 Touch.h 文件的"宏定义"区，定义常量 POINT_NUM_MAX 为触摸点的最大数量，如程序清单 3-20 所示。

程序清单 3-20

```
#define POINT_NUM_MAX 5        //触摸点的最大数量
```

在"枚举结构体"区，声明 2 个结构体，如程序清单 3-21 所示。

（1）第 1 至 7 行代码：定义 StructTouchPoint 结构体，用于存储触摸点的坐标数据。

（2）第 11 至 15 行代码：定义了 StructTouchDev 结构体，用于存储触摸点数和触摸状态。

程序清单 3-21

```
1.   //坐标点
2.   typedef struct
3.   {
4.       u16 x;        //横坐标，0xFFFF 表示无效值
5.       u16 y;        //纵坐标，0xFFFF 表示无效值
6.       u16 size;     //触摸点大小
7.   }StructTouchPoint;
8.
9.   //触摸屏设备结构体
10.  typedef struct
11.  {
12.      u8   pointNum;                          //触摸点数，最多支持 POINT_NUM_MAX 个触摸点
13.      u8   pointFlag[POINT_NUM_MAX];          //触摸点按下标志位，1-触摸点按下，0-未检测到触摸点按下
14.      StructTouchPoint point[POINT_NUM_MAX]; //坐标点数据
15.  }StructTouchDev;
```

在"API 函数声明"区，声明 3 个 API 函数，如程序清单 3-22 所示，InitTouch 函数用于初始化触摸屏检测驱动模块，ScanTouch 函数用于进行触摸屏扫描，GetTouchDev 函数用于获取触摸设备的结构体，GetTouch1Result 函数用于获取触摸点 1 的扫描结果。

程序清单 3-22

```
1.   void InitTouch(void);                       //初始化触摸屏检测驱动模块
2.   u8    ScanTouch(void);                       //触摸屏扫描
3.   StructTouchDev* GetTouchDev(void);          //获取触摸设备的结构体
4.   u8 GetTouch1Result(StructTouchPoint* point); //获取触摸点 1 的扫描结果
```

2．Touch.c 文件

在 Touch.c 文件的"宏定义"区，定义 1 个常量 DIFFERENCE_MAX，如程序清单 3-23 所示，表示坐标点之间差值的最大值，用于准确判断触摸点个数。

程序清单 3-23

```
#define DIFFERENCE_MAX 75   //坐标点之间差值的最大值
```

在"内部变量"区，定义 1 个触摸设备结构体，如程序清单 3-24 所示。

程序清单 3-24

```
static StructTouchDev s_structTouchDev;
```

在"内部函数声明"区，声明 1 个内部函数，如程序清单 3-25 所示，Abs 函数用于计算两数之差的绝对值。

程序清单 3-25

```
static u16 Abs(u16 a, u16 b); //计算两数之差的绝对值
```

在"内部函数实现"区，Abs 函数的实现代码如程序清单 3-26 所示。

程序清单 3-26

```
1.   static u16 Abs(u16 a, u16 b)
2.   {
3.     if(a > b)
4.     {
5.       return (a - b);
6.     }
7.     else
8.     {
9.       return (b - a);
10.    }
11.  }
```

在"API 函数实现"区，首先实现了 InitTouch 函数，如程序清单 3-27 所示，该函数用于初始化触摸设备。下面按照顺序解释说明 InitTouch 函数中的语句。

（1）第 5 至 6 行代码：通过调用 InitGT1151Q 函数来初始化触摸控制芯片 GT1151Q。

（2）第 8 至 16 行代码：对触摸设备结构体 s_structTouchDev 的参数进行初始化操作。

程序清单 3-27

```
1.   void InitTouch(void)
2.   {
3.     u8 i;
4.
5.     //初始化 GT1151Q 触摸屏驱动模块
6.     InitGT1151Q();
7.
8.     //初始化 s_structTouchDev 结构体
9.     s_structTouchDev.pointNum = 0;
10.    for(i = 0; i < POINT_NUM_MAX; i++)
11.    {
12.      s_structTouchDev.pointFlag[i] = 0;
13.      s_structTouchDev.point[i].x = 0xFFFF;
14.      s_structTouchDev.point[i].y = 0xFFFF;
15.      s_structTouchDev.point[i].size = 0;
16.    }
17.  }
```

在 InitTouch 函数实现代码后为 ScanTouch 函数的实现代码，如程序清单 3-28 所示，该函数用于扫描触摸屏。下面按照顺序解释说明 ScanTouch 函数中的语句。

（1）第 9 至 13 行代码：清空标志位，使设备恢复初始状态。

（2）第 15 至 16 行代码：通过 ScanGT1151Q 函数获取当前触摸屏的检测结果，包括触摸点数和每个点的坐标，并将结果更新到结构体 s_structNewDev 中。

（3）第 21 至 109 行代码：进行两次判断，判断触摸点是新触摸点还是未触碰状态。根据前面的宏定义 DIFFERENCE_MAX 来判断，当两个触摸点之间的距离小于 DIFFERENCE_MAX 时，视为同一个点，否则为新触摸点。

（4）第 111 行代码：将当前扫描的触摸点个数作为返回值返回。

程序清单 3-28

```
1.    u8 ScanTouch(void)
2.    {
3.      static StructTouchDev s_structNewDev;      //当前触摸屏的扫描结果
4.      u8 i, j;                                   //循环变量
5.      u16 x0, y0, x1, y1;                        //坐标变量
6.      u8 hasSimilarity;                          //查找到相似点标志位，0-无相似点，1-有相似点
7.      u8 hasClearFlag[POINT_NUM_MAX];            //已清除标志位
8.
9.      //清空标志位 hasClearFlag
10.     for(i = 0; i < POINT_NUM_MAX; i++)
11.     {
12.       hasClearFlag[i] = 0;
13.     }
14.
15.     //获取当前触摸屏的检测结果
16.     ScanGT1151Q(&s_structNewDev);
17.
18.     //更新触摸点个数
19.     s_structTouchDev.pointNum = s_structNewDev.pointNum;
20.
21.     //第一遍，查看 s_structNewDev 中有没有 s_structTouchDev 的相似点，若有则更新该点，否则标记
s_structTouchDev 未触碰
22.     for(i = 0; i < POINT_NUM_MAX; i++)
23.     {
24.       if(1 == s_structTouchDev.pointFlag[i])
25.       {
26.         //默认未查找到相似点
27.         hasSimilarity = 0;
28.         for(j = 0; j < POINT_NUM_MAX; j++)
29.         {
30.           if(1 == s_structNewDev.pointFlag[j])
31.           {
32.             x0 = s_structTouchDev.point[i].x;
33.             y0 = s_structTouchDev.point[i].y;
34.             x1 = s_structNewDev.point[j].x;
35.             y1 = s_structNewDev.point[j].y;
36.
37.             //查找到的相似点
```

```
38.              if((Abs(x0, x1) <= DIFFERENCE_MAX) && (Abs(y0, y1) <= DIFFERENCE_MAX))
39.              {
40.                //标记查找到相似点
41.                hasSimilarity = 1;
42.
43.                //保存测量结果
44.                s_structTouchDev.point[i].x = s_structNewDev.point[j].x;
45.                s_structTouchDev.point[i].y = s_structNewDev.point[j].y;
46.                s_structTouchDev.point[i].size = s_structNewDev.point[j].size;
47.                s_structTouchDev.pointFlag[i] = 1;
48.
49.                //跳出循环
50.                break;
51.              }
52.            }
53.          }
54.
55.        //未在 s_structNewDev 中发现当前 s_structTouchDev 的相似点，则标记当前点未触碰
56.        if(0 == hasSimilarity)
57.          {
58.            //标记当前点未触碰
59.            s_structTouchDev.pointFlag[i] = 0;
60.
61.            //标记该点清零过
62.            hasClearFlag[i] = 1;
63.          }
64.      }
65.  }
66.
67.  //第二遍，查看 s_structTouchDev 中有无 s_structNewDev 的相似点，若没有则表示这是一个新触摸点，
将新触摸点保存到 s_structTouchDev 中
68.  for(i = 0; i < POINT_NUM_MAX; i++)
69.  {
70.    if(1 == s_structNewDev.pointFlag[i])
71.    {
72.      //默认未找到相似点
73.      hasSimilarity = 0;
74.      for(j = 0; j < POINT_NUM_MAX; j++)
75.      {
76.        if(1 == s_structTouchDev.pointFlag[j])
77.        {
78.          x0 = s_structNewDev.point[i].x;
79.          y0 = s_structNewDev.point[i].y;
80.          x1 = s_structTouchDev.point[j].x;
81.          y1 = s_structTouchDev.point[j].y;
82.
83.          //查找到相似点
84.          if((Abs(x0, x1) <= DIFFERENCE_MAX) && (Abs(y0, y1) <= DIFFERENCE_MAX))
85.          {
86.            hasSimilarity = 1;
87.            break;
```

```
88.                 }
89.             }
90.         }
91.
92.         //若未发现相似点，则表明这是新触摸点，将新触摸点保存到 s_structTouchDev 中
93.         if(0 == hasSimilarity)
94.         {
95.             //查找空的位置并填入
96.             for(j = 0; j < POINT_NUM_MAX; j++)
97.             {
98.                 if((0 == s_structTouchDev.pointFlag[j]) && (0 == hasClearFlag[j]))
99.                 {
100.                    s_structTouchDev.point[j].x = s_structNewDev.point[i].x;
101.                    s_structTouchDev.point[j].y = s_structNewDev.point[i].y;
102.                    s_structTouchDev.point[j].size = s_structNewDev.point[i].size;
103.                    s_structTouchDev.pointFlag[j] = 1;
104.                    break;
105.                }
106.            }
107.        }
108.     }
109.  }
110.
111.  return s_structTouchDev.pointNum;
112. }
```

在 ScanTouch 函数实现代码后为 GetTouchDev 函数的实现代码，如程序清单 3-29 所示，该函数用于获取触摸按键设备结构体地址。

程序清单 3-29

```
1.  StructTouchDev* GetTouchDev(void)
2.  {
3.    return &s_structTouchDev;
4.  }
```

在 GetTouchDev 函数实现代码后为 GetTouch1Result 函数的实现代码，如程序清单 3-30 所示，该函数用于获取触摸点 1 的扫描结果，包括触摸点坐标和触摸点大小。

程序清单 3-30

```
1.  u8 GetTouch1Result(StructTouchPoint* point)
2.  {
3.    point->x = s_structTouchDev.point[0].x;
4.    point->y = s_structTouchDev.point[0].y;
5.    point->size = s_structTouchDev.point[0].size;
6.    return s_structTouchDev.pointFlag[0];
7.  }
```

3.7.6 Canvas 文件对

1．Canvas.h 文件

在 Canvas.h 文件的"API 函数声明"区，声明 2 个 API 函数，如程序清单 3-31 所示，

InitCanvas 函数用于初始化画布，CanvasTask 函数用于创建画布任务。

程序清单 3-31

```
void InitCanvas(void);          //初始化画布
void CanvasTask(void);          //创建画布任务
```

2. Canvas.c 文件

在 Canvas.c 文件的"内部变量"区，定义 2 个内部静态变量，如程序清单 3-32 所示，s_arrLineColor 用于控制线条颜色，s_pTouchDev 用于保存触摸点数目和触摸点坐标信息。

程序清单 3-32

```
static const u16        s_arrLineColor[5] = {YELLOW, GREEN, BLUE, BROWN, GRED}; //线条颜色
static StructTouchDev*  s_pTouchDev;                                            //触摸屏扫描结果
```

在"内部函数声明"区，声明 2 个内部静态函数，如程序清单 3-33 所示。DrawPoint 函数用于绘制实心圆。DrawLine 函数用于绘制直线。

程序清单 3-33

```
static void DrawPoint(u16 x0,u16 y0, u16 r, u16 color);                    //绘制实心圆
static void DrawLine(u16 x0, u16 y0, u16 x1, u16 y1, u16 size, u16 color); //绘制直线
```

在"内部函数实现"区，编写 DrawPoint 和 DrawLine 函数的实现代码。

在"API 函数实现"区，首先实现 InitCanvas 函数，如程序清单 3-34 所示。

（1）第 3 至 5 行代码：通过 LCDDisplayDir 和 LCDClear 函数设置 LCD 的显示方式。

（2）第 7 至 8 行代码：通过 GetTouchDev 函数获取触摸屏扫描设备结构体地址，从而获取触摸点数目和触摸点坐标。

程序清单 3-34

```
1.    void InitCanvas(void)
2.    {
3.        //LCD 横屏显示
4.        LCDDisplayDir(1);
5.        LCDClear(GRAY);
6.
7.        //获取触摸屏扫描设备结构体地址
8.        s_pTouchDev = GetTouchDev();
9.    }
```

在 InitCanvas 函数实现代码后为 CanvasTask 函数的实现代码，如程序清单 3-35 所示。

（1）第 11 行代码：for 循环用于循环检测触摸点，并在屏幕上画线。

（2）第 14 行代码：判断是否有手指按下，有则获取起点和终点的坐标、颜色及触摸点大小。

（3）第 38 至 78 行代码：通过 DrawPoint 函数画出触摸到的第一个点，当触摸点坐标变化的时候，通过画线函数 DrawLine 将前后两个坐标点进行连接。随着手指滑动，触摸点坐标不断变化，重复上述过程即可完成画轨迹操作。

程序清单 3-35

```
1.    void CanvasTask(void)
2.    {
```

```
3.      static char            s_arrString[20]   = {0};              //字符串转换缓冲区
4.      static u8              s_arrFirstFlag[5] = {1, 1, 1, 1, 1}; //标记线条是否已经开始绘制
5.      static StructTouchPoint s_arrLastPoints[5];                  //上一个点的坐标
6.
7.      u8   i;
8.      u16 x0, y0, x1, y1, size, color;
9.
10.     //循环绘制 5 根线条
11.     for(i = 0; i < 5; i++)
12.     {
13.       //检测到按下
14.       if(1 == s_pTouchDev->pointFlag[i])
15.       {
16.         //字符串转换
17.         sprintf(s_arrString, "%d,%d", s_pTouchDev->point[i].x, s_pTouchDev->point[i].y);
18.
19.         //获得起点和终点的坐标、颜色和触摸点大小
20.         x0    = s_arrLastPoints[i].x;
21.         y0    = s_arrLastPoints[i].y;
22.         x1    = s_pTouchDev->point[i].x;
23.         y1    = s_pTouchDev->point[i].y;
24.         color = s_arrLineColor[i];
25.         size  = s_pTouchDev->point[i].size;
26.
27.         //触摸点太大，需要缩小处理
28.         size = size / 5;
29.         if(0 == size)
30.         {
31.           size = 1;
32.         }
33.         else if(size > 15)
34.         {
35.           size = 15;
36.         }
37.
38.         //线条第 1 个点用画点方式
39.         if(1 == s_arrFirstFlag[i])
40.         {
41.           //标记线条已经开始绘制
42.           s_arrFirstFlag[i] = 0;
43.
44.           //画点
45.           if(y0 > size)
46.           {
47.             DrawPoint(x0, y0, size, color);
48.           }
49.
50.           //越界
51.           else
52.           {
53.             //标记该线条未开始绘制
```

```
54.            s_arrFirstFlag[i] = 1;
55.          }
56.        }
57.
58.        //后边的用画线方式
59.        else
60.        {
61.          //画线
62.          if((y0 >   size) && (y1 >   size))
63.          {
64.             DrawLine(x0, y0, x1, y1, size, color);
65.          }
66.
67.          //越界
68.          else
69.          {
70.            //标记该线条未开始绘制
71.            s_arrFirstFlag[i] = 1;
72.          }
73.        }
74.
75.        //保存当前位置，为画线做准备
76.        s_arrLastPoints[i].x = s_pTouchDev->point[i].x;
77.        s_arrLastPoints[i].y = s_pTouchDev->point[i].y;
78.      }
79.      else
80.      {
81.        //标记该线条未开始绘制
82.        s_arrFirstFlag[i] = 1;
83.      }
84.    }
85. }
```

3.7.7　完善 Main.c 文件

Proc1msTask 函数为 1ms 任务函数，实现代码如程序清单 3-36 所示。在 Proc1msTask 函数中设置 20ms 标志位，每 20ms 调用一次 ScanTouch 函数和 CanvasTask 函数扫描触摸屏并执行画布任务。

程序清单 3-36

```
1.   static   void   Proc1msTask(void)
2.   {
3.     static u8 s_iCnt = 0;
4.
5.     if(Get1msFlag())     //判断 1ms 标志位状态
6.     {
7.       s_iCnt++;
8.
9.       if(s_iCnt >= 20)
10.      {
11.        ScanTouch();    //触摸屏扫描
```

```
12.        CanvasTask(); //画布任务
13.
14.        s_iCnt = 0;
15.      }
16.
17.      Clr1msFlag();     //清除 1ms 标志位
18.    }
19. }
```

在 main 函数中调用软、硬件模块初始化函数，并循环调用 Proc1msTask 函数执行 1ms 任务，如程序清单 3-37 所示。

程序清单 3-37

```
1.  int main(void)
2.  {
3.    InitHardware();     //初始化硬件相关函数
4.    InitSoftware();     //初始化软件相关函数
5.
6.    while(1)
7.    {
8.      Proc1msTask();   //1ms 处理任务
9.      Proc2msTask();   //2ms 处理任务
10.     Proc1SecTask();  //1s 处理任务
11.    }
12. }
```

3.7.8　程序下载

取出开发套件中的两条 USB 转 Type-C 型连接线和开发板。将两条连接线的 Type-C 接口端接入开发板的通信-下载模块和 GD-Link 调试下载模块接口，如图 3-20 所示，然后将两条连接线的 USB 接口端均插入计算机的 USB 接口。最后，按下 PWR_KEY 电源开关启动开发板。

图 3-20　GD32F3 苹果派开发板连接实物图

在计算机的设备管理器中找到 USB 串口，如图 3-21 所示。注意，串口号不一定是 COM3，每台计算机可能会不同。

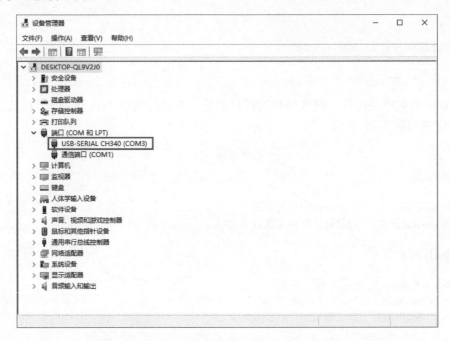

图 3-21　计算机设备管理器中显示 USB 串口信息

1. 通过 GigaDevice MCU ISP Programmer 下载程序

首先，确保在开发板的 J_{104} 排针上已用跳线帽分别将 U_TX 和 PA10 引脚、U_RX 和 PA9 引脚连接。然后，在本书配套资料包的"02.相关软件\串口烧录工具\GigaDevice_MCU_ISP_Programmer_V3.0.2.5782_1"文件夹中，双击运行"GigaDevice MCU ISP Programmer"文件，如图 3-22 所示。

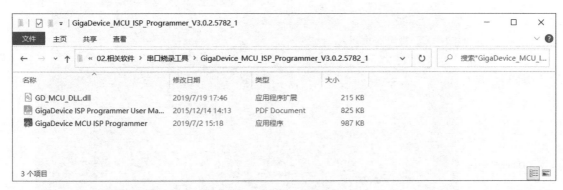

图 3-22　程序下载步骤 1

在如图 3-23 所示的"GigaDevice ISP Programmer 3.0.2.5782"对话框中，将 Port Name 设置为 COM3（需在设备管理器中查看串口号），将 Baud Rate 设置为 57600，将 Boot Switch 设置为 Automatic，将 Boot Option 设置为"RTS 高电平复位，DTR 高电平进 Bootloader"，最后单击"Next"按钮。

在如图 3-24 所示的对话框中单击 "Next" 按钮。

图 3-23 程序下载步骤 2

图 3-24 程序下载步骤 3

在如图 3-25 所示的对话框中单击 "Next" 按钮。

在如图 3-26 所示的对话框中，选中 "Download to Device" "Erase all pages (faster)" 单选按钮，然后单击 "OPEN" 按钮，定位编译生成的.hex 文件。

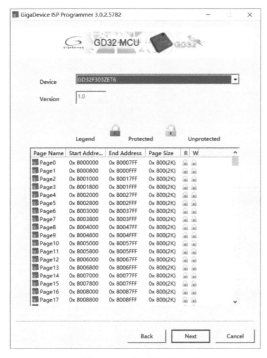

图 3-25 程序下载步骤 4

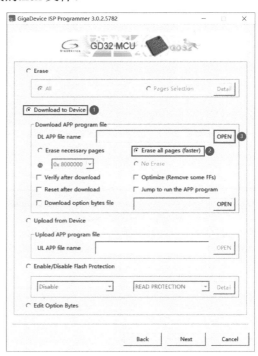

图 3-26 程序下载步骤 5

在 "D:\emWinKeilTest\Product\01.LCDTouch\Project\Objects" 路径下，找到 "GD32KeilPrj. hex" 文件并单击 "Open" 按钮，如图 3-27 所示。

图 3-27　程序下载步骤 6

在如图 3-26 所示的对话框中，单击 "Next" 按钮开始下载，出现如图 3-28 所示的界面表示程序下载成功，单击 "Finish" 按钮完成下载。注意，使用 GigaDevice MCU ISP Programmer 成功下载程序后，需要按开发板上的 RST 按键进行复位，程序才会运行。

图 3-28　程序下载步骤 7

2．通过 GD-Link 调试下载模块下载程序

确保如图 3-20 所示的硬件连接完好。在 Keil μVision5 软件中，单击工具栏中的 📖 按钮，程序编译无误后，单击工具栏中的 🔧 按钮，进入设置界面。在弹出的"Options for Target 'Target1'"对话框中，选择"Debug"标签页，如图 3-29 所示，在"Use"下拉列表中，选择"CMSIS-DAP Debugger"选项，然后单击"Settings"按钮。

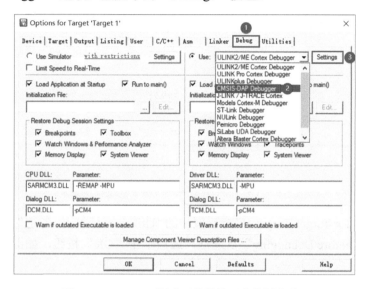

图 3-29　GD-Link 调试下载模块下载设置步骤 1

在弹出的"CMSIS-DAP Cortex-M Target Driver Setup"对话框中，选择"Debug"标签页，在"Port"下拉列表中，选择"SW"选项；在"Max Clock"下拉列表中，选择"1MHz"选项，如图 3-30 所示。

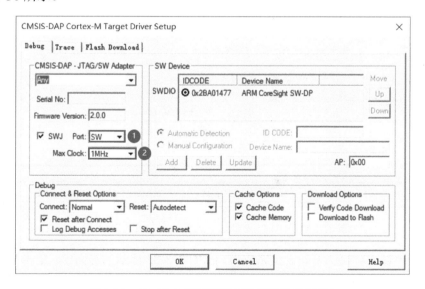

图 3-30　GD-Link 调试下载模块下载设置步骤 2

再选择"Flash Download"标签页，勾选"Reset and Run"复选框，单击"OK"按钮，如图 3-31 所示。

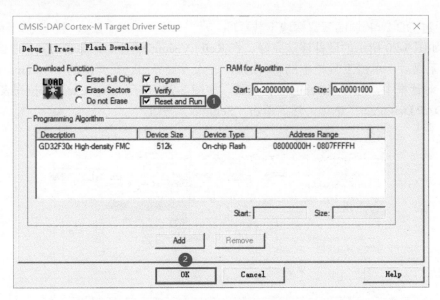

图 3-31　GD-Link 调试下载模块下载设置步骤 3

打开"Options for Target 'Target 1'"对话框中的"Utilities"标签页，勾选"Use Debug Driver"和"Update Target before Debugging"复选框，最后单击"OK"按钮，如图 3-32 所示。

图 3-32　GD-Link 调试下载模块下载设置步骤 4

GD-Link 调试下载模块下载设置完成后，在如图 3-33 所示的界面中，单击工具栏中的按钮，将程序下载到 GD32F303ZET6 芯片的内部 Flash 中。下载成功后，"Build Output"栏中将显示方框中所示的内容。

在以上 2 种下载方式中，通过 GD-Link 调试下载模块下载更便捷，后续例程将使用 GD-Link 调试下载模块进行程序下载。

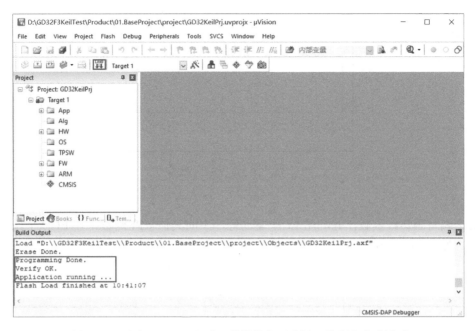

图 3-33　通过 GD-Link 调试下载模块向开发板下载程序成功界面

3.7.9　运行结果

下载程序并进行复位，可以看到 GD32F3 苹果派开发板的 LCD 屏上显示灰色。此时可以使用手指在触摸屏上滑动来绘制线条，并且支持多点触控，当多根手指同时触摸时线条的颜色会发生改变，如图 3-34 所示。

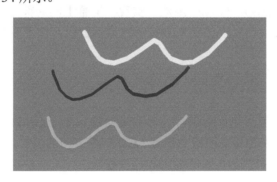

图 3-34　运行结果

 **本章任务**

任务 1：

在本章例程中，通过 GD32F3 苹果派开发板上的 LCD 显示模块实现了绘制手指滑动轨迹的功能。尝试通过 LCD 的 API 函数，在 LCD 局部区域内画一个矩形框，并且在矩形框中间显示"Hello! GD32 ^_^"，如图 3-35 所示。

Hello! GD32 ^_^

图 3-35   任务 1 显示效果图

任务 2：

尝试编写画虚线函数，并利用 LCD 驱动程序中的其他 API 函数，在 LCD 上绘制一个正方体，如图 3-36 所示。

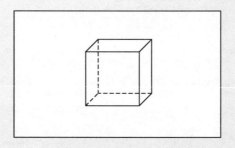

图 3-36   任务 2 显示效果图

任务 3：

通过调用 LCD 和触摸屏的 API 函数，实现在屏幕上的局部矩形区域内显示蓝色，将该区域模拟为触摸按键，当触摸按键未被按下时显示蓝色，按下时变为绿色。

 本章习题

1. 简述 LCD 的分类，并查阅资料了解不同类型 LCD 之间的区别。
2. 简述通过向 NT35510 发送指令设置 LCD 扫描方向的流程。
3. 读 GRAM 时，NT35510 如何输出颜色数据？
4. 简述 LCD 的驱动流程。
5. 简述触摸屏检测坐标的原理。
6. 简述电容式触摸屏的分类及其应用场景。
7. LCD 显示的触摸点坐标范围是多少？坐标原点在哪里？

第 4 章　emWin 移植

Segger 公司推出的图形库 emWin 支持多种硬件平台,但在具体的硬件平台上使用 emWin 前,需要先将其移植到已适配硬件平台的工程中。移植过程主要是将 emWin 与操作底层硬件的相关接口进行适配,需要适配的接口包括 LCD 驱动接口、触摸驱动接口、内存管理接口等。

4.1　emWin 的文件架构

在本书配套资料包"08.软件资料\emWin5.26"文件夹中提供了 5.26 版本的 emWin 文件,该库文件在官方提供的 5.26 版本的基础上进行了适量修改,以适配 GD32F3 苹果派开发板的 LCD 显示模块。

修改后,emWin 的文件架构如图 4-1 所示。下面简要介绍 emWin 中的常用文件。

emWin 主要分为 5 部分。

(1) Doc 文件夹:主要存放 emWin 的相关手册。例如,UM03001_emWin5.pdf(emWin 5.26 的用户手册)中详细介绍了 emWin 5.26 的开发方法,包含硬件配置需求、仿真步骤介绍,以及各类控件的使用说明和库函数原型等;Release.html 中记录了 emWin 的版本更新记录等。

(2) Include 文件夹:主要存放 emWin 核心功能的头文件,头文件中包含各类控件相关库函数的声明。在使用 emWin 开发时,要将此文件夹路径添加到工程中。

(3) Lib 文件夹:主要存放 emWin 适配 M0、M3、M4 内核的相关库文件。

(4) Sample 文件夹:存放 LCD 和触摸功能等配置文件,确保 emWin 可以在硬件平台上成功运行。此外,其还提供了众多的 GUI 设计方案和控件使用实例,便于用户开发时进行参考。在"emWin\Sample\Application\GUIDemo"路径下,应存放用户自行设计的 GUI 源文件,程序开始运行后,此 GUI 将在 LCD 上显示。

(5) Tool 文件夹:主要存放 emWin 开发过程中使用到的各类工具。例如,用于将二进制文件转为 C 语言数组的 Bin2C 工具;用于将图片转为 C 语言数组并通过 LCD 进行显示的 BmpCvt 工具等。灵活使用这些工具,可以使 emWin 开发更便捷,GUI 设计元素更丰富。

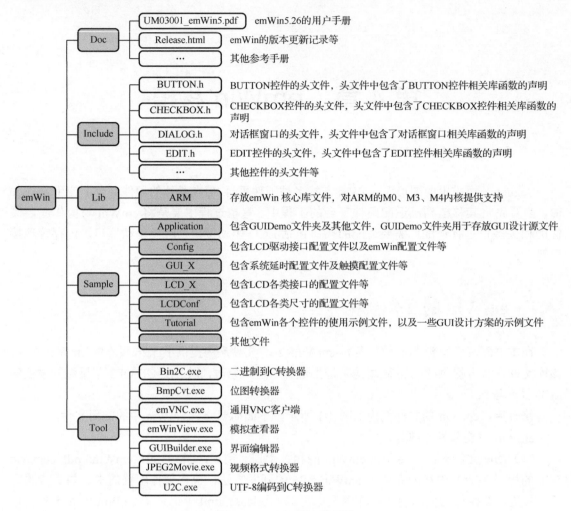

图 4-1　emWin 的文件架构

4.2　emWin 的主任务函数

用户设计的 GUI 源文件存放在"emWin\Sample\Application\GUIDemo"文件夹下，程序开始运行后，源文件中的 API 函数在 main 函数中被调用，于是 GUI 显示在 LCD 上。在被调用的 API 函数中，有一个函数至关重要，即 emWin 的主任务函数 MainTask。

MainTask 函数在"emWin\Include\GUI.h"文件中声明，用于执行用户设置的 emWin 显示任务。用户在使用 emWin 进行 GUI 设计时，通常会在设计源文件中通过调用 emWin 库中的函数来组建 GUI。例如，通过函数 A 设置 LCD 背景颜色，通过函数 B 创建控件，通过函数 C 设置控件格式等，这些函数本质上通过调用 LCD 驱动函数来实现在 LCD 上对应显示的效果。因此，将函数 A、B、C 置于 GUI 设计源文件的 MainTask 函数中执行，并在 main 函数中调用 MainTask 函数，即可实现 GUI 的显示。

上述函数调用框架如图 4-2 所示。

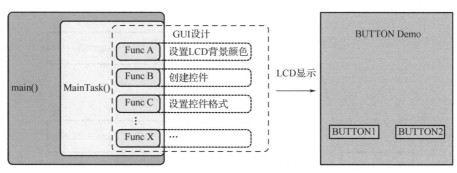

图 4-2　函数调用框架

"emWin\Sample\Tutorial" 文件夹下存放了众多 GUI 设计方案的示例文件，最简单的 BASIC_HelloWorld.c 文件代码如程序清单 4-1 所示。GUI_Init 函数用于初始化 emWin 运行所需要的环境，GUI_DispString 函数用于显示文本字符串。

程序清单 4-1

```
1.    #include "GUI.h"
2.
3.    void MainTask(void)
4.    {
5.        GUI_Init();
6.        GUI_DispString("Hello World!");
7.        while(1);
8.    }
```

通过在 main 函数中调用 MainTask 函数，可以实现在 LCD 上显示"Hello World!"。BASIC_HelloWorld.c 文件为用户示范了 GUI 设计，用户进行 emWin 移植后，参考 BASIC_HelloWorld.c 或 Tutorial 文件夹下的其他示例文件，即可开始自主设计 GUI，将对应的源文件置于"emWin\Sample\Application\GUIDemo"文件夹下即可。

4.3　emWin 初始化

在程序清单 4-1 的 MainTask 函数中，首先调用 GUI_Init 函数初始化 emWin 运行所需要的环境。emWin 初始化流程如图 4-3 所示，当调用 GUI_Init 函数时，将按照①～⑦的顺序调用底层配置函数来完成存储器分配、屏幕类型配置及 LCD 驱动程序初始化，从而使 emWin 与硬件平台适配。后面将详细介绍这些函数的实现代码和功能。

4.4　emWin 开发配套工具

emWin 提供了一系列协助 GUI 开发的工具，这些工具存放在"emWin\Tool"文件夹中，下面简要介绍这些工具的功能。

1．Bin2C

Bin2C 是二进制到 C 转换器。该工具用于将二进制文件转换为 C 语言数组，从而可以直接在代码中应用。

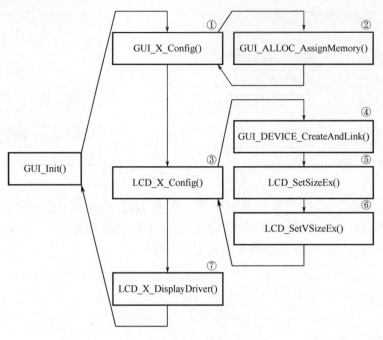

图 4-3　emWin 初始化流程

2．BmpCvt

BmpCvt 是位图转换器。该工具用于将常见的图像文件格式（如 BMP、JPEG、PNG 等）转换为所需的 emWin 位图格式，且输出的 .c 文件中包含图像的 C 语言数组，从而可以将图像显示在 GUI 上。

3．emVNC

emVNC 是通用 VNC 客户端。该工具允许用户通过网络连接嵌入式设备，并在远程计算机上显示和操作嵌入式设备的图形用户界面。该工具分别有适用于 Windows、macOS 和 Unix 操作系统的版本。

4．emWinView

emWinView 是模拟查看器。该工具用于在逐步模拟时查看模拟显示内容。

5．GUIBuilder

GUIBuilder 是界面编辑器。该工具用于协助用户进行 GUI 设计，或者用于快速设计界面。在 GUIBuilder 中，可以直接通过拖放控件并调整大小来进行界面布局，不必编写源代码。此外，还可以通过上下文菜单添加其他属性，通过编辑控件的属性来优化界面的细节。设计好的界面可以保存为 .c 文件，直接添加到工程中使用，但是界面的交互逻辑需要用户编写代码来实现。

6．JPEG2Movie

JPEG2Movie 是视频格式转换器。该工具可以将任何现有的电影格式转换为 emWin 影片文件。

7．U2C

U2C 是 UTF-8 编码到 C 转换器。该工具用于将 UTF-8 文本转换为 C 语言代码，通过读取 UTF-8 文本文件并创建存有 C 语言字符串的 .c 文件来实现。

4.5　实例与代码解析

下面将在第 3 章工程的基础上进行 emWin 移植，并详细介绍移植过程。移植成功后，将一个简单的"Hello World"字符显示程序作为 emWin 的开发实例，体现 emWin 的开发流程和在 LCD 上的显示效果。

4.5.1　复制并编译原始工程

首先，将"D:\emWinKeilTest\Material\02.emWinPorting"文件夹复制到"D:\emWinKeilTest\Product"文件夹中。然后，双击运行"D:\emWinKeilTest\Product\02.emWinPorting\Project"文件夹中的 GD32KeilPrj.uvprojx，单击工具栏中的 [icon] 按钮进行编译。当 Build Output 栏中出现"FromELF: creating hex file..."时，表示已经成功生成.hex 文件，出现"0 Error(s), 0 Warning(s)"表示编译成功，原始工程正确，可以进行下一步操作。

第 3 章已经实现了基于 GD32F3 苹果派开发板的 LCD 显示与触摸功能，本章在第 3 章的基础上进行 emWin 移植。

4.5.2　emWin 移植

首先，将本书配套资料包"08.软件资料"文件夹中的 emWin5.26 文件夹复制到"D:\emWinKeilTest\Product\02.emWinPorting\TPSW"文件夹中。其次，打开 Keil µVision5 中的"02.emWinPorting"工程，单击工具栏中的 [icon] 按钮。最后，单击"Groups"栏中的 [icon] 按钮，依次添加"EMWIN"和"EMWIN_DEMO"分组，如图 4-4 所示。

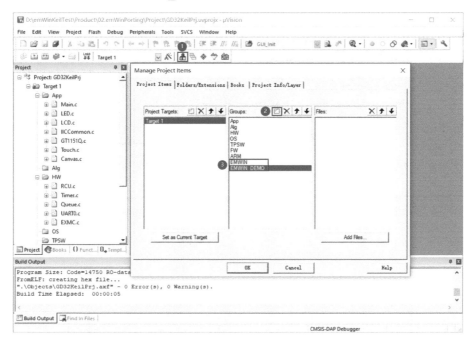

图 4-4　添加"EMWIN"和"EMWIN_DEMO"分组

在"Groups"栏中选择"App"选项，然后单击"Add Files"按钮。在弹出的"Add Files to Group 'App'"对话框中，将查找范围设置为"D:\emWinKeilTest\Product\02.emWinPorting\APP\Malloc"。选择"Malloc.c"文件，单击"Add"按钮，将 Malloc.c 文件添加到 App 分组中，如图 4-5 所示。

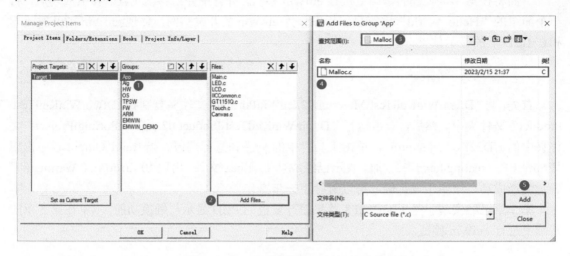

图 4-5　向 App 分组添加 Malloc.c 文件

　　采用同样的方法，在 EMWIN 分组中，添加"D:\emWinKeilTest\Product\02.emWinPorting\TPSW\emWin5.26\emWin\Sample\Config"路径下的 GUIConf.c、GUIDRV_Template.c、LCDConf_FlexColor_Template.c 文件，"D:\emWinKeilTest\Product\02.emWinPorting\TPSW\emWin5.26\emWin\Sample\GUI_X"路径下的 GUI_X_Ex.c、GUI_X_Touch_Analog.c 文件，以及"D:\emWinKeilTest\Product\02.emWinPorting\TPSW\emWin5.26\ emWin\Lib\ARM"路径下的 GUI_CM4F_L.lib 文件，如图 4-6 所示。注意，在添加 GUI_CM4F_L.lib 文件时，需要在"文件类型(T)"的下拉菜单中选择"All files (*.*)"选项。

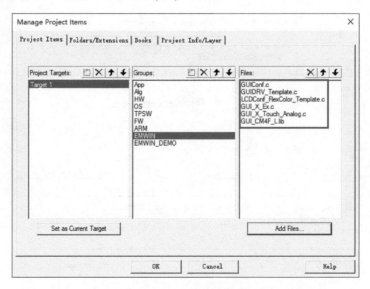

图 4-6　向 EMWIN 分组添加文件

将"D:\emWinKeilTest\Product\02.emWinPorting\TPSW\emWin5.26\emWin\Sample\Application\GUIDemo\GUIDemo"路径下的"GUIDemo.c"文件添加到"EMWIN_DEMO"分组中，如图 4-7 所示。

图 4-7　向 EMWIN_DEMO 分组添加文件

添加完以上分组中的.c 文件后，还需要添加头文件路径，这里以添加 Malloc.h 头文件路径为例进行介绍。单击工具栏中的 按钮，在弹出的"Options for Target 'Target1'"对话框中：①选择"C/C++"标签页；②单击 按钮；③单击 按钮；④将路径选择为"D:\emWinKeilTest\Product\02.emWinPorting\App\Malloc"；⑤单击"OK"按钮，如图 4-8 所示。这样就完成了 Malloc.h 头文件路径的添加。

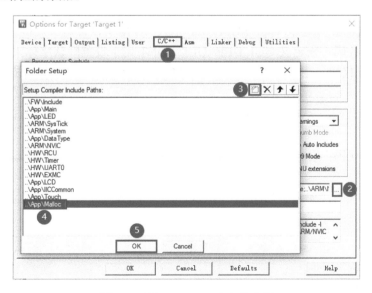

图 4-8　添加 Malloc.h 头文件路径

采用同样的方法，添加"D:\emWinKeilTest\Product\02.emWinPorting\TPSW\emWin5.26\

emWin\Include ” 和 “ D:\emWinKeilTest\Product\02.emWinPorting\TPSW\emWin5.26\emWin\
Sample\ Application\GUIDemo\GUIDemo” 头文件路径，如图 4-9 所示。

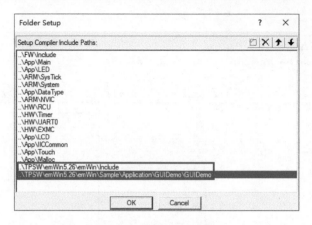

图 4-9　添加头文件路径

至此，emWin 的头文件已添加完成，下面将介绍相关配置文件。

4.5.3　系统功能配置文件

GUIConf.h 文件位于“ D:\emWinKeilTest\Product\02.emWinPorting\TPSW\emWin5.26\
emWin\Include”路径下（头文件需要编译工程后才能在 Keil μVision5 的 Project 栏中显示），
该文件用于配置 emWin 的系统功能，其代码如程序清单 4-2 所示（限于篇幅，程序清单中仅
列出代码部分，未列出注释部分，下同）。

（1）第 5 行代码：宏定义 GUI_NUM_LAYERS 用于设置 emWin 支持显示的最大图层数。

（2）第 8 行代码：宏定义 GUI_OS 用于设置 emWin 是否支持操作系统和多任务功能，1
表示支持。

（3）第 10 行代码：宏定义 GUI_SUPPORT_TOUCH 用于设置是否支持触摸，1 表示支持。

（4）第 11 行代码：宏定义 GUI_DEFAULT_FONT 用于设置默认字体大小。

（5）第 13 行代码：宏定义 GUI_SUPPORT_MOUSE 用于设置是否支持鼠标，1 表示
支持。

（6）第 14 行代码：宏定义 GUI_WINSUPPORT 用于设置是否支持窗口管理器，1 表示
支持。

（7）第 15 行代码：宏定义 GUI_SUPPORT_MEMDEV 用于设置是否支持内存设备，1 表
示支持。

（8）第 16 行代码：宏定义 GUI_SUPPORT_DEVICES 用于设置是否支持设备指针，1 表
示支持。

程序清单 4-2

```
1.   #ifndef GUICONF_H
2.   #define GUICONF_H
3.
4.   #ifndef GUI_NUM_LAYERS
5.   #define GUI_NUM_LAYERS          1
```

```
6.    #endif
7.
8.    #define GUI_OS                  1
9.
10.   #define GUI_SUPPORT_TOUCH       1
11.   #define GUI_DEFAULT_FONT        &GUI_Font6x8
12.
13.   #define GUI_SUPPORT_MOUSE       1
14.   #define GUI_WINSUPPORT          1
15.   #define GUI_SUPPORT_MEMDEV      1
16.   #define GUI_SUPPORT_DEVICES     1
17.
18.   #endif
```

4.5.4　内存管理接口配置文件

1. Malloc.h 文件

在 Malloc.h 文件中，如程序清单 4-3 所示，定义 2 个内存池：SRAMIN，内部内存池；SRAMEX，外部内存池。用户可根据需求在这 2 个内存池中为 emWin 分配存储空间。

程序清单 4-3

```
1.    //定义 2 个内存池
2.    #define SRAMIN              0                                      //内部内存池
3.    #define SRAMEX              1                                      //外部内存池（SRAM）
4.
5.    #define SRAMBANK            2                                      //定义支持的 SRAM 块数
6.
7.    //MEM1 内存参数设定，MEM1 内存池完全处于内部 SRAM
8.    #define MEM1_BLOCK_SIZE     32                                     //内存块大小为 32 字节
9.    #define MEM1_MAX_SIZE       20 * 1024                             //最大管理内存为 20KB
10.   #define MEM1_ALLOC_TABLE_SIZE   MEM1_MAX_SIZE/MEM1_BLOCK_SIZE     //内存表大小
11.
12.   //MEM2 内存参数设定，MEM2 内存池处于外部 SRAM
13.   #define MEM2_BLOCK_SIZE     32                                     //内存块大小为 32 字节
14.   #define MEM2_MAX_SIZE       928 * 1024                           //最大管理内存为 896KB
15.   #define MEM2_ALLOC_TABLE_SIZE   MEM2_MAX_SIZE/MEM2_BLOCK_SIZE     //内存表大小
```

若在编译工程时弹出空间不足的提示，则需要减小宏定义 MEM1_MAX_SIZE 的数值，直到能够正常编译。

2. Malloc.c 文件

在 Malloc.c 文件中，主要实现了内存分配、内存释放、内存复制等 API 函数。如程序清单 4-4 所示为内存分配函数的实现代码。参数 memx 为所属内存池；size 为要分配的内存大小，单位为字节。该函数将返回分配到内存的首地址。

程序清单 4-4

```
1.    void* MyMalloc(u8 memx, u32 size)
2.    {
3.        u32 offset;
4.
```

```
5.      offset = MallocMemory(memx, size);
6.      if(offset == 0xFFFFFFFF)
7.      {
8.        return NULL;
9.      }
10.     else
11.     {
12.       return (void*)((u32)s_structMallocDev.memoryBase[memx] + offset);
13.     }
14.   }
```

3. GUIConf.c 文件

在调用 GUI_Init 函数初始化 emWin 时，首先调用的是 GUI_X_Config 函数，该函数在 GUIConf.c 文件中实现，用于初始化 emWin 的运行内存。GUIConf.c 文件的代码如程序清单 4-5 所示。

（1）第 4 行代码：宏定义 GUI_NUMBYTES 为 emWin 使用的内存块大小，这里为 512KB。

（2）第 9 行代码：通过 MyMalloc 函数在外部内存池中申请 512KB 内存，并将内存首地址赋予 aMemory。

（3）第 13 行代码：通过库函数 GUI_ALLOC_AssignMemory 将申请到的 512KB 内存分配给 emWin 作为内存。

（4）第 20 行代码：通过库函数 GUI_ALLOC_SetAvBlockSize 将 emWin 的每个小存储块大小配置为 80 字节。

程序清单 4-5

```
1.    #include "GUI.h"
2.    #include "Malloc.h"
3.
4.    #define GUI_NUMBYTES     (512 * 1024)
5.    #define GUI_BLOCKSIZE    0x80    //块大小
6.
7.    void GUI_X_Config(void) {
8.      u32* aMemory = NULL;
9.      aMemory = (u32*)MyMalloc(SRAMEX, GUI_NUMBYTES);
10.
11.     if(NULL != aMemory)
12.     {
13.       GUI_ALLOC_AssignMemory(aMemory, GUI_NUMBYTES);
14.     }
15.     else
16.     {
17.       while(1);
18.     }
19.
20.     GUI_ALLOC_SetAvBlockSize(GUI_BLOCKSIZE);
21.
22.     //设置默认字体
23.     GUI_SetDefaultFont(GUI_FONT_6X8);
24.   }
```

4.5.5　LCD 驱动接口配置文件

GUI_X_Config 函数执行完毕后，将调用 LCD_X_Config 函数配置 LCD 驱动接口，LCD_X_Config 函数在 LCDConf_FlexColor_Template.c 文件中实现。LCDConf_FlexColor_Template.c 文件的代码如程序清单 4-6 所示。

（1）第 8 至 9 行代码：宏定义 XSIZE_PHYS 和 YSIZE_PHYS 表示屏幕分辨率为 480 像素×800 像素。

（2）第 35 行代码：通过库函数 GUI_DEVICE_CreateAndLink 创建显示驱动模块，并配置显示驱动模块及设定颜色转换格式。GUICC_M565 表示颜色格式为 RGB565。

（3）第 37 行代码：通过库函数 LCD_SetSizeEx 将屏幕分辨率设置为 480 像素×800 像素。

（4）第 44 至 62 行代码：LCD_X_DisplayDriver 函数为 GUI_Init 函数中最后一个执行的函数，该函数会根据输入参数执行相应的操作，如参数 Cmd 为 LCD_X_ INITCONTROLLER，表示初始化 LCD 控制器。

程序清单 4-6

```
1.    #include "GUI.h"
2.    #include "LCD.h"
3.    #include "Touch.h"
4.    #include "GUIDRV_Template.h"
5.    #include "GUIDRV_FlexColor.h"
6.
7.    //屏幕尺寸
8.    #define XSIZE_PHYS   480 //X 轴
9.    #define YSIZE_PHYS   800 //Y 轴
10.   #define VXSIZE_PHYS 480
11.   #define VYSIZE_PHYS 800
12.
13.   //配置检查
14.   #ifndef VXSIZE_PHYS
15.     #define VXSIZE_PHYS XSIZE_PHYS
16.   #endif
17.   #ifndef VYSIZE_PHYS
18.     #define VYSIZE_PHYS YSIZE_PHYS
19.   #endif
20.   #ifndef XSIZE_PHYS
21.     #error Physical X size of display is not defined!
22.   #endif
23.   #ifndef YSIZE_PHYS
24.     #error Physical Y size of display is not defined!
25.   #endif
26.   #ifndef GUICC_565
27.     #error Color conversion not defined!
28.   #endif
29.   #ifndef GUIDRV_FLEXCOLOR
30.     #error No display driver defined!
31.   #endif
32.
```

```
33.  void LCD_X_Config(void)
34.  {
35.    GUI_DEVICE_CreateAndLink(&GUIDRV_Template_API,GUICC_M565,0,0); //创建显示驱动模块
36.
37.    LCD_SetSizeEx(0,XSIZE_PHYS,YSIZE_PHYS);
38.    LCD_SetVSizeEx(0,XSIZE_PHYS,YSIZE_PHYS);
39.
40.    GUI_TOUCH_Calibrate(GUI_COORD_X, 0, XSIZE_PHYS, 0, XSIZE_PHYS - 1);
41.    GUI_TOUCH_Calibrate(GUI_COORD_Y, 0, YSIZE_PHYS, 0, YSIZE_PHYS - 1);
42.  }
43.
44.  int LCD_X_DisplayDriver(unsigned LayerIndex, unsigned Cmd, void * pData)
45.  {
46.    int r;
47.    (void) LayerIndex;
48.    (void) pData;
49.
50.    switch (Cmd)
51.    {
52.      case LCD_X_INITCONTROLLER:
53.        {
54.          //TFTLCD_Init(); //初始化 LCD。因 LCD 在外部初始化,所以此处不需要初始化
55.          return 0;
56.        }
57.      default:
58.        r = -1;
59.    }
60.
61.    return r;
62.  }
```

4.5.6　触摸驱动接口配置文件

emWin 提供了与触摸相关的库函数,用户需要在 GUI_X_Touch_Analog.c 文件中编写触摸驱动接口程序,如程序清单 4-7 所示。

(1) 第 14 至 33 行代码:GUI_TOUCH_X_MeasureX 函数用于获取触摸点横坐标。该函数在调用 GetTouch1Result 函数获取触摸点坐标后,返回触摸点横坐标。

(2) 第 35 至 54 行代码:GUI_TOUCH_X_MeasureY 函数用于获取触摸点纵坐标。该函数在调用 GetTouch1Result 函数获取触摸点坐标后,返回触摸点纵坐标。

程序清单 4-7

```
1.   #include "GUI.h"
2.   #include "Touch.h"
3.
4.   void GUI_TOUCH_X_ActivateX(void)
5.   {
6.
7.   }
8.
9.   void GUI_TOUCH_X_ActivateY(void)
```

```
10.     {
11.
12.     }
13.
14.     int GUI_TOUCH_X_MeasureX(void)
15.     {
16.         //触摸点坐标
17.         StructTouchPoint point;
18.
19.         //触摸屏扫描
20.         ScanTouch();
21.
22.         //获取触摸点 1 信息
23.         if(1 == GetTouch1Result(&point))
24.         {
25.             //返回横坐标
26.             return point.x;
27.         }
28.         else
29.         {
30.             //返回无效值
31.             return 0xFFFF;
32.         }
33.     }
34.
35.     int GUI_TOUCH_X_MeasureY(void)
36.     {
37.         //触摸点坐标
38.         StructTouchPoint point;
39.
40.         //触摸屏扫描
41.         ScanTouch();
42.
43.         //获取触摸点 1 信息
44.         if(1 == GetTouch1Result(&point))
45.         {
46.             //返回纵坐标
47.             return point.y;
48.         }
49.         else
50.         {
51.             //返回无效值
52.             return 0xFFFF;
53.         }
54.     }
```

4.5.7　GUI 设计源文件

工程 EMWIN_DEMO 分组下的 GUIDemo.c 文件为 GUI 设计源文件，代码如程序清单 4-8 所示。

（1）第 3 至 33 行代码：定义 4 个三角形的坐标，用于后续在 LCD 上绘制三角形。

（2）第 35 行代码：声明 DrawBackground 函数，该函数用于绘制 LCD 的背景。

（3）第 39 至 40 行代码：调用库函数 GUI_SetBkColor 和 GUI_Clear，用指定的颜色 0x312F0F 设置 LCD 的背景。emWin 使用的颜色格式为 BGR888，每个颜色分量用 8 位来表示，GUI_SetBkColor 函数的参数 0x312F0F 表示蓝色分量为 0x31，绿色分量为 0x2F，红色分量为 0x0F。但由于 LCD 使用 RGB565 格式进行显示，因此，这里设置的 BGR888 格式最终将被转化为 RGB565 格式，并在 LCD 上显示转化后的颜色。

（4）第 42 至 45 行代码：使用设置的颜色在 LCD 的指定位置绘制 2 条直线。

（5）第 47 至 53 行代码：开启 Alpha 通道，使颜色格式变为 ABGR8888，A 表示透明度分量，占 8 位。使用 ABGR8888 格式的颜色在视觉上将带有一定的透明度效果。用带有透明度的颜色在 LCD 的指定位置绘制并填充 4 个三角形。

（6）第 58 至 60 行代码：调用 GUI_Init 函数初始化 GUI，再调用 DrawBackground 函数绘制背景。

（7）第 62 至 65 行代码：调用库函数设置颜色、字体，并在指定坐标处显示"Hello World！"。

（8）第 67 至 70 行代码：在 while 循环中调用 GUI_Exec 函数进行 GUI 轮询，从而不断刷新 GUI 显示。

程序清单 4-8

```
1.    #include "GUIDemo.h"
2.
3.    //屏幕左上角的三角形 1 坐标
4.    static GUI_POINT s_arrTrianglePoint1[] =
5.    {
6.      {0, 0},
7.      {0, 300},
8.      {80, 0}
9.    };
10.
11.   //屏幕左上角的三角形 2 坐标
12.   static GUI_POINT s_arrTrianglePoint2[] =
13.   {
14.     {0, 0},
15.     {0, 150},
16.     {150, 0}
17.   };
18.
19.   //屏幕右下角的三角形 1 坐标
20.   static GUI_POINT s_arrTrianglePoint3[] =
21.   {
22.     {480, 800},
23.     {480, 500},
24.     {400, 800}
25.   };
26.
27.   //屏幕右下角的三角形 2 坐标
28.   static GUI_POINT s_arrTrianglePoint4[] =
29.   {
30.     {480, 800},
```

```
31.      {480, 650},
32.      {330, 800}
33.   };
34.
35.   static void DrawBackground(void);        //绘制背景
36.
37.   static void DrawBackground(void)
38.   {
39.      GUI_SetBkColor(0x312F0F);             //设置背景颜色
40.      GUI_Clear();
41.
42.      //绘制线条
43.      GUI_SetColor(0x31819B);
44.      GUI_DrawLine(20, 0, 20, 800);
45.      GUI_DrawLine(0, 780, 480, 780);
46.
47.      //绘制三角形
48.      GUI_EnableAlpha(1);                   //开启 Alpha 通道，色彩具有透明效果
49.      GUI_SetColor(0x4F4F2F | (0x60uL << 24));
50.      GUI_FillPolygon(s_arrTrianglePoint1, 3, 0, 0);
51.      GUI_FillPolygon(s_arrTrianglePoint2, 3, 0, 0);
52.      GUI_FillPolygon(s_arrTrianglePoint3, 3, 0, 0);
53.      GUI_FillPolygon(s_arrTrianglePoint4, 3, 0, 0);
54.   }
55.
56.   void MainTask(void)
57.   {
58.      GUI_Init();                //GUI 初始化
59.
60.      DrawBackground();          //绘制背景
61.
62.      //显示 "Hello World !"
63.      GUI_SetColor(GUI_RED);
64.      GUI_SetFont(&GUI_Font32B_ASCII);
65.      GUI_DispStringAt("Hello World !", 155, 380);
66.
67.      while(1)
68.      {
69.         GUI_Exec();             //GUI 轮询
70.      }
71.   }
```

4.5.8　完善 SysTick 文件对

emWin 需要定时调用 GUI_TOUCH_Exec 函数来处理触摸事件，这里使用 SysTick 定时器来实现周期调用 GUI_TOUCH_Exec 函数。因此，需要对 SysTick 模块进行修改。

1. 完善 SysTick.h 文件

在"API 函数声明"区添加 StartGUITouch 函数的声明，如程序清单 4-9 所示。

程序清单 4-9

```
1.   void   InitSysTick(void);                         //初始化 SysTick 模块
2.   void   DelayNus(__IO unsigned int nus);           //微秒级延时函数
3.   void   DelayNms(__IO unsigned int nms);           //毫秒级延时函数
4.   void   StartGUITouch(void);                       //开始触摸屏扫描
```

2. 完善 SysTick.c 文件

"包含头文件"区包含 GUI.h 头文件，如程序清单 4-10 所示。

程序清单 4-10

```
#include "SysTick.h"
#include "gd32f30x_conf.h"
#include "GUI.h"
```

在"内部变量"区，定义内部变量 s_iGUITouchFlag，如程序清单 4-11 所示。

程序清单 4-11

```
static   __IO   unsigned int s_iTimDelayCnt = 0;
static   __IO   unsigned char s_iGUITouchFlag = 0;
```

"内部函数实现"区的 SysTick_Handler 函数为 SysTick 定时器中断服务函数，该函数每隔 1ms 被调用一次。按程序清单 4-12 所示修改 SysTick_Handler 函数的实现代码，即可实现每 10ms 调用一次 GUI_TOUCH_Exec 函数。

程序清单 4-12

```
1.   void   SysTick_Handler(void)
2.   {
3.      extern __IO int32_t OS_TimeMS;
4.
5.      //延时计数函数
6.      TimDelayDec();
7.
8.      //emWin 系统时钟计数
9.      OS_TimeMS++;
10.
11.     //GUI 触摸屏扫描
12.     if((0 == (OS_TimeMS % 10)) && (1 == s_iGUITouchFlag))
13.     {
14.       GUI_TOUCH_Exec();
15.     }
16.   }
```

"API 函数实现"区的 InitSysTick 函数为 SysTick 模块初始化函数，在该函数中关闭触摸屏扫描功能，如程序清单 4-13 所示。

程序清单 4-13

```
1.   void InitSysTick( void )
2.   {
3.      if (SysTick_Config(SystemCoreClock / 1000U))       //配置系统滴答定时器 1ms 中断一次
```

```
4.      {
5.          while(1)  //在错误发生的情况下，进入死循环
6.          {
7.
8.          }
9.      }
10.
11.     NVIC_SetPriority(SysTick_IRQn, 0x00U);              //设置优先级
12.
13.     //关闭 GUI 触摸屏扫描功能
14.     s_iGUITouchFlag = 0;
15. }
```

在"API 函数实现"区的最后添加 StartGUITouch 函数的实现代码，如程序清单 4-14 所示。该函数用于开始 GUI 触摸屏扫描。

程序清单 4-14

```
1.  void StartGUITouch(void)
2.  {
3.      s_iGUITouchFlag = 1;
4.  }
```

4.5.9　完善 Main.c 文件

完成上述步骤后，emWin 的移植基本完成，下面只需要在 Main.c 文件中初始化相关模块并调用相应的 API 函数，即可在 GD32F3 苹果派开发板上成功运行第一个 emWin 实例程序。"包含头文件"区包含 Malloc.h、GUI.h 和 GUIDemo.h 头文件，如程序清单 4-15 所示。

程序清单 4-15

```
1.  #include "Main.h"
2.  #include "gd32f30x_conf.h"
3.  ...
4.  #include "Canvas.h"
5.  #include "Malloc.h"
6.  #include "GUI.h"
7.  #include "GUIDemo.h"
```

在"内部函数实现"区的 InitSoftware 函数中，添加初始化内、外部内存池的代码，如程序清单 4-16 所示。

程序清单 4-16

```
1.  static  void  InitSoftware(void)
2.  {
3.      InitMemory(SRAMIN);        //初始化内部内存池
4.      InitMemory(SRAMEX);        //初始化外部内存池
5.      InitLED();                 //初始化 LED 模块
6.      InitLCD();                 //初始化 LCD 模块
7.      InitTouch();               //初始化触摸屏模块
8.      InitCanvas();              //初始化画布模块
9.  }
```

最后，在 main 函数中设置 LCD 显示方向，开启触摸屏扫描，并调用 MainTask 函数执行 emWin 主任务，如程序清单 4-17 所示。

程序清单 4-17

```
1.    int main(void)
2.    {
3.        InitHardware();    //初始化硬件相关函数
4.        InitSoftware();    //初始化软件相关函数
5.
6.        //设置 LCD 竖屏显示
7.        LCDDisplayDir(0);
8.        LCDClear(WHITE);
9.
10.       //开启触摸屏扫描
11.       StartGUITouch();
12.
13.       //开启 GUI 例程测试
14.       MainTask();
15.   }
```

由于在 main 函数中不再调用 Proc1msTask、Proc2msTask 和 Proc1SecTask 任务处理函数，因此，可删除 main.c 文件中关于以上 3 个函数的声明和定义代码，避免编译时产生警告。

4.5.10　编译及下载验证

代码编写完成并编译通过后，下载程序并进行复位。GD32F3 苹果派开发板的 LCD 上将显示如图 4-10 所示的运行结果，表明 emWin 移植成功。

图 4-10　运行结果

本章任务

　　熟悉 emWin 的文件架构和移植步骤，尝试脱离教材后进行 emWin 移植并自行设计 GUI，最终在 LCD 上显示。

 本章习题

1．简述图形库 emWin 中 Include 文件夹包含的内容。
2．用户自行编写的 GUI 设计源文件的存放路径通常是什么？
3．列举 3 个 emWin 提供的工具并简述其功能。
4．emWin 使用的颜色格式是什么？是否支持透明度？

第 5 章　emWin 仿真

emWin 除了可以在嵌入式硬件平台上运行，还可以在 Windows 端查看仿真结果。

emWin 的仿真可用于测试用户自行设计的 GUI。用户通过在 Windows 端查看 GUI 仿真结果并修改完善 GUI，再将设计完成的 GUI 设计源文件添加到嵌入式工程中，最后将编译后的程序下载到硬件平台，来完成 GUI 设计。emWin 在 Windows 端的仿真便捷且高效，可大大减少将程序反复下载到硬件平台上进行验证的时间。

5.1　emWin 仿真工程文件架构

Segger 公司提供了 emWin 的仿真工程源码，可通过网络搜索并下载。在本书配套资料包"04.例程资料\Material\03.emWinSimulation"文件夹中，也存放了 6.24 版本的 emWin 仿真工程文件，文件名为 SeggerEval_WIN32_MSVC_MinGW_GUI_V624，架构如图 5-1 所示。下面简单介绍其中的文件。

（1）Application 文件夹中主要存放默认运行的官方演示例程的.c 文件，其中大部分为图标文件对应转化而来的 C 数组文件。

（2）Config 文件夹中主要存放 emWin 的配置文件，如 GUIConf.c、GUIConf.h、LCDConf.c 等，这些文件的配置选项与第 4 章介绍的接口配置文件基本一致。

（3）Doc 文件夹中主要存放 emWin 的用户手册，手册的版本与仿真工程的版本一致。

（4）Exe 文件夹中主要存放综合应用例程的可执行文件。

（5）GUI 文件夹中主要存放 emWin 所需的库文件和头文件。库文件 GUI.lib 存放在"GUI\Library"文件夹中，与第 4 章提到的适用于 M4 内核的库文件 GUI_CM4F_L.lib 不同，GUI.lib 仅适用于 Windows 的 VC++编译平台。在"GUI\Include"文件夹下的头文件包含各类控件相关库函数的声明。

（6）Sample 文件夹中存放了大量的示例程序，可供用户学习参考。其中，"Sample\Application"文件夹中存放其他官方演示例程；"Sample\Tutorial"文件夹中存放 emWin 基础功能的演示例程，包括各类控件的使用示例等。这些例程提供了丰富的 GUI 设计方案，基本涵盖了 emWin 提供的所有功能。

（7）Simulation 文件夹中存放仿真所需要的相关库文件。

（8）Tool 文件夹中存放了字体转换器 FontCvtDemo、视频播放器 emWinPlayer 等工具。

（9）虚线框中的文件为基于 Visual Studio 的 emWin 仿真工程文件，双击 SimulationTrial.sln 即可在 Visual Studio 2019 软件（以下简称 VS2019）中打开工程。

图 5-1　emWin 仿真工程文件架构

5.2　实例与代码解析

下面以仿真工程中提供的 GUI 设计文件为例，查看仿真效果，并将第 4 章例程中的 GUI 设计源文件添加到仿真工程中进行测试，从而将仿真结果与在硬件平台上的实际运行结果进行对比。

5.2.1　复制并运行仿真工程

首先，将"D:\emWinKeilTest\Material\03.emWinSimulation"文件夹复制到"D:\emWin KeilTest\Product"文件夹中。然后，双击运行"D:\emWinKeilTest\Product\ 03.emWinSimulation\ SeggerEval_WIN32_MSVC_MinGW_GUI_V624"文件夹中的 SimulationTrial.sln，在如图 5-2 所示的对话框中，单击"确定"按钮。

图 5-2　重定向项目

成功打开仿真工程后，在"解决方案资源管理器"界面中，右击"SimulationTrial"选项，在打开的快捷菜单中选择"属性"命令，如图 5-3 所示。

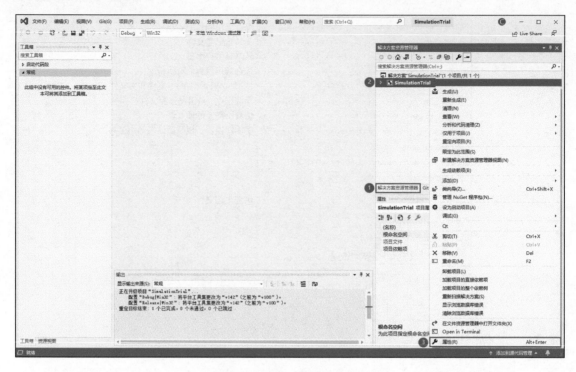

图 5-3　仿真工程属性配置

在如图 5-4 所示的"SimulationTrial 属性页"对话框中，执行"链接器"→"输入"命令，进入设置界面，在"附加依赖项"中添加"legacy_stdio_definitions.lib;"；在"忽略所有默认库"选项中选择"否"；在"忽略特定默认库"中添加"LIBC.lib;LIBCMTD.lib"，最后单击"确定"按钮保存配置。

图 5-4　配置链接器输入属性

仿真工程属性配置完成后，单击菜单栏中的▶按钮或按 F5 键，编译并运行工程，编译通过后将弹出如图 5-5 所示的 emWin 仿真工程运行结果，GUI 通过模拟器进行显示。

图 5-5　仿真工程运行结果

按照上述步骤，默认编译的是 emWin 的官方演示例程，初步展示了使用 emWin 开发的 GUI 效果。

5.2.2　仿真工程文件概览

在 5.1 节中介绍了 emWin 仿真工程的文件架构，而在 VS2019 中，SimulationTrial 工程结构如图 5-6 所示，可见有部分文件夹并未包含在工程中。下面简要介绍 SimulationTrial 工程文件。

1．Application 文件夹

Application 文件夹的文件列表如图 5-7 所示，其中包含了默认官方演示例程的.c 文件，默认官方演示例程运行结果如图 5-5 所示。此外，emWin 还提供了其他官方演示例程，这些例程存放在"SeggerEval_WIN32_MSVC_MinGW_GUI_V624\Sample\Application"文件夹中。

图 5-6　SimulationTrial 工程结构　　　图 5-7　Application 文件夹的文件列表

2．Config 文件夹

Config 文件夹中包含了 GUIConf.c、GUIConf.h、LCDConf.c、LCDConf.h、SIMConf.c 文件，GUIConf.c 文件主要通过调用 GUI_X_Config 函数来为 emWin 分配内存，相关代码如程序清单 5-1 所示。

程序清单 5-1

```
1.   #include "GUI.h"
2.
3.   #define GUI_NUMBYTES    0x280000
4.
5.   void GUI_X_Config(void) {
6.     //
7.     // 32 位对齐内存区域
8.     //
9.     static U32 aMemory[GUI_NUMBYTES / 4];
10.    //
11.    //分配内存
12.    //
13.    GUI_ALLOC_AssignMemory(aMemory, GUI_NUMBYTES);
14.  }
```

GUIConf.h 文件主要通过一系列宏定义来配置及裁剪 emWin 的功能，如配置是否支持操作系统、触摸、鼠标、窗口和存储设备，以及设置显示层数、默认字体等，相关代码如程序清单 5-2 所示。

程序清单 5-2

```
1.   #ifndef GUICONF_H
2.   #define GUICONF_H
3.
4.   #define GUI_NUM_LAYERS          16
5.
6.   #define GUI_OS                  (1)
7.
8.   #define GUI_SUPPORT_TOUCH       (1)
9.   #define GUI_SUPPORT_MOUSE       (1)
10.  #define GUI_WINSUPPORT          (1)
11.  #define GUI_SUPPORT_MEMDEV      (1)
12.
13.  #define WM_SUPPORT_NOTIFY_VIS_CHANGED (1)
14.
15.  #define GUI_DEFAULT_FONT &GUI_Font6x8
16.
17.  #endif   /* 避免多重包含 */
```

LCDConf.c 文件主要用于设置模拟 LCD 的分辨率大小，以及配置显示驱动模块和设定颜色转换格式。通过修改程序清单 5-3 中的两个宏定义即可改变仿真模拟器屏幕的分辨率。

程序清单 5-3

```
#define XSIZE_PHYS    480
#define YSIZE_PHYS    272
```

LCDConf.h 文件为空，SIMConf.c 文件包含了 VS2019 仿真环境需要的一些特定配置。

3．GUI 文件夹

GUI 文件夹中包含了 Inlcude 和 Library 两个文件夹。Include 文件夹中存放了各类控件的头文件；Library 文件夹中存放了适配 Windows 平台的 GUI.lib 库，该库文件中的 API 函数与适配 Cortex-M 系列 MCU 硬件平台的库文件中的 API 函数相同。因此，虽然一个平台的库文件无法适配另一个平台，但基于库文件开发的 GUI 设计源文件却可以同时在两个平台上运行。

4．Simulation 文件夹

Simulation 文件夹中存放了仿真所需要的相关库文件。

5.2.3　切换基础演示例程

在 5.2.1 节中运行的例程为默认的官方演示例程，在 emWin 的仿真工程中，还提供了大量的基础演示例程，这些例程均存放在 "SeggerEval_WIN32_MSVC_MinGW_GUI_V624\Sample\Tutorial" 文件夹中。下面介绍如何将这些基础演示例程添加到仿真工程中并运行。

1．移除默认的官方演示例程

SimulationTrial 工程只能运行一个演示例程，因此，在需要切换为其他演示例程时，应先移除原演示例程。具体操作如下。

选中 Application 文件夹中的所有文件，然后右击空白处，在打开的快捷菜单中选择 "从项目中排除" 命令，如图 5-8 所示。

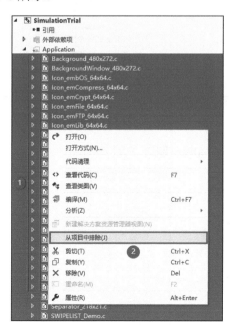

图 5-8　移除 Application 中的文件

2. 新建 Sample 筛选器

由于 Sample 文件夹并未包含于 SimulationTrial 工程，因此需要手动添加。在"解决方案资源管理器"界面中，右击"SimulationTrial"选项，在打开的快捷菜单中选择"添加"→"新建筛选器"命令，如图 5-9 所示。

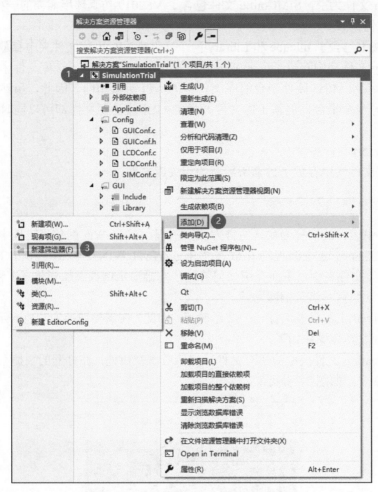

图 5-9　新建筛选器操作视图

将新建的筛选器命名为 Sample，如图 5-10 所示。

图 5-10　重命名筛选器

下面将 "Sample\Tutorial" 文件夹中的基础演示例程添加到 SimulationTrial 工程中。右击 "Sample" 筛选器选项，在打开的快捷菜单中选择 "添加" → "现有项" 命令，如图 5-11 所示。

图 5-11　添加现有项

在弹出的对话框中，将文件夹定位到 "D:\emWinKeilTest\Product\03.emWinSimulation\ SeggerEval_WIN32_MSVC_MinGW_GUI_V624\Sample\Tutorial" 路径上，该文件夹中的.c 文件均为演示例程。这里以 BASIC_HelloWorld.c 文件为例进行演示，选择 BASIC_HelloWorld.c 文件，然后单击 "添加" 按钮将其添加到工程中，如图 5-12 所示。

图 5-12　添加 BASIC_HelloWorld.c 文件

图 5-13　运行结果

添加完成后，单击菜单栏中的▶按钮，编译并运行工程，运行结果如图 5-13 所示，模拟器上显示"Hello World!"。

模拟器的默认分辨率为 480 像素×272 像素，可通过修改 LCDConf.c 文件中的宏定义调整分辨率。如图 5-14 所示，将分辨率调整为 480 像素×800 像素，与 GD32F3 苹果派开发板的 LCD 分辨率对应。

调整分辨率后的运行结果如图 5-15 所示。

图 5-14　调整分辨率

图 5-15　调整分辨率后的运行结果

双击打开 BASIC_HelloWorld.c 文件，代码如程序清单 5-4 所示，仅定义了 MainTask 函数。在 MainTask 函数中通过调用 GUI_Init 函数初始化 emWin，再通过调用 GUI_DispString 函数显示"Hello World!"字符串。

程序清单 5-4

```
1.    #include "GUI.h"
2.
3.    #define RECOMMENDED_MEMORY (1024L * 5)
4.
5.    void MainTask(void) {
6.      GUI_Init();
7.
8.      if (GUI_ALLOC_GetNumFreeBytes() < RECOMMENDED_MEMORY) {
9.        GUI_ErrorOut("Not enough memory available.");
10.       return;
11.     }
12.     GUI_DispString("Hello World!");
13.     while(1);
14.   }
```

当需要运行其他基础演示例程时，参考上面的方法，将 BASIC_HeloWord.c 文件从工程中移除，然后将对应的.c 文件添加到工程中运行即可。

5.2.4　运行自定义例程

emWin 仿真工程除了可以运行自带的演示例程，还可以运行用户自行编写的例程。下面以 4.5.7 节的 GUIDemo.c 文件为例进行测试。

首先，移除 Sample 筛选器下的 BASIC_HelloWorld.c 文件，并在"D:\emWinKeilTest\Product\03.emWinSimulation\SeggerEval_WIN32_MSVC_MinGW_GUI_V624\Sample"路径下新建 GUIDemo 文件夹，将"D:\emWinKeilTest\Product\02.emWinPorting\TPSW\emWin5.26\emWin\Sample\Application\GUIDemo\GUIDemo"路径下的 GUIDemo.c 和 GUIDemo.h 文件复制到新建的 GUIDemo 文件夹中，如图 5-16 所示。

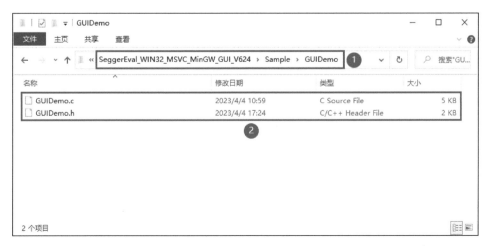

图 5-16　复制 GUIDemo 文件对

然后，将 GUIDemo.c 文件添加到 SimulationTrial 工程的 Sample 筛选器中，单击菜单栏中的▶按钮，编译并运行工程，运行结果如图 5-17 所示。

Hello World !

图 5-17　自定义例程运行结果

通过对比图 5-17 与图 4-10，发现模拟器显示的界面与开发板 LCD 显示的界面并非完全一致，主要在颜色和透明度上存在较大差异，这是由于运行在开发板上的 emWin 默认使用 ABGR 颜色格式，而运行在 Windows 端的 emWin 仿真默认使用 ARGB 格式。因此，可通过修改 SimulationTrial 工程中的颜色设置来使模拟器运行结果与开发板一致，具体步骤如下。

先将 LCDConf.c 文件中的 COLOR_CONVERSION 宏定义改为 GUICC_M565，如图 5-18 所示，使用与 LCD 相同的 RGB565 颜色格式。

```
LCDConf.c* ⇥ ×
SimulationTrial                                    (全局范围)
  31  □//
  32  │ // Physical display size
  33  │ //
  34  │ #define XSIZE_PHYS 480
  35  │ #define YSIZE_PHYS 800
  36
  37  □//
  38  │ // Color conversion
  39  │ //
  40  □#if GUI_USE_ARGB
  41  │   #define COLOR_CONVERSION  GUICC_M565
  42  □#else
  43  │   #define COLOR_CONVERSION GUICC_M8888
  44    #endif
```

图 5-18　修改颜色转换宏

打开 GUIDemo.c 文件，调换红色和蓝色分量的位置，即将 0x312F0F 改为 0x0F2F31、0x31819B 改为 0x9B8131、0x4F4F2F 改为 0x2F4F4F，如图 5-19 所示。

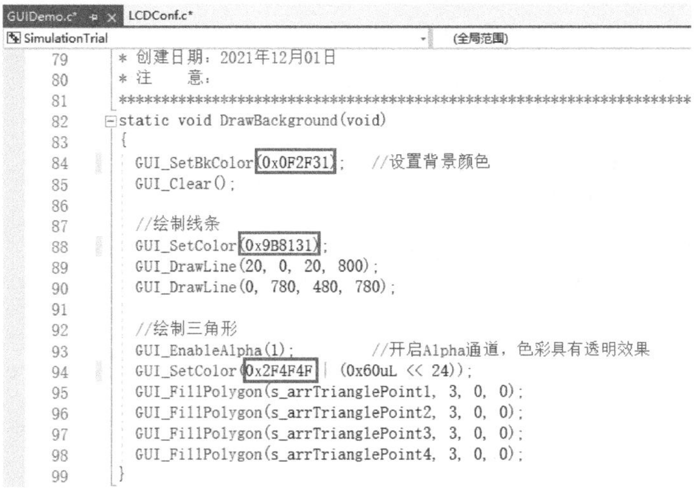

```
GUIDemo.c*  ×  LCDConf.c*
SimulationTrial                                    (全局范围)
    79    * 创建日期：2021年12月01日
    80    * 注    意：
    81    **********************************************************
    82  □static void DrawBackground(void)
    83   {
    84      GUI_SetBkColor 0x0F2F31 ;      //设置背景颜色
    85      GUI_Clear();
    86
    87      //绘制线条
    88      GUI_SetColor 0x9B8131 ;
    89      GUI_DrawLine(20, 0, 20, 800);
    90      GUI_DrawLine(0, 780, 480, 780);
    91
    92      //绘制三角形
    93      GUI_EnableAlpha(1);              //开启Alpha通道，色彩具有透明效果
    94      GUI_SetColor 0x2F4F4F  | (0x60uL << 24));
    95      GUI_FillPolygon(s_arrTrianglePoint1, 3, 0, 0);
    96      GUI_FillPolygon(s_arrTrianglePoint2, 3, 0, 0);
    97      GUI_FillPolygon(s_arrTrianglePoint3, 3, 0, 0);
    98      GUI_FillPolygon(s_arrTrianglePoint4, 3, 0, 0);
    99   }
```

图 5-19　调换红蓝分量

　　修改完成后再次编译并运行，模拟器最终显示界面如图 5-20 所示，与 LCD 显示较为接近（由于 LCD 与计算机显示器的硬件差异，显示的颜色在视觉上始终存在一定的偏差，但整体显示效果较为接近）。

图 5-20　模拟器最终显示界面

 **本章任务**

　　熟悉 emWin 仿真工程的文件架构和设置步骤，尝试脱离教材后获取 emWin 仿真工程并运行 Sample 文件夹中的各个演示例程。尝试将仿真工程中的演示例程移植到开发板上运行。

本章习题

1. emWin 仿真工程中的 Application 文件夹有什么作用？
2. 模拟器显示屏的默认分辨率是多少？如何修改分辨率？
3. 简述 Sample 文件夹在 emWin 仿真工程中的意义。
4. GUI.lib 和 GUI_CM4F_L.lib 库有何异同？

第6章 emWin 基础显示

从本章开始，我们将正式进入基于 emWin 的 GUI 显示开发阶段。本章将重点介绍 emWin 的基础显示功能，如文本显示、数值显示及一些常见的图形显示等。此外，本章还将介绍 emWin 的颜色和内存设备设置。最后，通过一个简单的例程，使读者初步了解 emWin 的基础显示功能，并能自行设计一些简单的 GUI。

6.1 文本显示

1. 文本显示基本原理

文本显示是 GUI 设计过程中使用最为频繁的功能之一，如在第 4 章 emWin 移植例程的 GUIDome.c 文件中，就调用了 GUI_DispStringAt 函数显示"Hello World！"文本，该函数以 "Hello World！"字符串为参数，设置显示坐标后，即可在 LCD 的指定位置显示"Hello World！"。注意，在使用 GD32F3 苹果派开发板的 LCD 显示 emWin 的 GUI 时，屏幕的左上角为坐标原点。

emWin 支持显示的文本为字符串，可由任意一个或多个 ASCII 码值大于 31 的字符组合而成。在 ASCII 码值小于或等于 31 的字符中，仅有如表 6-1 所示的 2 个字符在显示文本时作为控制字符使用。

表 6-1 控制字符描述表

ASCII 码值	控 制 字 符	转 义 字 符	描　　述
10	LF	\n	换行，光标移动至下一行的开始位置
13	CR	\r	回车，光标移动到当前行的开始位置

文本的显示涉及背景色、前景色和字体，分别通过 GUI_SetBkColor、GUI_SetColor 和 GUI_SetFont 库函数来设置。背景色指文本显示区域的背景颜色，前景色指文本颜色，如图 6-1 所示。

背景色：GUI_BLACK
前景色：GUI_RED

图 6-1　文本背景色和前景色

定义了背景色、前景色和字体后，还可以通过设置文本的绘制模式来调整最终的文本显示效果。文本的绘制模式通过 GUI_SetTextMode 库函数来设置，由参数 TextMode 来指定绘制模式，TextMode 的可取值及描述如表 6-2 所示。

表 6-2　TextMode 的可取值及描述

TextMode 的可取值	绘制模式	描　述
GUI_TM_NORMAL	正常文本	默认的绘制模式。背景色显示背景，前景色显示文本
GUI_TM_REV	反转文本	前景色显示背景，背景色显示文本
GUI_TM_TRANS	透明文本	仅使用前景色显示文本，不使用背景色刷新文本显示区域的原有背景，使文本具有透明效果
GUI_TM_XOR	异或文本	使用原有背景的反转色显示文本（以像素为单位），不使用背景色刷新原有背景，文本同样具有透明效果

这些参数值可通过"或"操作进行组合使用，如 GUI_TM_TRANS | GUI_TM_REV 表示透明反转文本，为透明文本和反转文本的组合，同时具备二者的特性，即使用背景色显示文本，但不使用前景色刷新原有背景，使文本具有透明效果。

2．文本相关库函数

emWin 提供了大量的文本相关库函数，如表 6-3 所示。

表 6-3　文本相关库函数

类　型	函　数	描　述
显示文本	GUI_DispCEOL	将当前行从当前位置清除到行末
	GUI_DispChar	在当前位置显示单个字符
	GUI_DispCharAt	在指定位置显示单个字符
	GUI_DispChars	按指定次数显示字符
	GUI_DispString	在当前位置显示字符串
	GUI_DispStringAt	在指定位置显示字符串
	GUI_DispStringAtCEOL	在指定位置显示字符串，并清除至行末
	GUI_DispStringHCenterAt	在指定位置水平居中显示字符串
	GUI_DispStringInRect	在指定的矩形区域中显示字符串
	GUI_DispStringInRectEx	在指定的矩形区域中显示旋转的字符串
	GUI_DispStringInRectWrap	在指定的矩形区域中显示自动换行的字符串
	GUI_DispStringinRectWrapEx	在指定的矩形区域中显示旋转和自动换行的字符串
	GUI_DispStringLen	在当前位置显示指定字符数的字符串
	GUI_WrapGetNumLines	返回用于使用给定自动换行模式在给定大小显示给定字符串需要的行号
绘制模式	GUI_GetTextMode	返回当前设置的文本绘制模式
	GUI_SetTextMode	设置文本绘制模式
	GUI_SetTextStyle	设置需要使用的样式
对齐	GUI_GetTextAlign	返回当前设置的文本对齐
	GUI_SetLBorder	设置换行后左边界的尺寸
	GUI_SetTextAlign	设置文本对象
位置	GUI_DispNextLine	将光标移动到下一行的开始位置
	GUI_GotoX	设置 X 轴坐标
	GUI_GotoXY	设置 X 轴和 Y 轴坐标
	GUI_GotoY	设置 Y 轴坐标
	GUI_GetDispPosX	返回当前 X 轴坐标
	GUI_GetDispPosY	返回当前 Y 轴坐标

下面简要介绍部分函数。更多函数的介绍见 emWin 用户手册的 5.4 节。emWin 用户手册为本书配套资料包"09.参考资料"文件夹下的 emWin Manual V5.26 Rev. 1.pdf 文件。

（1）GUI_DispStringAt。

GUI_DispStringAt 函数用于在指定位置显示字符串，具体描述如表 6-4 所示。

表 6-4　GUI_DispStringAt 函数的描述

函数名	GUI_DispStringAt
函数原型	void GUI_DispStringAt(const char * s, int x, int y);
功能描述	在指定位置显示字符串
输入参数 1	s：要显示的字符串
输入参数 2	x：文本显示区域的起始位置 X 轴坐标
输入参数 3	y：文本显示区域的起始位置 Y 轴坐标
输出参数	无
返回值	void

例如，以 LCD 的(240, 100)坐标为起始位置，显示"Hello World !"，代码如下：

```
GUI_DispStringAt("Hello World !", 240, 100);
```

（2）GUI_DispStringHCenterAt。

GUI_DispStringHCenterAt 函数用于在指定位置水平居中显示字符串，具体描述如表 6-5 所示。

表 6-5　GUI_DispStringHCenterAt 函数的描述

函数名	GUI_DispStringHCenterAt
函数原型	void GUI_DispStringHCenterAt(const char * s, int x, int y);
功能描述	在指定位置水平居中显示字符串
输入参数 1	s：要显示的字符串
输入参数 2	x：文本显示区域的中心位置 X 轴坐标
输入参数 3	y：文本显示区域的起始位置 Y 轴坐标
输出参数	无
返回值	void

例如，在 LCD 的(240, 100)坐标处，水平居中显示"Hello World !"，代码如下：

```
GUI_DispStringHCenterAt("Hello World !", 240, 100);
```

（3）GUI_DispStringInRectWrap。

GUI_DispStringInRectWrap 函数用于在指定矩形区域内显示自动换行的字符串，具体描述如表 6-6 所示。

表 6-6　GUI_DispStringInRectWrap 函数的描述

函数名	GUI_DispStringInRectWrap
函数原型	void GUI_DispStringInRectWrap(const char * s, GUI_RECT * pRect, int TextAlign, GUI_WRAPMODE WrapMode);
功能描述	在指定矩形区域内显示自动换行的字符串

续表

输入参数 1	s：要显示的字符串
输入参数 2	pRect：要显示的矩形区域
输入参数 3	TextAlign：对齐方式，可取值见表 6-7
输入参数 4	WrapMode：换行模式，可取值见表 6-8
输出参数	无
返回值	void

TextAlign 的可取值如表 6-7 所示，可通过"或"操作将水平对齐方式和垂直对齐方式进行组合使用。

表 6-7　TextAlign 的可取值

对 齐 方 式	描　　述
GUI_TA_LEFT	水平左对齐
GUI_TA_HCENTER	水平居中对齐
GUI_TA_RIGHT	水平右对齐
GUI_TA_TOP	垂直顶部对齐
GUI_TA_VCENTER	垂直居中对齐
GUI_TA_BOTTOM	垂直底部对齐

WrapMode 的可取值如表 6-8 所示。

表 6-8　WrapMode 的可取值

换 行 模 式	描　　述
GUI_WRAPMODE_NONE	不执行自动换行
GUI_WRAPMODE_WORD	以字对齐的方式对文本进行自动换行
GUI_WRAPMODE_CHAR	以字符对齐的方式对文本进行自动换行

例如，在矩形区域{60, 400, 160, 600}内，水平左对齐显示"Hello World !"，且以字符对齐的方式对文本进行自动换行，代码如下：

```
static GUI_RECT s_arrRect = { 60, 400, 160, 600 };
GUI_DispStringInRectWrap("Hello World !", &s_arrRect, GUI_TA_LEFT, GUI_WRAPMODE_CHAR);
```

（4）GUI_SetTextMode。

GUI_SetTextMode 函数用于按照指定的参数设置文本绘制模式，具体描述如表 6-9 所示。

表 6-9　GUI_SetTextMode 函数的描述

函数名	GUI_SetTextMode
函数原型	int GUI_SetTextMode(int TextMode);
功能描述	按照指定的参数设置文本绘制模式
输入参数	TextMode：要设置的文本绘制模式，可取值见表 6-2
输出参数	无
返回值	设置前的文本绘制模式

例如，将文本绘制模式设置为透明反转文本，代码如下：

```
GUI_SetTextMode(GUI_TM_TRANS | GUI_TM_REV);
```

（5）GUI_DispNextLine。

GUI_DispNextLine 函数用于移动光标到下一行的起始位置，具体描述如表 6-10 所示。

表 6-10　GUI_DispNextLine 函数的描述

函数名	GUI_DispNextLine
函数原型	void GUI_DispNextLine(void);
功能描述	移动光标到下一行的起始位置
输入参数	无
输出参数	无
返回值	void

例如，先以(240, 100)为起始位置显示"Hello World！"，然后移动光标到下一行的起始位置，代码如下：

```
GUI_DispStringAt("Hello World !", 240, 100);
GUI_DispNextLine();
```

（6）GUI_GotoX。

GUI_GotoX 函数用于设置 X 轴坐标，即移动光标到 X 轴指定坐标处，具体描述如表 6-11 所示。

表 6-11　GUI_GotoX 函数的描述

函数名	GUI_GotoX
函数原型	char GUI_GotoX(int x);
功能描述	移动光标到 X 轴指定坐标处
输入参数	x：要移动到的 X 轴坐标
输出参数	无
返回值	0-成功；非 0-超出范围

例如，先将光标移动到下一行的起始位置后，再将光标移动到 X 轴坐标为 100 的地方，代码如下：

```
GUI_DispNextLine();
GUI_GotoX(100);
```

6.2　数值显示

1．数值显示简介

emWin 允许开发者以二进制、十进制、十六进制或浮点数的形式显示数值，这些数值也可以作为字符串通过文本显示函数来显示。例如，使用 C 标准函数库中的 sprintf 函数将数值转换成字符串，然后通过 6.1 节中介绍的文本显示函数来显示。但 emWin 提供了专用于数值显示的函数，使用这些函数显示数值可以节省内存空间和运行时间。

2. 数值显示相关库函数

emWin 提供了大量的数值显示相关库函数，如表 6-12 所示。

表 6-12 数值显示相关库函数

类　　型	函　　数	描　　述
显示十进制数值	GUI_DispDec	在当前位置显示指定位数的十进制数值
	GUI_DispDecAt	在指定位置显示指定位数的十进制数值
	GUI_DispDecMin	在当前位置显示最小位数的十进制数值
	GUI_DispDecShift	在当前位置显示指定位数、带小数点的十进制长数值
	GUI_DispDecSpace	在当前位置显示指定位数的十进制数值，用空格代替首位的 0
	GUI_DispSDec	在当前位置显示指定位数的十进制数值并显示符号
	GUI_DispSDecShift	在当前位置显示指定位数、带小数点的十进制长数值并显示符号
显示浮点数值	GUI_DispFloat	在当前位置显示指定位数的浮点数值
	GUI_DispFloatFix	在当前位置显示指定小数点后位数的浮点数值
	GUI_DispFloatMin	在当前位置显示最小位数的浮点数值
	GUI_DispSFloatFix	在当前位置显示指定小数点后位数的浮点数值并显示符号
	GUI_DispSFloatMin	在当前位置显示最小位数的浮点数值并显示符号
显示二进制数值	GUI_DispBin	在当前位置显示指定位数的二进制数值
	GUI_DispBinAt	在指定位置显示指定位数的二进制数值
显示十六进制数值	GUI_DispHex	在当前位置显示指定位数的十六进制数值
	GUI_DispHexAt	在指定位置显示指定位数的十六进制数值
显示 emWin 版本	GUI_GetVersionString	返回 emWin 的当前版本

下面简要介绍部分函数。更多函数的介绍见 emWin 用户手册的 6.2 节。

（1）GUI_DispDec。

GUI_DispDec 函数用于在当前位置显示指定位数的十进制数值，具体描述如表 6-13 所示。

表 6-13　GUI_DispDec 函数的描述

函数名	GUI_DispDec
函数原型	void GUI_DispDec(I32 v, U8 Len);
功能描述	在当前位置显示指定位数的十进制数值
输入参数 1	v：要显示的十进制数值
输入参数 2	Len：要显示的位数
输出参数	无
返回值	void

例如，分别用 3 位数和 4 位十进制数值显示"303"，代码如下：

```
GUI_DispDec(303, 3);      //屏幕将显示 303
GUI_DispNextLine();       //切换到下一行
GUI_DispDec(303, 4);      //屏幕将显示 0303
```

在使用显示十进制数值的函数时需要注意：

① 数值的最高位不能为零，否则无法显示。例如，需要显示的数值为 0123，无论指定的显示位数为多少，都无法显示。

② 指定的显示位数必须大于或等于待显示数值的位数，否则无法显示。例如，待显示数值为 303，当指定的显示位数小于 3 时，将无法显示，大于 3 时，会在待显示数值的最高位前补 0，其中 GUI_DispDecSpace 函数会在最高位前补空格。

③ 如果待显示数值中含有负号或小数点，则在指定显示位数时需要把这些符号也计算在内，否则无法正常显示。

（2）GUI_DispFloat。

GUI_DispFloat 函数用于在当前位置显示指定位数的浮点数值，具体描述如表 6-14 所示。

表 6-14　GUI_DispFloat 函数的描述

函数名	GUI_DispFloat
函数原型	void GUI_DispFloat (float v, char Len);
功能描述	在当前位置显示指定位数的浮点数值
输入参数 1	v：要显示的浮点数值
输入参数 2	Len：要显示的位数
输出参数	无
返回值	void

例如，分别用 4 位和 5 位浮点数值显示"3.03"，代码如下：

```
GUI_DispFloat(3.03, 4);    //屏幕将显示 3.03
GUI_DispNextLine();        //切换到下一行
GUI_DispFloat(3.03, 5);    //屏幕将显示 3.030
```

在使用显示浮点数值的函数时需要注意：

① 与显示十进制数值的函数不同，显示浮点数值时，最高位为零仍可正常显示。

② 与显示十进制数值的函数相同，显示浮点数值时，也需要注意显示位数和符号位的问题。

（3）GUI_DispBin。

GUI_DispBin 函数用于在当前位置显示指定位数的二进制数值，具体描述如表 6-15 所示。

表 6-15　GUI_DispBin 函数的描述

函数名	GUI_DispBin
函数原型	void GUI_DispBin(U32 v, U8 Len);
功能描述	在当前位置显示指定位数的二进制数值
输入参数 1	v：要显示的数值
输入参数 2	Len：要显示的位数
输出参数	无
返回值	void

例如，分别用 7 位和 8 位二进制数值显示"7"，代码如下：

```
GUI_DispBin(7, 7);    //屏幕将显示 0000111
GUI_DispNextLine();   //切换到下一行
GUI_DispBin(7, 8);    //屏幕将显示 00000111
```

在使用显示二进制数值的函数时需要注意：最大支持输入 32bit 的十进制或十六进制数值。

（4）GUI_DispHex。

GUI_DispHex 函数用于在当前位置显示指定位数的十六进制数值，具体描述如表 6-16 所示。

表 6-16　GUI_DispHex 函数的描述

函数名	GUI_DispHex
函数原型	void GUI_DispHex(U32 v, U8 Len);
功能描述	在当前位置显示指定位数的十六进制数值
输入参数 1	v：要显示的数值
输入参数 2	Len：要显示的位数
输出参数	无
返回值	void

例如，分别用 4 位和 5 位十六进制数值显示"62211"，代码如下：

```
GUI_DispHex(62211, 4);        //屏幕将显示 F303
GUI_DispNextLine();           //切换到下一行
GUI_DispHex(62211, 5);        //屏幕将显示 0F303
```

在使用显示十六进制数值的函数时需要注意：最大支持输入 16bit 的十进制或十六进制数值。

6.3　2D 绘图

emWin 提供了一个丰富的 2D 绘图图形库，其中包含大量用于图形绘制的库函数，可用于绘制点、线，以及矩形、圆、椭圆、扇形、圆弧、多边形等平面图形。本节将介绍 2D 绘图图形库中的一些常用绘图函数，如表 6-17 所示。更多函数的介绍见 emWin 用户手册的 7.1 节。

表 6-17　常用绘图函数

类　型	函　数	描　述
绘制相关功能	GUI_AddRect	调整矩形大小
	GUI_GetClientRect	返回当前可用的绘制区域
	GUI_GetDrawMode	返回当前绘制模式
	GUI_GetPenSize	返回当前画笔大小，单位为像素
	GUI_GetPixelIndex	返回指定位置的颜色索引
	GUI_SetClipRect	设置用于裁剪的矩形
	GUI_SetPenSize()	设置画笔大小，单位为像素
基本绘图函数	GUI_Clear	用背景色填充显示器/激活窗口
	GUI_DrawRect	绘制矩形
	GUI_DrawRectEx	绘制矩形
	GUI_FillRectEx	绘制填充的矩形
	GUI_FillRoundedRect	绘制填充的圆角矩形
Alaph 混合	GUI_EnableAlpha	使能/禁止自动 Alpha 混合

续表

类　　型	函　　数	描　　述
绘制线条	GUI_DrawLine	根据指定起点坐标和终点坐标绘制直线
	GUI_DrawPolyLine	绘制折线
绘制多边形	GUI_DrawPolygon	绘制多边形的轮廓
	GUI_FillPolygon	绘制填充的多边形
	GUI_RotatePolygon	按指定角度旋转多边形
绘制圆	GUI_DrawCircle	绘制圆的轮廓
	GUI_FillCircle	绘制填充的圆
绘制椭圆	GUI_DrawEllipse	绘制椭圆的轮廓
	GUI_FillEllipse	绘制填充的椭圆
绘制圆弧	GUI_DrawArc	绘制圆弧
绘制曲线	GUI_DrawGraph	绘制曲线
绘制扇形	GUI_DrawPie	绘制扇形

（1）GUI_SetPenSize。

GUI_SetPenSize 函数用于设置画笔大小（单位：像素），具体描述如表 6-18 所示。

表 6-18　GUI_SetPenSize 函数的描述

函数名	GUI_SetPenSize
函数原型	U8 GUI_SetPenSize(U8 PenSize);
功能描述	设置画笔大小（单位：像素）
输入参数	PenSize：画笔大小（单位：像素）
输出参数	无
返回值	设置前的画笔大小

例如，设置画笔大小为 20 像素，代码如下：

```
GUI_SetPenSize(20);
```

（2）GUI_DrawRectEx。

GUI_DrawRectEx 函数用于绘制矩形，具体描述如表 6-19 所示。

表 6-19　GUI_DrawRectEx 函数的描述

函数名	GUI_DrawRectEx
函数原型	void GUI_DrawRectEx(const GUI_RECT * pRect);
功能描述	绘制矩形
输入参数	pRect：指向包含矩形坐标的 GUI_RECT 结构体的指针
输出参数	无
返回值	void

例如，根据 s_arrRect 指定的坐标绘制矩形，代码如下：

```
static GUI_RECT s_arrRect = { 60, 100, 360, 140 };
GUI_DrawRectEx(&s_arrRect);
```

（3）GUI_FillRoundedRect。

GUI_FillRoundedRect 函数用于绘制填充的圆角矩形，具体描述如表 6-20 所示。

表 6-20　GUI_FillRoundedRect 函数的描述

函数名	GUI_FillRoundedRect
函数原型	void GUI_FillRoundedRect(int x0, int y0, int x1, int y1, int r);
功能描述	绘制填充的圆角矩形
输入参数 1	x0：矩形左上角 X 轴坐标
输入参数 2	y0：矩形左上角 Y 轴坐标
输入参数 3	x1：矩形右下角 X 轴坐标
输入参数 4	y1：矩形右下角 Y 轴坐标
输入参数 5	r：圆角半径
输出参数	无
返回值	void

例如，根据坐标绘制黄色填充、圆角半径为 10 的圆角矩形，代码如下：

```
GUI_SetColor(GUI_YELLOW);
GUI_DrawRectEx(60, 100, 360, 140, 10);
```

（4）GUI_DrawLine。

GUI_DrawLine 函数用于根据指定起点坐标和终点坐标绘制直线，具体描述如表 6-21 所示。

表 6-21　GUI_DrawLine 函数的描述

函数名	GUI_DrawLine
函数原型	void GUI_DrawLine(int x0, int y0, int x1, int y1);
功能描述	根据指定起点坐标和终点坐标绘制直线
输入参数 1	x0：起点的 X 轴坐标
输入参数 2	y0：起点的 Y 轴坐标
输入参数 3	x1：终点的 X 轴坐标
输入参数 4	y1：终点的 Y 轴坐标
输出参数	无
返回值	void

例如，在起点坐标(335, 300)和终点坐标(415, 300)之间绘制直线，代码如下：

```
GUI_DrawLine(335, 300, 415, 300);
```

（5）GUI_DrawCircle。

GUI_DrawCircle 函数用于绘制圆的轮廓，具体描述如表 6-22 所示。

表 6-22　GUI_DrawCircle 函数的描述

函数名	GUI_DrawCircle
函数原型	void GUI_DrawCircle(int x0, int y0, int r);

功能描述	绘制圆的轮廓
输入参数 1	x0：圆心 X 轴坐标
输入参数 2	y0：圆心 Y 轴坐标
输入参数 3	r：圆的半径
输出参数	无
返回值	void

例如，以坐标(240, 270)为圆心、60 为半径绘制圆，代码如下：

GUI_DrawCircle(240, 270, 60);

6.4 颜色

1. 逻辑颜色和物理颜色

emWin 支持在不同的显示器上显示彩色，在 emWin 中设置的颜色为逻辑颜色，而在显示器上实际显示的颜色为物理颜色。由于不同显示器支持的颜色格式不同，因此，在 emWin 的应用程序中，通常会定义特定的颜色转换格式，使在 emWin 中设置的颜色能够对应转换为显示器支持的颜色，这个转换过程为逻辑颜色到物理颜色的映射。

在 5.26 版本的 emWin 中，逻辑颜色仅有 ABGR 这一种格式，包含 3 个 8 位的颜色分量和 1 个 8 位的 Alpha 透明度通道，如表 6-23 所示。

表 6-23 ABGR 逻辑颜色格式

Alpha	蓝　　色	绿　　色	红　　色
0x00：不透明 0xFF：完全透明			
Bit[31:24]	Bit[23:16]	Bit[15:8]	Bit[7:0]

在本书配套例程中，设置的颜色转换格式为 GUICC_M565，表示转换后的颜色格式为 RGB565，透明度通道默认为 0，表示不透明。因此，在 emWin 程序中设置某一元素显示不透明颜色时，使用的 BGR888 颜色格式将最终被转换为 RGB565，并在 LCD 上显示。

2. emWin 定义的标准颜色

emWin 的 GUI.h 头文件中定义了常用的标准颜色，这些颜色均使用 ABGR8888 格式进行宏定义，且默认设置为完全不透明，如图 6-2 所示。

3. Alpha 混合

Alpha 混合是一种将带透明度的前景色与背景色相结合产生的混合色，从而实现透明显示效果的过程。前景色的透明度可以处于完全透明到完全不透明的区间。如果前景色完全透明，则混合色为背景色；如果前景色完全不透明，则混合色为前景色。如果透明度介于完全透明和完全不透明之间，则混合色由前景色、背景色及各自的透明度通过加权平均计算得出。

emWin 提供了 GUI_EnableAlpha 函数，用于使能或禁止 Alpha 混合，具体描述如表 6-24 所示。

GUI_BLUE		0x00FF0000
GUI_GREEN		0x0000FF00
GUI_RED		0x000000FF
GUI_CYAN		0x00FFFF00
GUI_MAGENTA		0x00FF00FF
GUI_YELLOW		0x0000FFFF
GUI_LIGHTBLUE		0x00FF8080
GUI_LIGHTGREEN		0x0080FF80
GUI_LIGHTRED		0x008080FF
GUI_LIGHTCYAN		0x00FFFF80
GUI_LIGHTMAGENTA		0x00FF80FF
GUI_LIGHTYELLOW		0x0080FFFF
GUI_DARKBLUE		0x00800000
GUI_DARKGREEN		0x00008000
GUI_DARKRED		0x00000080
GUI_DARKCYAN		0x00808000
GUI_DARKMAGENTA		0x00800080
GUI_DARKYELLOW		0x00008080
GUI_WHITE		0x00FFFFFF
GUI_LIGHTGRAY		0x00D3D3D3
GUI_GRAY		0x00808080
GUI_DARKGRAY		0x00404040
GUI_BLACK		0x00000000
GUI_BROWN		0x002A2AA5
GUI_ORANGE		0x0000A5FF

图 6-2　emWin 定义的常用标准颜色

表 6-24　GUI_EnableAlpha 函数的描述

函数名	GUI_EnableAlpha
函数原型	unsigned GUI_EnableAlpha(unsigned OnOff);
功能描述	使能或禁止自动 Alpha 混合
输入参数	OnOff：1-使能 Alpha 混合；0-禁止 Alpha 混合
输出参数	无
返回值	设置前的状态

例如，使能 Alpha 混合，代码如下：

```
GUI_EnableAlpha(1);
```

4．颜色相关库函数

在 emWin 提供的颜色相关库函数中，GUI_SetBkColor 函数和 GUI_SetColor 函数使用得最频繁，这两个函数分别用来设置背景色和前景色。更多函数的介绍见 emWin 用户手册的 15.11 节。

（1）GUI_SetBkColor。

GUI_SetBkColor 函数用于设置当前背景色，具体描述如表 6-25 所示。

表 6-25　GUI_SetBkColor 函数的描述

函数名	GUI_SetBkColor
函数原型	void GUI_SetBkColor(GUI_COLOR Color);

续表

功能描述	设置当前背景色
输入参数	Color：需要设置的背景色，32 位 ABGR 值
输出参数	无
返回值	void

参数 Color 既可以选择 emWin 定义的标准颜色，又可以按照 ABGR8888 或 BGR888（Alpha 通道默认为 0，表示不透明）颜色格式进行自定义。

例如，设置背景色为 BGR 值 0x312F0F 对应的颜色，代码如下：

```
GUI_SetBkColor(0x312F0F);    //设置背景色
```

（2）GUI_SetColor。

GUI_SetColor 函数用于设置当前前景色，具体描述如表 6-26 所示。

表 6-26　GUI_SetColor 函数的描述

函数名	GUI_SetColor
函数原型	void GUI_SetColor(GUI_COLOR Color);
功能描述	设置当前前景色
输入参数	Color：需要设置的前景色，32 位 ABGR 值
输出参数	无
返回值	void

参数 Color 的取值与 GUI_SetBkColor 函数的参数相同。

例如，设置背景色为 BGR 值 0x312F0F 对应的颜色，设置前景色为 ABGR 值 0x604F4F2F 对应的带透明度的颜色，代码如下：

```
GUI_SetBkColor(0x312F0F);        //设置背景色
GUI_Clear();
GUI_EnableAlpha(1);              //开启 Alpha 通道，色彩具有透明效果
GUI_SetColor(0x4F4F2F | (0x60uL << 24));
```

6.5　内存设备

emWin 的内存设备主要用于解决在绘制操作中出现的屏幕闪烁问题。为什么会出现屏幕闪烁呢？这是因为在未使用内存设备时，每一步绘制操作都会直接写入屏幕，这就导致屏幕在刷新时内容出现闪烁。例如，要显示一张位图并在位图上绘制透明文本，首先必须绘制位图，然后绘制透明文本，当屏幕刷新时文本会闪烁。如果使用内存设备，则所有的绘制操作都在内存中进行，绘制完成后才更新到屏幕，不会出现闪烁。屏幕闪烁实际上是屏幕上出现了明显可观察的绘制过程，而内存设备机制仅将绘制完成的图形写入屏幕，只有一次绘制操作，无法观察到中间的绘制过程，从而消除了闪烁。

emWin 提供的内存设备相关库函数较多，下面主要介绍一些常用的库函数。更多函数的介绍见 emWin 用户手册的 16.11 节。

（1）GUI_MEMDEV_Create。

GUI_MEMDEV_Create 函数用于创建内存设备，具体描述如表 6-27 所示。

表 6-27　GUI_MEMDEV_Create 函数的描述

函数名	GUI_MEMDEV_Create
函数原型	GUI_MEMDEV_Handle GUI_MEMDEV_Create(int x0, int y0, int xSize, int ySize);
功能描述	创建内存设备
输入参数 1	x0：内存设备的 X 轴坐标
输入参数 2	y0：内存设备的 Y 轴坐标
输入参数 3	xSize：内存设备在 X 方向的大小
输入参数 4	ySize：内存设备在 Y 方向的大小
输出参数	无
返回值	创建的内存设备的句柄，如果创建失败，则返回值为 0

例如，以坐标(150, 520)为起点，为长 170 像素、宽 100 像素的矩形区域创建内存设备，代码如下：

```
GUI_MEMDEV_Handle s_hMemDev = 0;
s_hMemDev = GUI_MEMDEV_Create(150, 520, 170, 100);
```

（2）GUI_MEMDEV_Select。

GUI_MEMDEV_Select 函数用于选择内存设备作为绘图操作的目标，具体描述如表 6-28 所示。

表 6-28　GUI_MEMDEV_Select 函数的描述

函数名	GUI_MEMDEV_Select
函数原型	GUI_MEMDEV_Handle GUI_MEMDEV_Select(GUI_MEMDEV_Handle hMemDev);
功能描述	选择内存设备作为绘图操作的目标
输入参数	hMemDev：存储设备的句柄。若句柄为 0，则激活 LCD
输出参数	无
返回值	上一个内存设备的句柄，如果上一次选择的是 LCD，则返回 0

例如，选择内存设备 s_hMemDev 作为绘图操作的目标，然后激活 LCD，代码如下：

```
GUI_MEMDEV_Handle s_hMemDev = 0;
s_hMemDev = GUI_MEMDEV_Create(150, 520, 170, 100);
GUI_MEMDEV_Select(s_hMemDev);
GUI_MEMDEV_Select(0);
```

（3）GUI_MEMDEV_CopyToLCDAt。

GUI_MEMDEV_CopyToLCDAt 函数用于将内存设备中的内容复制到 LCD 的指定位置上，具体描述如表 6-29 所示。

表 6-29　GUI_MEMDEV_CopyToLCDAt 函数的描述

函数名	GUI_MEMDEV_CopyToLCDAt
函数原型	void GUI_MEMDEV_CopyToLCDAt(GUI_MEMDEV_Handle hMem, int x, int y);

续表

功能描述	将内存设备中的内容复制到 LCD 的指定位置上
输入参数 1	hMem：内存设备的句柄
输入参数 2	x：指定的 X 轴坐标
输入参数 3	y：指定的 Y 轴坐标
输出参数	无
返回值	void

例如，将内存设备 s_hMemDev 中的内容复制到 LCD 以坐标(150, 520)为起点的区域上，代码如下：

```
GUI_MEMDEV_Handle s_hMemDev = 0;
s_hMemDev = GUI_MEMDEV_Create(150, 520, 170, 100);
GUI_MEMDEV_Select(0);
GUI_MEMDEV_CopyToLCDAt(s_hMemDev, 150, 520);
```

（4）GUI_MEMDEV_Delete。

GUI_MEMDEV_Delete 函数用于删除内存设备，具体描述如表 6-30 所示。

表 6-30　GUI_MEMDEV_Delete 函数的描述

函数名	GUI_MEMDEV_Delete
函数原型	void GUI_MEMDEV_Delete(GUI_MEMDEV_Handle MemDev);
功能描述	删除内存设备
输入参数	MemDev：需要删除的内存设备的句柄
输出参数	无
返回值	void

例如，删除内存设备 s_hMemDev，代码如下：

```
GUI_MEMDEV_Handle s_hMemDev = 0;
s_hMemDev = GUI_MEMDEV_Create(150, 520, 170, 100);
GUI_MEMDEV_Delete(s_hMemDev);
```

6.6　实例与代码解析

下面通过调用 emWin 库中与文本显示、数值显示、2D 绘图、颜色、内存设备相关的函数完成一个基础显示例程，实现在 LCD 上循环显示文本界面、数值界面、绘图界面、颜色界面、内存设备界面。

6.6.1　复制并编译原始工程

首先，将"D:\emWinKeilTest\Material\04.2D_Sample"文件夹复制到"D:\emWinKeilTest\Product"文件夹中。其次，双击运行"D:\emWinKeilTest\Product\04.2D_Sample\Project"文件夹中的 GD32KeilPrj.uvprojx，单击工具栏中的按钮进行编译。当 Build Output 栏中出现"FromELF: creating hex file..."时，表示已经成功生成.hex 文件，出现"0 Error(s), 0 Warning(s)"表示编译成功。最后，将.axf 文件下载到开发板的内部 Flash 上。如果屏幕显示"Hello World！"，

则表示原始工程正确，可以进行下一步操作。

6.6.2 添加 2DDemo 文件对

首先，将"D:\emWinKeilTest\Product\04.2D_Sample\TPSW\emWin5.26\emWin\Sample\Application\GUIDemo\2DDemo"文件夹中的 2DDemo.c 文件添加到 EMWIN_DEMO 分组中。然后，将"D:\emWinKeilTest\Product\04.2D_Sample\TPSW\emWin5.26\emWin\Sample\Application\GUIDemo\2DDemo"路径添加到 Include Paths 栏中。

6.6.3 2DDemo 文件对

1. 2DDemo.h 文件

2DDemo.h 文件的"包含头文件"区包含一系列头文件，如程序清单 6-1 所示。其中，GUI.h 文件包含了本例程涉及的 GUI 相关库函数的声明。

程序清单 6-1

```
1.    #include "GUI.h"
2.    #include "DIALOG.h"
3.    #include "WM.h"
4.    #include "math.h"
5.    #include <cstdlib>
6.    #include "stdio.h"
```

在"API 函数声明"区，声明 Create2DDemo 函数，如程序清单 6-2 所示。该函数用于创建基础显示例程，通过在 MainTask 函数中调用该函数即可实现在 LCD 上显示文本、数值、图形等。

程序清单 6-2

```
void Create2DDemo(void); //创建例程
```

2. 2DDemo.c 文件

在 2DDemo.c 文件的"宏定义"区，定义圆周率近似值，如程序清单 6-3 所示。

程序清单 6-3

```
#define PI (3.1415926535)  //画饼图所需要的圆周率近似值
```

在"内部变量"区，定义后续需要使用的变量，如程序清单 6-4 所示。

（1）第 1 至 3 行代码：本章例程将在 LCD 上循环显示文本界面、数值界面、绘图界面、颜色界面等，在切换界面时，使用与背景同色的矩形填充进行覆盖，此处为矩形坐标定义。

（2）第 10 至 46 行代码：显示绘图时需要使用的内部变量，包含矩形、多边形、正方体的坐标及饼图的颜色等定义。

（3）第 48 至 68 行代码：显示颜色条时需要使用的内部变量，包含多种颜色定义。

程序清单 6-4

```
1.    //界面切换时使用的矩形坐标
2.    static GUI_RECT s_arrRect1 = { 50, 150, 430, 680 };
3.    static GUI_RECT s_arrRect2 = { 60, 100, 360, 140 };
4.
```

```
5.      //文本显示函数使用的内部变量
6.      static char s_cText[] = "We can see text wrapping through this sentence!";
7.      static GUI_RECT s_arrRect3 = { 60, 400, 160, 600 };
8.      static GUI_WRAPMODE s_arrWm[] = { GUI_WRAPMODE_NONE, GUI_WRAPMODE_CHAR,GUI_
WRAPMODE_WORD };
9.
10.     //绘图显示函数使用的内部变量
11.     static GUI_RECT s_arrRect4 = { 65, 200, 145, 280 };
12.     static GUI_RECT s_arrRect5 = { 155, 200, 235, 280 };
13.     static const unsigned s_arrValues[] = { 80, 135, 190, 260, 300, 340, 360 };
14.     static const GUI_COLOR s_arrColor[] = { GUI_YELLOW, GUI_BLUE, GUI_RED, GUI_MAGENTA,
GUI_ORANGE, GUI_CYAN, GUI_CYAN};
15.
16.     //绘图显示函数所绘制的多边形坐标
17.     static const GUI_POINT s_arrPointArrow[] =
18.     {
19.         { 0, 0 },
20.         { 30, -20 },
21.         { 30, -5 },
22.         { 70, -5 },
23.         { 70, 5 },
24.         { 30, 5 },
25.         { 30, 20 },
26.     };
27.
28.     //绘图显示函数所绘制的正方体坐标
29.     static const GUI_POINT s_arrBackPoint[] =
30.     {
31.         { 76 , 104 },
32.         { 176, 104 },
33.         { 176, 4 },
34.         { 76, 4 },
35.     };
36.     …
37.     static const GUI_POINT s_arrFrontPoint[] =
38.     {
39.         { 40, 140},
40.         { 140, 140},
41.         { 140, 40},
42.         { 40, 40},
43.     };
44.
45.     //旋转多边形的坐标
46.     GUI_POINT s_arrRotatedPoints[GUI_COUNTOF(s_arrPointArrow)];
47.
48.     //颜色条显示函数使用的内部变量
49.     typedef struct
50.     {
51.         int NumBars;
52.         GUI_COLOR Color;
53.         const char* s;
54.     }StructBarData;
55.
56.     //颜色条
57.     static const StructBarData s_arrBarData[] =
58.     {
```

```
59.    { 2, GUI_RED , "Red" },
60.    { 2, GUI_GREEN , "Green" },
61.    { 2, GUI_BLUE , "Blue" },
62.    { 2, GUI_GRAY , "Gray" },
63.    { 2, GUI_YELLOW , "Yellow" },
64.    { 2, GUI_CYAN , "Cyan" },
65.    { 2, GUI_MAGENTA, "Magenta" },
66.  };
67.
68.  static const GUI_COLOR s_arrColorStart[] = { GUI_BLACK, GUI_WHITE };
```

在"内部函数声明"区，声明 7 个内部函数，如程序清单 6-5 所示。这些函数用于在 LCD 上显示对应的界面，通过在 Create2DDemo 函数中循环调用这些函数，即可实现在 LCD 上循环显示文本、数值、绘图等基础功能。

程序清单 6-5

```
1.   static void TextDisplay(void);                             //文本显示函数
2.   static void NumDisplay(void);                              //数值显示函数
3.   static void PieDrawing(int x0, int y0, int r);             //饼图绘制函数
4.   static void DrawingDisplay(void);                          //绘图显示函数
5.   static void ColorBarDisplay(void);                         //颜色显示函数
6.   static void Draw_MemDev(int x0, int y0, int x1, int y1, int i);  //在内存设备显示中使用到的绘制函数
7.   static void MemDevDisplay(void);                           //内存设备显示函数
```

在"内部函数实现"区，编写上述 7 个函数的实现代码。首先实现 TextDisplay 函数，如程序清单 6-6 所示，该函数用于显示文本。

（1）第 5 至 8 行代码：显示标题"Text Display"。通过 GUI_SetColor 函数设置标题颜色为白色，通过 GUI_SetFont 函数设置标题字体为 32 号粗体，通过 GUI_DispStringHCenterAt 函数设置标题内容及显示位置。

（2）第 10 至 17 行代码：显示"LY"字样，该字样将作为背景，用于体现各种文本绘制模式的显示效果。通过 GUI_SetPenSize 函数设置画笔粗细（单位：像素），通过 GUI_SetColor 函数设置画笔颜色，通过 GUI_DrawLine 函数画线，由 5 条线组成"LY"字样。

（3）第 19 至 22 行代码：设置文本格式。通过 GUI_SetBkColor 函数设置文本背景颜色，通过 GUI_SetColor 函数设置文本颜色，通过 GUI_SetFont 函数设置文本字体。

（4）第 24 至 42 行代码：使用正常、反转、透明、异或、透明反转 5 种文本绘制模式绘制指定文本内容，每行文本的间隔为 6 像素。通过对比可展现不同文本绘制模式的效果。

（5）第 44 至 56 行代码：在 3 个矩形区域内分别使用 3 种文本换行模式绘制并显示文本。通过对比可展现不同文本换行模式的效果。

程序清单 6-6

```
1.   static void TextDisplay(void)
2.   {
3.     static int s_iCnt;
4.
5.     //显示标题
6.     GUI_SetColor(GUI_WHITE);
7.     GUI_SetFont(GUI_FONT_32B_ASCII);
8.     GUI_DispStringHCenterAt("Text Display", 240, 100);
```

```
9.
10.    //画线（淡黄色"LY"字样）
11.    GUI_SetPenSize(20);
12.    GUI_SetColor(GUI_DARKYELLOW);
13.    GUI_DrawLine(150, 190, 150, 350);
14.    GUI_DrawLine(150, 350, 230, 350);
15.    GUI_DrawLine(250, 190, 300, 260);
16.    GUI_DrawLine(350, 190, 300, 260);
17.    GUI_DrawLine(300, 260, 300, 350);
18.
19.    //设置文本格式
20.    GUI_SetBkColor(GUI_WHITE);
21.    GUI_SetColor(GUI_BLACK);
22.    GUI_SetFont(GUI_FONT_24_1);
23.
24.    //正常文本
25.    GUI_SetTextMode(GUI_TM_NORMAL);
26.    GUI_DispStringHCenterAt("Text Mode Test: NORMAL", 240, 200);
27.
28.    //反转文本
29.    GUI_SetTextMode(GUI_TM_REV);
30.    GUI_DispStringHCenterAt("Text Mode Test: REV", 240, 200 + 24 + 6); //两行显示文本之间的间隔为 6
31.
32.    //透明文本
33.    GUI_SetTextMode(GUI_TM_TRANS);
34.    GUI_DispStringHCenterAt("Text Mode Test: TRANS", 240, 200 + 24 * 2 + 6 * 2);
35.
36.    //异或文本
37.    GUI_SetTextMode(GUI_TM_XOR);
38.    GUI_DispStringHCenterAt("Text Mode Test: XOR", 240, 200 + 24 * 3 + 6 * 3);
39.
40.    //透明反转文本
41.    GUI_SetTextMode(GUI_TM_TRANS | GUI_TM_REV);
42.    GUI_DispStringHCenterAt("Text Mode Test: TRANS | XOR", 240, 200 + 24 * 4 + 6 * 4);
43.
44.    //在矩形区域内显示文本
45.    GUI_SetFont(GUI_FONT_24_1);
46.    GUI_SetTextMode(GUI_TM_TRANS);
47.
48.    for (s_iCnt = 0; s_iCnt < 3; s_iCnt++)
49.    {
50.        s_arrRect3.x0 = 60 + 130 * s_iCnt;
51.        s_arrRect3.x1 = 160 + 130 * s_iCnt;
52.        GUI_SetColor(0x4F4F2F | (0x60uL << 24));
53.        GUI_FillRectEx(&s_arrRect3);
54.        GUI_SetColor(GUI_LIGHTBLUE);
55.        GUI_DispStringInRectWrap(s_cText, &s_arrRect3, GUI_TA_LEFT, s_arrWm[s_iCnt]);
56.    }
57. }
```

TextDisplay 函数的文本显示效果如图 6-3 所示。

图 6-3　文本显示效果

在 TextDisplay 函数的实现代码后为 NumDisplay 函数的实现代码，如程序清单 6-7 所示，该函数用于显示数值。

（1）第 3 至 6 行代码：显示标题"Num Display"。

（2）第 12 至 29 行代码：显示十进制数值。每两个测试函数之间的间隔为 6 像素。

（3）第 31 至 33 行代码：通过 GUI_Delay 函数延时 2000ms，然后使用颜色与背景相同的矩形填充覆盖之前显示的十进制数值。

（4）第 35 至 51 行代码：显示浮点数值。每两个测试函数之间的间隔为 6 像素。

（5）第 53 至 55 行代码：通过 GUI_Delay 函数延时 2000ms，然后使用颜色与背景相同的矩形填充覆盖之前显示的浮点数。

（6）第 57 至 68 行代码：显示二进制和十六进制数值。每两个测试函数之间的间隔为 6 像素。

（7）第 70 至 72 行代码：通过 GUI_GetVersionString 函数获取 emWin 版本号并显示。

程序清单 6-7

```
1.    static void NumDisplay(void)
2.    {
3.        //显示标题
4.        GUI_SetColor(GUI_WHITE);
5.        GUI_SetFont(GUI_FONT_32B_ASCII);
6.        GUI_DispStringHCenterAt("Num Display", 240, 100);
7.
8.        //设置数值字体
9.        GUI_SetFont(GUI_FONT_24_ASCII);
10.       GUI_SetColor(GUI_WHITE);
11.
12.       //十进制数值显示
13.       GUI_DispStringAt("GUI_DispDec()", 120, 200);
14.       GUI_DispNextLine();
15.       GUI_GotoX(120);
16.       GUI_DispDec(303, 3);
17.       GUI_GotoX(120 + 12 * 5);                        //一个 24 号字体的字符占用的像素点数为 24×12
18.       GUI_DispDec(303, 4);
19.       GUI_GotoX(120 + 12 * 11);
20.       GUI_DispDec(-303, 4);
21.
22.       GUI_DispStringAt("GUI_DispDecAt()", 120, 200 + 24 * 2 + 6);   //每两个测试函数之间的间隔为 6 像素
23.       GUI_DispDecAt(303, 120, 200 + 24 * 3 + 6, 3);
24.       GUI_DispDecAt(-303, 120 + 12 * 5, 200 + 24 * 3 + 6, 4);
25.       ...
26.       GUI_DispStringAt("GUI_DispSDecShift()", 120, 200 + 24 * 12 + 6 * 6);
27.       GUI_DispNextLine();
```

```
28.        GUI_GotoX(120);
29.        GUI_DispSDecShift(303, 5, 2);
30.
31.        GUI_Delay(2000);
32.        GUI_SetColor(0x312F0F);
33.        GUI_FillRectEx(&s_arrRect1);
34.
35.        //浮点数值显示
36.        GUI_SetFont(GUI_FONT_24_ASCII);
37.        GUI_SetColor(GUI_WHITE);
38.
39.        GUI_DispStringAt("GUI_DispFloat()", 120, 200);
40.        GUI_DispNextLine();
41.        GUI_GotoX(120);
42.        GUI_DispFloat(3.03, 5);
43.        GUI_GotoX(120 + 12 * 8);
44.        GUI_DispFloat(-3.03, 5);
45.        ...
46.        GUI_DispStringAt("GUI_DispSFloatMin()", 120, 200 + 24 * 8 + 6 * 4);
47.        GUI_DispNextLine();
48.        GUI_GotoX(120);
49.        GUI_DispSFloatMin(3.03, 2);
50.        GUI_GotoX(120 + 12 * 8);
51.        GUI_DispSFloatMin(-3.03, 2);
52.
53.        GUI_Delay(2000);
54.        GUI_SetColor(0x312F0F);
55.        GUI_FillRectEx(&s_arrRect1);
56.
57.        //二进制和十六进制数值显示
58.        GUI_SetFont(GUI_FONT_24_ASCII);
59.        GUI_SetColor(GUI_WHITE);
60.
61.        GUI_DispStringAt("GUI_DispBin()", 120, 200);
62.        GUI_DispNextLine();
63.        GUI_GotoX(120);
64.        GUI_DispBin(7, 8);
65.        ...
66.        GUI_DispStringAt("GUI_DispHexAt()", 120, 200 + 24 * 6 + 6 * 3);
67.        GUI_DispNextLine();
68.        GUI_DispHexAt(62211, 120, 200 + 24 * 7 + 6 * 3, 4);
69.
70.        GUI_DispStringAt("GUI_GetVersionString()", 120, 200 + 24 * 8 + 6 * 4);
71.        GUI_DispStringAt(GUI_GetVersionString(), 120, 200 + 24 * 9 + 6 * 4);
72.    }
```

　　NumDisplay 函数的数值显示效果如图 6-4 所示。从左到右依次为十进制数值显示、浮点数值显示、二进制和十六进制数值显示。

　　在 NumDisplay 函数的实现代码后为 PieDrawing 函数的实现代码，如程序清单 6-8 所示，该函数用于绘制饼图。

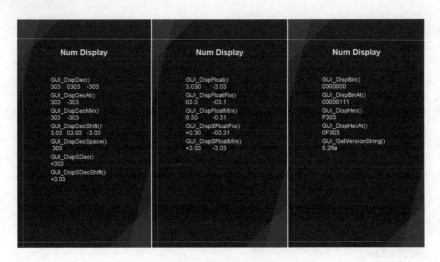

图 6-4　数值显示效果

程序清单 6-8

```
1.   static void PieDrawing(int x0, int y0, int r)
2.   {
3.       int i, a0 = 0, a1 = 0;
4.
5.       for (i = 0; i < GUI_COUNTOF(s_arrValues); i++)
6.       {
7.           if (i == 0)
8.           {
9.               a0 = 0;
10.          }
11.          else
12.          {
13.              a0 = s_arrValues[i - 1];
14.          }
15.
16.          a1 = s_arrValues[i];
17.          GUI_SetColor(s_arrColor[i]);
18.          GUI_DrawPie(x0, y0, r, a0, a1, 0);
19.      }
20.  }
```

在 PieDrawing 函数的实现代码后为 DrawingDisplay 函数的实现代码，如程序清单 6-9 所示，该函数主要用于显示各类绘图。

（1）第 8 至 11 行代码：显示标题"Drawing Display"。

（2）第 13 至 22 行代码：绘制常规矩形、填充矩形、圆角矩形、渐变色矩形等各类矩形。

（3）第 24 至 28 行代码：绘制 2 条线，组成"T"形。

（4）第 30 至 41 行代码：绘制线框正方体。

（5）第 43 至 51 行代码：绘制多边形和旋转多边形。

（6）第 53 至 59 行代码：绘制折线图。

（7）第 61 至 64 行代码：通过 GUI_Delay 函数延时 2000ms，然后使用颜色与背景相同的矩形填充覆盖之前显示的图形。

（8）第 66 至 88 行代码：绘制圆形、椭圆、圆弧和饼图。

程序清单 6-9

```
1.   static void DrawingDisplay(void)
2.   {
3.       I16 aY[160] = { 0 };
4.       int i;
5.       float pi = 3.1415926L;
6.       float angle = 0.0f;
7.
8.       //显示标题
9.       GUI_SetColor(GUI_WHITE);
10.      GUI_SetFont(GUI_FONT_32B_ASCII);
11.      GUI_DispStringHCenterAt("Drawing Display", 240, 100);
12.
13.      //绘制多种矩形
14.      GUI_SetColor(GUI_BLUE);
15.      GUI_DrawRectEx(&s_arrRect4);
16.      GUI_FillRectEx(&s_arrRect5);
17.      GUI_SetColor(GUI_YELLOW);
18.      GUI_DrawRoundedRect(245, 200, 325, 280, 10);
19.      GUI_DrawRoundedFrame(335, 200, 415, 280, 10, 10);
20.      GUI_FillRoundedRect(65, 300, 145, 380, 10);
21.      GUI_DrawGradientRoundedH(155, 300, 235, 380, 10, GUI_YELLOW, GUI_BLUE);
22.      GUI_DrawGradientRoundedV(245, 300, 325, 380, 10, GUI_YELLOW, GUI_BLUE);
23.
24.      //绘制线
25.      GUI_SetPenSize(5);
26.      GUI_SetColor(GUI_YELLOW);
27.      GUI_DrawLine(335, 300, 415, 300);
28.      GUI_DrawLine(375, 300, 375, 380);
29.
30.      //绘制线框正方体
31.      GUI_SetPenSize(1);
32.      GUI_SetColor(0x4a51cc);
33.      GUI_SetLineStyle(GUI_LS_DOT);
34.      GUI_DrawPolygon(s_arrBackPoint, 4, 40, 420);
35.      GUI_DrawPolygon(s_arrLeftPoint, 4, 40, 420);
36.      GUI_DrawPolygon(s_arrBottonPoint, 4, 40, 420);
37.      GUI_SetPenSize(2);
38.      GUI_SetLineStyle(GUI_LS_SOLID);
39.      GUI_DrawPolygon(s_arrTopPoint, 4, 40, 420);
40.      GUI_DrawPolygon(s_arrRightPoint, 4, 40, 420);
41.      GUI_DrawPolygon(s_arrFrontPoint, 4, 40, 420);
42.
43.      //绘制多边形
44.      GUI_SetColor(GUI_RED);
45.      GUI_FillPolygon(s_arrPointArrow, 7, 260, 430);
46.
47.      //旋转多边形
```

```
48.       angle = pi;
49.       GUI_RotatePolygon(s_arrRotatedPoints, s_arrPointArrow,
50.         (sizeof(s_arrPointArrow) / sizeof(s_arrPointArrow[0])), angle);
51.       GUI_FillPolygon(&s_arrRotatedPoints[0], 7, 415, 431);
52.
53.       //绘制折线图
54.       for (i = 0; i < GUI_COUNTOF(aY); i++)
55.       {
56.         aY[i] = rand() % 100;
57.       }
58.       GUI_SetColor(GUI_GRAY);
59.       GUI_DrawGraph(aY, GUI_COUNTOF(aY), 260, 470);
60.
61.       //用矩形填充覆盖以上图形
62.       GUI_Delay(2000);
63.       GUI_SetColor(0x312F0F);
64.       GUI_FillRectEx(&s_arrRect1);
65.
66.       //绘制圆形
67.       GUI_SetColor(GUI_LIGHTBLUE);
68.       GUI_FillCircle(110, 270, 60);
69.       GUI_SetColor(GUI_CYAN);
70.       for (i = 10; i <= 60; i += 10)
71.       {
72.         GUI_DrawCircle(240, 270, i);
73.       }
74.
75.       //绘制椭圆
76.       GUI_SetColor(GUI_ORANGE);
77.       GUI_FillEllipse(370, 270, 60, 40);
78.       GUI_SetPenSize(2);
79.       GUI_SetColor(GUI_WHITE);
80.       GUI_DrawEllipse(370, 270, 10, 40);
81.
82.       //绘制圆弧
83.       GUI_SetPenSize(10);
84.       GUI_SetColor(GUI_GREEN);
85.       GUI_DrawArc(240, 480, 100, 100, -30, 210);
86.
87.       //绘制饼图
88.       PieDrawing(240, 480, 70);
89.     }
```

　　DrawingDisplay 函数的绘图显示效果如图 6-5 所示。

　　在 DrawingDisplay 函数的实现代码后为 ColorBarDisplay 函数的实现代码，如程序清单 6-10 所示，该函数用于创建一个简易色表，由不同的颜色条构成，可以直观地看到颜色名称和实际显示的颜色。

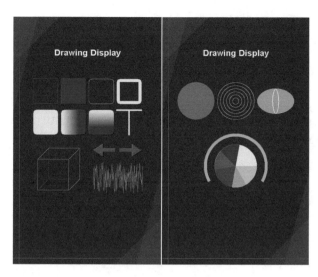

图 6-5　绘图显示效果

（1）第 10 至 13 行代码：显示标题"ColorBar Display"。

（2）第 25 至 36 行代码：显示 s_arrBarData 结构体中的颜色条名称。

（3）第 38 至 51 行代码：根据 s_arrBarData 结构体中的颜色显示对应的颜色条。

程序清单 6-10

```
1.    static void ColorBarDisplay(void)
2.    {
3.      GUI_RECT Rect;
4.      int yStep;
5.      int i;
6.      int j;
7.      int NumBars;
8.      int NumColors;
9.
10.     //显示标题
11.     GUI_SetColor(GUI_WHITE);
12.     GUI_SetFont(GUI_FONT_32B_ASCII);
13.     GUI_DispStringHCenterAt("ColorBar Display", 240, 100);
14.
15.     //可以显示的颜色条数量
16.     NumColors = GUI_COUNTOF(s_arrBarData);
17.
18.     for (i = NumBars = 0, NumBars = 0; i < NumColors; i++)
19.     {
20.       NumBars += s_arrBarData[i].NumBars;
21.     }
22.
23.     yStep = (450) / NumBars;
24.
25.     //显示文本
26.     Rect.x0 = 65;
27.     Rect.x1 = 140;
```

```
28.        Rect.y0 = 200;
29.        GUI_SetFont(&GUI_Font20_ASCII);
30.
31.        for (i = 0; i < NumColors; i++)
32.        {
33.          Rect.y1 = Rect.y0 + yStep * s_arrBarData[i].NumBars - 1;
34.          GUI_DispStringInRect(s_arrBarData[i].s, &Rect, GUI_TA_LEFT | GUI_TA_VCENTER);
35.          Rect.y0 = Rect.y1 + 1;
36.        }
37.
38.        //绘制颜色条
39.        Rect.x0 = 145;
40.        Rect.x1 = 425;
41.        Rect.y0 = 200;
42.
43.        for (i = 0; i < NumColors; i++)
44.        {
45.          for (j = 0; j < s_arrBarData[i].NumBars; j++)
46.          {
47.            Rect.y1 = Rect.y0 + yStep;
48.            GUI_DrawGradientH(Rect.x0, Rect.y0, Rect.x1, Rect.y1, s_arrColorStart[j], s_arrBarData[i].Color);
49.            Rect.y0 = Rect.y1 + 1;
50.          }
51.        }
52.    }
```

ColorBarDisplay 函数的颜色显示效果如图 6-6 所示。

图 6-6　颜色显示效果

在 ColorBarDisplay 函数的实现代码后为 Draw_MemDev 函数的实现代码，如程序清单 6-11 所示。该函数用于根据输入参数 i 绘制数字。

程序清单 6-11

```
1.   static void Draw_MemDev(int x0, int y0, int x1, int y1, int i)
2.   {
3.       char buf[] = { 0 };
4.
5.       //绘制矩形背景
6.       GUI_SetColor(GUI_BLUE);
7.       GUI_FillRect(x0, y0, x1, y1);
8.
9.       //绘制数字
10.      GUI_SetFont(GUI_FONT_D64);
11.      GUI_SetTextMode(GUI_TEXTMODE_XOR);
12.      sprintf(buf, "%d", i);
13.      GUI_DispStringHCenterAt(buf, x0 + (x1 - x0) / 2, (y0 + (y1 - y0) / 2) - 32);
14.  }
```

在 Draw_MemDev 函数的实现代码后为 MemDevDisplay 函数的实现代码，如程序清单 6-12 所示。该函数用于展现是否使用内存设备对显示效果的影响。

（1）第 6 至 9 行代码：显示标题"MemDev Display"。

（2）第 11 至 15 行代码：显示是否使用内存设备的提示文字。

（3）第 17 至 18 行代码：在指定矩形区域创建内存设备。

（4）第 20 至 31 行代码：分别在未使用内存设备和使用内存设备的矩形区域内依次显示数字 0～20。两个矩形区域内的显示效果即可体现内存设备的功能。

程序清单 6-12

```
1.   static void MemDevDisplay(void)
2.   {
3.       GUI_MEMDEV_Handle s_hMemDev = 0;          //定义一个内存设备
4.       int i = 0;
5.
6.       //显示标题
7.       GUI_SetColor(GUI_WHITE);
8.       GUI_SetFont(GUI_FONT_32B_ASCII);
9.       GUI_DispStringHCenterAt("MemDev Display", 240, 100);
10.
11.      //显示提示文字
12.      GUI_SetColor(GUI_WHITE);
13.      GUI_SetFont(GUI_FONT_20B_ASCII);
14.      GUI_DispStringHCenterAt("Draws the number\nwithout a\nmemory device", 240, 230);
15.      GUI_DispStringHCenterAt("Draws the number\nusing a\nmemory device", 240, 450);
16.
17.      //创建内存设备
18.      s_hMemDev = GUI_MEMDEV_Create(150, 520, 170, 100);
19.
20.      while (i < 21)
21.      {
22.          Draw_MemDev(150, 300, 320, 400, i);              //直接绘制
23.          GUI_MEMDEV_Select(s_hMemDev);                    //激活内存设备
24.          Draw_MemDev(150, 520, 320, 620, i);              //向内存设备中绘制图形
```

```
25.      GUI_MEMDEV_Select(0);                                    //选择 LCD
26.      GUI_MEMDEV_CopyToLCDAt(s_hMemDev, 150, 520);            //将内存设备中的内容复制到 LCD
27.
28.      GUI_Delay(40);
29.
30.      i++;
31.    }
32.
33.    GUI_MEMDEV_Delete(s_hMemDev);
34.  }
```

MemDevDisplay 函数的内存设备显示效果如图 6-7 所示，GUI 上的数字将由 0 递增至 20。

图 6-7　内存设备显示效果

"API 函数实现"区为 Create2DDemo 函数的实现代码，如程序清单 6-13 所示。该函数通过 while 语句循环调用 TextDisplay、NumDisplay、DrawingDisplay、ColorBarDisplay 和 MemDevDisplay 函数显示文本、数值、绘图、颜色和内存设备。每显示完一项后，均使用颜色与背景相同的矩形填充来覆盖此项显示，再显示下一项。

程序清单 6-13

```
1.   void Create2DDemo(void)
2.   {
3.     while(1)
4.     {
5.       //文本显示
6.       TextDisplay();
7.       GUI_Delay(2000);
8.       GUI_SetColor(0x312F0F);                  //设置填充矩形颜色
9.       GUI_FillRectEx(&s_arrRect1);             //用矩形填充标题显示区域
10.      GUI_FillRectEx(&s_arrRect2);             //用矩形填充文本显示区域
11.
12.      //数值显示
```

```
13.        NumDisplay();
14.        GUI_Delay(2000);
15.        GUI_SetColor(0x312F0F);
16.        GUI_FillRectEx(&s_arrRect1);
17.        GUI_FillRectEx(&s_arrRect2);
18.
19.        //绘图显示
20.        DrawingDisplay();
21.        GUI_Delay(2000);
22.        GUI_SetColor(0x312F0F);
23.        GUI_FillRectEx(&s_arrRect1);
24.        GUI_FillRectEx(&s_arrRect2);
25.
26.        //颜色显示
27.        ColorBarDisplay();
28.        GUI_Delay(2000);
29.        GUI_SetColor(0x312F0F);
30.        GUI_FillRectEx(&s_arrRect1);
31.        GUI_FillRectEx(&s_arrRect2);
32.
33.        //内存设备显示
34.        MemDevDisplay();
35.        GUI_SetColor(0x312F0F);
36.        GUI_FillRectEx(&s_arrRect1);
37.        GUI_FillRectEx(&s_arrRect2);
38.
39.        GUI_Exec();                          //GUI 轮询
40.    }
41. }
```

6.6.4 完善 GUIDemo.c 文件

在 GUIDemo.c 文件的"包含头文件"区，添加包含 2DDemo.h 头文件的代码，如程序清单 6-14 所示。

程序清单 6-14

```
#include "GUIDemo.h"
#include "2DDemo.h"
```

在"API 函数实现"区，按程序清单 6-15 修改 MainTask 函数的代码，调用 Create2DDemo 函数创建例程，实现在 LCD 上显示文本、数值、绘图等界面。

程序清单 6-15

```
1.   void MainTask(void)
2.   {
3.     GUI_Init();                //GUI 初始化
4.
5.     DrawBackground();          //绘制背景
6.
7.     Create2DDemo();            //创建例程
8.   }
```

6.6.5 编译及下载验证

代码编写完成并编译通过后，下载程序并进行复位。GD32F3 苹果派开发板的 LCD 上将循环显示如图 6-3～图 6-7 所示的界面。

 **本章任务**

熟练掌握本章所介绍的文本、数值、绘图等相关库函数的定义和用法。自行查阅 emWin 用户手册等相关资料，了解通过 emWin 显示位图的方法，并在本章例程中添加位图显示代码。

 **本章习题**

1. 使用 emWin 提供的库函数可以进行文本显示，支持显示的字符有哪些？
2. 简述使用显示十进制数值的函数时的注意事项。
3. GUI_FillRoundedRect 函数的功能是什么？简述各个输入参数的含义。
4. 什么是逻辑颜色？什么是物理颜色？简述逻辑颜色到物理颜色的映射过程。
5. 内存设备机制是如何避免屏幕闪烁现象出现的？

第7章 窗口管理

第 6 章介绍了在 LCD 上进行文本、数值、图形等基础元素的显示，基于这些基础元素，用户可以设计出常规的 GUI。但 emWin 提供的设计元素不止于此，本章将介绍 emWin 的窗口管理器，基于窗口管理器，我们可以在 LCD 上实现类似于计算机中的窗口显示效果，包括窗口的创建、移动、覆盖、缩放等动态效果。

7.1 窗口管理器简介

7.1.1 什么是窗口管理器

窗口为一个矩形区域，LCD 上显示的任何内容都包含在窗口中，LCD 的整个显示区域也可以视为一个最大的窗口，而窗口管理器（WM）则用于管理这些矩形区域。窗口管理器提供了一系列 API 函数，用户通过调用这些 API 函数，可以轻松实现对窗口的各种操作，如窗口的创建、移动、缩放、删除等。

7.1.2 窗口管理器的术语描述

窗口的形状为矩形，窗口的显示区域取决于其原点（矩形左上角的 X 轴、Y 轴坐标）及矩形的长度和宽度。类似于计算机的 Windows 操作系统，emWin 的窗口之间可以实现遮挡或覆盖的效果，如图 7-1 所示。因此，emWin 的窗口除了有具体的 X 轴、Y 轴坐标，还具有虚拟的 Z 轴坐标。

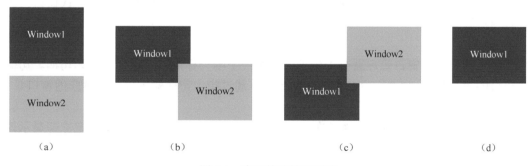

图 7-1 窗口的遮挡和覆盖

下面简要介绍一些窗口管理器的术语。

1. 活动窗口

当前用于绘图操作的窗口称为活动窗口，而显示在 LCD 最上层的窗口不一定是活动窗口。

2. 回调函数

回调函数由用户在程序中定义，指示图形系统在特定事件发生时调用特定函数。回调函数通常在窗口内容发生变化时自动调用，以重绘窗口。

3. 子窗口/父窗口

子窗口与父窗口具有一定的从属关系。当父窗口移动时，其子窗口会相应地移动，且子窗口始终包含在父窗口中，并在必要时被裁剪。一个父窗口可以拥有多个子窗口，这些子窗口互相之间可视为同属窗口（无关创建的先后顺序）。

4. 客户区

客户区为窗口的可用区域。如果一个窗口包含边框或标题栏，则客户区为内部的矩形区域（即整个窗口除去边框和标题栏后的矩形区域）；如果窗口没有边框和标题栏，则整个窗口均为客户区。

5. 裁剪/裁剪区域

裁剪是将输出限制为窗口或窗口的一部分的过程。窗口的裁剪区域为其可见区域，整个窗口区域减去被更高 Z 轴位置的同属窗口遮挡的区域，再减去超出其父窗口可见区域的部分后，剩下的区域为裁剪区域。

6. 坐标

坐标通常是二维坐标，由 X 轴坐标和 Y 轴坐标两个值组成，单位为像素。一般窗口左上角为坐标原点，水平向右为 X 轴正方向，垂直向下为 Y 轴正方向。

7. 桌面坐标

桌面坐标为背景窗口的坐标，屏幕左上角为坐标原点，水平向右为 X 轴正方向，垂直向下为 Y 轴正方向。

8. 桌面窗口

桌面窗口也叫背景窗口，由窗口管理器自动创建，并且覆盖显示器的整个显示区域。在多图层情况下，每个图层都有自己的桌面窗口。桌面窗口始终是最底层的窗口，当没有定义其他窗口时，它就是默认的活动窗口。用户创建的所有窗口都是桌面窗口的后代窗口（子窗口、孙窗口）。

9. 句柄

创建新窗口后，窗口管理器会为该窗口分配一个唯一标识符，该标识符为句柄。句柄作为该窗口的"名称"，在调用窗口相关库函数时，通过指定句柄就可以操作对应的窗口。

10. 隐藏/显示窗口

隐藏的窗口不可见，但其依然存在（有一个句柄）。创建窗口时如果不指定立即显示该窗口，则默认隐藏。显示窗口使其可见，隐藏窗口则使其不可见。

11. 有效/无效

有效窗口是不需要重绘的完全更新的窗口，而无效窗口尚未完成所有更新，因此需要全部或部分重绘。当窗口内容更改时，窗口管理器将该窗口标记为无效，下一次重绘窗口时（手动或通过调用回调函数），将完成更改。

12．Z 轴，顶部/底部

虽然窗口根据 X 轴坐标和 Y 轴坐标在二维屏幕上显示，但窗口管理器还可以管理 Z 轴坐标（虚拟三维空间中的 Z 轴）。因此，窗口可以出现在彼此的顶部或底部。将一个窗口设置为底部，是指将其置于所有同属窗口之下；将一个窗口设置为顶部，是指将其置于所有同属窗口之上。创建窗口时若没有指定创建标志，则默认设置为顶部。

13．输入焦点

窗口管理器能记录用户使用触摸屏、鼠标、键盘或其他方式最终选择的窗口对象。该窗口可以收到键盘输入消息，即具有输入焦点。

7.2　窗口的消息、回调和无效化

emWin 为窗口和窗口对象（将在后续章节中学习的控件）提供了回调机制。回调机制的本质是创建一个事件驱动系统。当窗口发生特定事件时，窗口的回调函数将被自动调用，以使窗口对特定事件做出响应。窗口管理器主要通过回调机制来触发窗口的重绘。

1．窗口回调函数

以窗口的回调为例，要创建带有回调的窗口，必须先声明一个回调函数。然后在使用 WM_CreateWindow 函数创建窗口时，将回调函数作为输入参数之一，这样即完成了新建的窗口与回调函数之间的绑定。

回调函数的原型如下，pMsg 为指向 WM_MESSAGE 类型结构体的指针。

```
void CallBack(WM_MESSAGE * pMsg);
```

WM_MESSAGE 类型结构体为窗口管理器的消息结构体。当发生一些特定事件时，emWin 会向窗口发送指定的消息，回调函数根据消息执行相应的操作，这些消息即存放在 WM_MESSAGE 结构体中。WM_MESSAGE 结构体的定义如下：

```
struct WM_MESSAGE {
  int MsgId;                  //消息类型
  WM_HWIN hWin;               //目标窗口
  WM_HWIN hWinSrc;            //源窗口
  union {
    const void * p;           //消息特定数据指针
    int v;                    //消息数据
    GUI_COLOR Color;
  } Data;
};
```

emWin 发送的消息类型存放在 MsgId 中，MsgId 的可取值如表 7-1 所示。表中仅列出了常用的部分，完整表格可参考 emWin 用户手册的 16.5.2 节。

表 7-1　MsgId 的可取值

类　　型	取　　值	描　　述
系统定义的消息	WM_CREATE	窗口创建后立即发送，使窗口可以初始化并创建任何子窗口
	WM_DELETE	要删除窗口前发送，告知窗口释放其数据结构
	WM_INIT_DIALOG	创建对话框后，立即发送到对话框窗口

续表

类　型	取　值	描　述
系统定义的消息	WM_NOTIFY_PARENT	告知父窗口，其子窗口中发生了某些改变
	WM_PAINT	窗口变为无效并应重绘时，发送到窗口
	WM_TIMER	定时器到期后发送到窗口
	…	…
指针输入设备消息	WM_MOTION	发送给窗口以实现高级移动支持
	…	…
通知代码	WM_NOTIFICATION_CLICKED	此通知消息将在单击窗口后发送
	WM_NOTIFICATION_RELEASED	此通知消息将在被单击的窗口释放后发送
	…	…
用户定义的消息	WM_USER	应用程序可使用 WM_USER 来定义私人消息，形式通常为 WM_USER+X，X 为整数值

　　回调函数中执行的具体操作取决于它所接收到的消息类型。因此，通常需要在回调函数的实现代码中构建一个 switch 语句，它使用一个或多个 case 语句为不同的消息定义不同的响应。示例代码如下：

```
void CallBack (WM_MESSAGE* pMsg)
{
  switch (pMsg->MsgId)
  {
    case WM_PAINT:
      …
      break;
    case WM_DELETE:
      …
      break;

    default:
      WM_DefaultProc(pMsg);
      break;
  }
}
```

　　先通过 pMsg->MsgId 获取消息类型，再由 case 语句匹配消息类型并执行响应。WM_DefaultProc 函数为默认的回调函数，用于处理未在自定义回调函数中处理的消息。

　　在自定义回调函数中，通常需要处理 WM_PAINT 消息。窗口在收到 WM_PAINT 消息后，在默认情况下会重绘自身，而窗口管理器的裁剪机制确保了只需重绘窗口的无效区域，从而加快了绘制过程。

　　注意，在处理 WM_PAINT 消息时，除了重绘窗口，不得执行其他操作。例如，不可以在处理 WM_PAINT 消息时调用以下函数：WM_SelectWindow、WM_PAINT、WM_DeleteWindow 和 WM_CreateWindow。此外，类似于 WM_Move、WM_Resize 等改变窗口属性的函数也不可以在处理 WM_PAINT 消息时调用。

　　回调函数并非必须使用，但如果不使用回调函数，窗口管理器就无法自动重绘窗口，此时用户需要手动更新窗口。

2．背景窗口重绘和回调

在初始化窗口管理器时，emWin 会创建一个包含整个 LCD 显示区域的窗口作为背景窗口，该窗口的句柄为 WM_HBKWIN。背景窗口没有默认的背景颜色，因此窗口管理器不会自动重绘背景窗口。如果用户在设置背景窗口颜色前，创建了其他窗口并将其删除，则删除的窗口仍然可见。这是因为删除窗口是将窗口无效化，并在回调函数中重绘其父窗口的无效区域，但由于没有设置背景窗口，导致重绘失败，因此窗口仍然可见。解决办法是通过调用 WM_SetDesktopColor 函数设置背景窗口的颜色，或者通过 WM_SetCallback 函数为背景窗口设置回调函数，由回调函数触发背景窗口的重绘。

3．窗口无效化

无效窗口或窗口的失效部分会在下一次调用回调函数时进行重绘。emWin 提供的无效化函数不负责重绘窗口，只负责管理窗口的无效区域，即将某个区域标记为无效。真正负责重绘的是 GUI_Delay 和 GUI_Exec 函数，这两个函数用于刷新窗口，通过向每个无效窗口发送一条或多条 WM_PAINT 消息来实现窗口的重绘。与 GUI_Exec 函数相比，GUI_Delay 函数具备延时功能。

对于每个窗口，窗口管理器只使用一个最小矩形来容纳所有无效区域。例如，如果一个窗口左上角的一小部分和右下角的一小部分变为无效，则整个窗口都为无效区域。

使用窗口无效化而非立即重绘每个窗口的优点是只需重绘窗口一次，即使窗口被无效化多次，但最终只绘制一次。例如，当窗口的多个属性（如背景颜色、字体和窗口大小等）需要更改时，与所有属性都更改完成后一次性重绘窗口相比，每个属性更改后立即重绘窗口需要更多的时间。

4．自动使用内存设备

窗口管理器的默认行为是向每个需要重绘的窗口发送 WM_PAINT 消息，这可能导致闪烁现象。为了避免窗口闪烁，可使重绘操作自动使用内存设备。在创建窗口时设置 WM_CF_MEMDEV 标志，或者使用 WM_SetCreateFlags 函数设置默认创建标志，即可使用内存设备进行重绘操作。此外，还可以使用 WM_EnableMemdev 函数为指定窗口开启内存设备。此时，窗口管理器将窗口重绘要执行的动作输出位置重定向到内存设备中，重绘完成后把内存设备中的内容复制到屏幕上。如果没有足够的内存用于重绘整个窗口，则自动使用分段内存设备。以上这些内存设备都是在窗口管理器发送 WM_PAINT 消息之前创建的，并在重绘完成后被立即删除。

7.3　窗口管理器的库函数

窗口管理器的功能非常强大，emWin 提供了大量的库函数以便于用户操作窗口，如表 7-2 所示。

表 7-2　窗口管理器的相关库函数

类　　型	函　　数	描　　述
基本函数	WM_BringToBottom	将窗口放在其同属窗口底部
	WM_BringToTop	将窗口放在其同属窗口顶部
	WM_CreateWindow	创建窗口

续表

类　　型	函　　数	描　　述
基本函数	WM_CreateWindowAsChild	创建子窗口
	WM_DeleteWindow	删除窗口
	WM_GetWindowSizeX	返回窗口的水平尺寸（宽度）
	WM_GetWindowSizeY	返回窗口的垂直尺寸（高度）
	WM_HideWindow	隐藏窗口
	WM_MoveTo	移动窗口到指定位置
	WM_ResizeWindow	改变窗口尺寸
	WM_SetCallback	为指定窗口设置回调函数
	…	…
内存设备支持	WM_DisableMemdev	禁止内存设备用于重绘
	WM_EnableMemdev	使能内存设备用于重绘
定时器相关	WM_CreateTimer	创建定时器
	WM_DeleteTime	删除定时器
	WM_GetTimerId	获取指定定时器的 ID
	WM_RestartTimer	重启定时器
…	…	…

下面介绍几种常用的库函数，其他库函数可参考 emWin 用户手册的 16.7 节。

（1）WM_BringToBottom。

WM_BringToBottom 函数用于将窗口放在其同属窗口底部，具体描述如表 7-3 所示。

表 7-3　WM_BringToBottom 函数的描述

函数名	WM_BringToBottom
函数原型	void WM_BringToBottom(WM_HWIN hWin);
功能描述	将窗口放在其同属窗口底部
输入参数	hWin：想要移动的目标窗口的句柄
输出参数	无
返回值	void

例如，将句柄为 s_hWindow 的窗口移动到其同属窗口底部，代码如下：

```
static WM_HWIN s_hWindow;
WM_BringToBottom(s_hWindow);
```

（2）WM_CreateWindow。

WM_CreateWindow 函数用于在指定位置创建指定大小的窗口，具体描述如表 7-4 所示。

表 7-4　WM_CreateWindow 函数的描述

函数名	WM_CreateWindow
函数原型	WM_HWIN WM_CreateWindow(int x0, int y0, int xSize, int ySize, U32 Style, WM_CALLBACK*cb, int NumExtraBytes);
功能描述	在指定位置创建指定大小的窗口
输入参数 1	x0：窗口的起始 X 轴坐标

续表

输入参数 2	y0：窗口的起始 Y 轴坐标
输入参数 3	xSize：窗口的水平尺寸（窗口的宽度）
输入参数 4	ySize：窗口的垂直尺寸（窗口的高度）
输入参数 5	Style：窗口创建的标志，可取值见表 7-5
输入参数 6	cb：指向回调函数的指针，如果没有回调函数则为 NULL
输入参数 7	NumExtraBytes：要分配的额外字节数，通常为 0
输出参数	无
返回值	创建的窗口的句柄

创建标志的可取值如表 7-5 所示。表中仅列出常用的可取值，完整内容可参考 emWin 用户手册的 16.7.2 节。可通过"或"操作同时使用多个取值。

表 7-5　创建标志的可取值

可 取 值	描 述
WM_CF_HIDE	创建后隐藏窗口(默认)
WM_CF_MEMDEV	重绘时自动使用内存设备
WM_CF_SHOW	创建后显示窗口
…	…

例如，以坐标(50, 270)为原点，创建一个宽 200 像素、高 150 像素的窗口，窗口回调函数为 WindowCallback，且创建后显示窗口，代码如下：

```
static WM_HWIN s_hWindow;
s_hWindow = WM_CreateWindow(50, 270, 200, 150, WM_CF_SHOW, WindowCallback, 0);
```

（3）WM_CreateWindowAsChild。

WM_CreateWindowAsChild 函数用于在指定位置创建指定大小的子窗口，具体描述如表 7-6 所示。在默认情况下，最后创建的子窗口位于其父窗口和所有同属窗口之上，且所有子窗口都在其父窗口之上。

表 7-6　WM_CreateWindowAsChild 函数的描述

函数名	WM_CreateWindowAsChild
函数原型	WM_HWIN WM_CreateWindow(int x0, int y0, int xSize, int ySize, WM_HWIN hWinParent, U32 Style, WM_CALLBACK*cb, int NumExtraBytes);
功能描述	在指定位置创建指定大小的子窗口
输入参数 1	x0：子窗口相对于父窗口原点的 X 轴距离
输入参数 2	y0：子窗口相对于父窗口原点的 Y 轴距离
输入参数 3	xSize：子窗口的水平尺寸（子窗口的宽度）
输入参数 4	ySize：子窗口的垂直尺寸（子窗口的高度）
输入参数 5	hWinParent：父窗口的句柄，若为 0 则表示以桌面窗口为父窗口
输入参数 6	Style：子窗口创建的标志，可取值见表 7-5
输入参数 7	cb：指向回调函数的指针，如果没有回调函数则为 NULL
输入参数 8	NumExtraBytes：要分配的额外字节数，通常为 0
输出参数	无
返回值	创建的子窗口的句柄

例如，以坐标(50, 270)为原点，创建一个宽 200 像素、高 150 像素的窗口，再为该窗口创建一个宽 50 像素、高 35 像素的子窗口，代码如下：

```
static WM_HWIN s_hWindow;
static WM_HWIN s_hChild;
s_hWindow = WM_CreateWindow(50, 270, 200, 150, WM_CF_SHOW, WindowCallback, 0);
s_hChild = WM_CreateWindowAsChild(20, 25, 50, 35, s_hWindow, WM_CF_SHOW, ChildWindowCallback, 0);
```

（4）WM_DeleteWindow。

WM_DeleteWindow 函数用于删除窗口，具体描述如表 7-7 所示。在删除窗口之前，对应的窗口会接收到 WM_DELETE 消息，此消息通常用于删除任何窗口及窗口对象（控件），并释放窗口动态分配的内存。若指定删除的窗口含有子窗口，则在删除该窗口之前，会先自动删除子窗口。

表 7-7　WM_DeleteWindow 函数的描述

函数名	WM_DeleteWindow
函数原型	void WM_DeleteWindow (WM_HWIN hWin);
功能描述	删除窗口
输入参数	hWin：要删除的窗口的句柄
输出参数	无
返回值	void

例如，删除句柄为 s_hWindow 的窗口，代码如下：

```
static WM_HWIN s_hWindow;
s_hWindow = WM_CreateWindow(50, 270, 200, 150, WM_CF_SHOW, WindowCallback, 0);
WM_DeleteWindow(s_hWindow);
```

（5）WM_MoveTo。

WM_MoveTo 函数用于将指定的窗口移动到指定的位置，具体描述如表 7-8 所示。

表 7-8　WM_MoveTo 函数的描述

函数名	WM_MoveTo
函数原型	void WM_MoveTo (WM_HWIN hWin, int x, int y);
功能描述	将指定的窗口移动到指定的位置
输入参数 1	hWin：需要移动的窗口的句柄
输入参数 2	x：窗口要移动到的相对原点的 X 轴坐标
输入参数 3	y：窗口要移动到的相对原点的 Y 轴坐标
输出参数	无
返回值	void

例如，将句柄为 s_hWindow 的窗口从(50, 270)移动到(70, 280)，代码如下：

```
static WM_HWIN s_hWindow;
s_hWindow = WM_CreateWindow(50, 270, 200, 150, WM_CF_SHOW, WindowCallback, 0);
WM_MoveTo(s_hWindow, 50 + 20, 270 + 10);
```

（6）WM_SetCallback。

WM_SetCallback 函数用于为指定窗口设置回调函数，具体描述如表 7-9 所示。

表 7-9　WM_SetCallback 函数的描述

函数名	WM_SetCallback
函数原型	WM_CALLBACK*WM_SetCallback (WM_HWIN hWin, WM_CALLBACK*cb);
功能描述	为指定窗口设置回调函数
输入参数 1	hWin：需要设置回调函数的窗口的句柄
输入参数 2	cb：指向回调函数的指针
输出参数	无
返回值	之前的回调函数的指针

例如，为背景窗口设置回调函数，代码如下：

```
WM_SetCallback(WM_HBKWIN, BkWindowCallback);
```

7.4 窗口定时器

emWin 为窗口提供了定时器机制，以便于定时执行某些窗口任务。在表 7-2 中列出的窗口管理器相关库函数中，包含 4 个定时器相关库函数：WM_CreateTimer、WM_DeleteTimer、WM_GetTimerId、WM_RestartTimer。

WM_CreateTimer 函数用于为窗口创建定时器，其功能是在经过指定的时间后，向窗口发送 WM_TIMER 消息，在窗口的回调函数中，可以获取 WM_TIMER 消息并进行任务处理。WM_CreateTimer 函数的具体描述如表 7-10 所示。

表 7-10　WM_CreateTimer 函数的描述

函数名	WM_CreateTimer
函数原型	WM_HTIMER WM_CreateTimer (WM_HWIN hWin, int UserId, int Period, int Mode);
功能描述	创建定时器
输入参数 1	hWin：接收消息的窗口的句柄
输入参数 2	UserId：用户定义的 ID。如果不对同一窗口使用多个定时器，则此值可以设置为 0
输入参数 3	Period：定时周期，此周期过后指定窗口将收到 WM_TIMER 消息
输入参数 4	Mode：默认为 0
输出参数	无
返回值	定时器的句柄

例如，为背景窗口创建一个 60ms 的定时器，代码如下：

```
#define CLOCKTIME 60                              //定时器时长
WM_CreateTimer(WM_HBKWIN, 0, CLOCKTIME, 0);       //创建定时器
```

WM_CreateTimer 函数创建的是一个单次定时器，只有一次定时效果。但当定时器的时间达到并向窗口发送消息时，定时器对象仍然有效，可使用 WM_RestartTimer 函数重启定时器，或者使用 WM_DeleteTimer 函数删除定时器。WM_RestartTimer 函数的描述如表 7-11 所示。

表 7-11   WM_RestartTimer 函数的描述

函数名	WM_RestartTimer
函数原型	void WM_RestartTimer(WM_HTIMER hTimer, int Period);
功能描述	重启定时器
输入参数 1	hTimer：要重启的定时器的句柄
输入参数 2	Period：重启后的定时器的新周期
输出参数	无
返回值	void

重启后的定时器仍然只具有一次定时效果，可在窗口的回调函数中处理 WM_TIMER 消息时，调用 WM_RestartTimer 函数重启定时器，这样定时器可持续运行。

7.5   实例与代码解析

下面通过编写程序，展示窗口的创建、移动、隐藏、显示、缩放和删除过程，并说明 emWin 窗口管理器的使用方法。

7.5.1   复制并编译原始工程

首先，将"D:\emWinKeilTest\Material\05.WM_Sample"文件夹复制到"D:\emWinKeilTest\Product"文件夹中。其次，双击运行"D:\emWinKeilTest\Product\05.WM_Sample\Project"文件夹中的 GD32KeilPrj.uvprojx，单击工具栏中的 🖭 按钮进行编译。当 Build Output 栏中出现"FromELF: creating hex file..."时，表示已经成功生成.hex 文件，出现"0 Error(s), 0 Warning(s)"表示编译成功。最后，将.axf 文件下载到开发板的内部 Flash 中。如果屏幕显示"Hello World！"，则表示原始工程正确，可以进行下一步操作。

7.5.2   添加 WMDemo 文件对

首先，将"D:\emWinKeilTest\Product\05.WM_Sample\TPSW\emWin5.26\emWin\Sample\Application\GUIDemo\WMDemo"文件夹中的 WMDemo.c 文件添加到 EMWIN_DEMO 分组中。然后，将"D:\emWinKeilTest\Product\05.WM_Sample\TPSW\emWin5.26\emWin\Sample\Application\ GUIDemo\WMDemo"路径添加到 Include Paths 栏中。

7.5.3   WMDemo 文件对

1．WMDemo.h 文件
WMDemo.h 文件的"包含头文件"区包含 GUI.h 和 WM.h 头文件，如程序清单 7-1 所示。

程序清单 7-1

```
#include "GUI.h"
#include "WM.h"
```

在"API 函数声明"区，声明 CreateWMDemo 函数，如程序清单 7-2 所示。该函数用于创建窗口显示例程。

程序清单 7-2

```
void CreateWMDemo(void);            //创建例程
```

2. WMDemo.c 文件

在 WMDemo.c 文件的"内部变量"区，声明 3 个窗口的句柄，如程序清单 7-3 所示。本章将创建 3 个窗口，分别为窗口 1、窗口 2 及窗口 2 的子窗口，通过调用窗口管理器相关库函数改变 3 个窗口的状态，展现窗口管理器的功能。

程序清单 7-3

```
static WM_HWIN s_hWindow1;          //窗口 1
static WM_HWIN s_hWindow2;          //窗口 2
static WM_HWIN s_hChild;            //子窗口
```

在"内部函数声明"区，声明 7 个内部函数，如程序清单 7-4 所示。前 3 个函数分别为 3 个窗口的回调函数，后 4 个函数用于改变窗口状态和标题文本。

程序清单 7-4

```
1.  static void Window1Callback(WM_MESSAGE* pMsg);     //窗口 1 的回调函数
2.  static void Window2Callback(WM_MESSAGE* pMsg);     //窗口 2 的回调函数
3.  static void ChildWindowCallback(WM_MESSAGE* pMsg); //子窗口的回调函数
4.  static void MoveWindow(void);                      //移动窗口
5.  static void MoveChildWindow(void);                 //移动子窗口
6.  static void ChangeWindowSize(int Xsize,int Ysize); //改变窗口的大小
7.  static void ChangeTitleText(char* pStr);           //改变标题文本
```

在"内部函数实现"区，编写上述 7 个函数的实现代码。首先实现 Window1Callback 函数，如程序清单 7-5 所示，该函数为窗口 1 的回调函数。

（1）第 4 行代码：获取窗口 1 接收到的消息类型。

（2）第 6 至 14 行代码：若窗口 1 收到的消息类型为 WM_PAINT，则重绘窗口 1，设置背景颜色为 BGR 值 0x22C2FF 指定的颜色，设置字体颜色和字体格式后，在窗口 1 中水平居中显示"Window1"。

程序清单 7-5

```
1.  static void Window1Callback(WM_MESSAGE* pMsg)
2.  {
3.    int x, y;
4.    switch (pMsg->MsgId)
5.    {
6.      case WM_PAINT:
7.        GUI_SetBkColor(0x22C2FF);                        //设置窗口 1 的背景颜色
8.        GUI_Clear();
9.        GUI_SetColor(GUI_BLACK);                         //设置字体颜色
10.       GUI_SetFont(&GUI_Font20_ASCII);
11.       x = WM_GetWindowSizeX(pMsg->hWin);               //获取窗口 1 的水平长度
12.       y = WM_GetWindowSizeY(pMsg->hWin);               //获取窗口 1 的垂直长度
13.       GUI_DispStringHCenterAt("Window1", x / 2, y / 2); //在窗口 1 上显示 Window1
14.       break;
15.     default:
```

```
16.          WM_DefaultProc(pMsg);
17.          break;
18.      }
19.  }
```

在 Window1Callback 函数的实现代码后为 Window2Callback 函数的实现代码，如程序清单 7-6 所示，该函数为窗口 2 的回调函数。

（1）第 4 行代码：获取窗口 2 接收到的消息类型。

（2）第 6 至 14 行代码：若窗口 2 收到的消息类型为 WM_PAINT，则重绘窗口 2，设置背景颜色为 BGR 值 0x9F5925 指定的颜色，设置字体颜色和字体格式后，在窗口 2 中水平居中显示"Window2"。

程序清单 7-6

```
1.   static void Window2Callback(WM_MESSAGE* pMsg)
2.   {
3.       int x, y;
4.       switch (pMsg->MsgId)
5.       {
6.         case WM_PAINT:
7.             GUI_SetBkColor(0x9F5925);                        //设置窗口 2 的背景颜色
8.             GUI_Clear();
9.             GUI_SetColor(GUI_WHITE);                         //设置字体颜色
10.            GUI_SetFont(&GUI_Font20_ASCII);
11.            x = WM_GetWindowSizeX(pMsg->hWin);               //获取窗口 2 的水平长度
12.            y = WM_GetWindowSizeY(pMsg->hWin);               //获取窗口 2 的垂直长度
13.            GUI_DispStringHCenterAt("Window2", x / 2, y / 2); //在窗口 2 上显示 Window2
14.            break;
15.        default:
16.            WM_DefaultProc(pMsg);
17.            break;
18.      }
19.  }
```

在 Window2Callback 函数的实现代码后为 ChildWindowCallback 函数的实现代码，如程序清单 7-7 所示，该函数为子窗口的回调函数。

（1）第 4 行代码：获取子窗口接收到的消息类型。

（2）第 6 至 14 行代码：若子窗口收到的消息类型为 WM_PAINT，则重绘子窗口，设置背景颜色为绿色，设置字体颜色和字体格式后，在子窗口中水平居中显示"Child"。

程序清单 7-7

```
1.   static void ChildWindowCallback(WM_MESSAGE* pMsg)
2.   {
3.       int x, y;
4.       switch (pMsg->MsgId)
5.       {
6.         case WM_PAINT:
7.             GUI_SetBkColor(GUI_GREEN);                       //设置子窗口的背景颜色
8.             GUI_Clear();
9.             GUI_SetColor(GUI_BLACK);                         //设置字体颜色
```

```
10.        GUI_SetFont(&GUI_Font20_ASCII);
11.        x = WM_GetWindowSizeX(pMsg->hWin);        //获取子窗口的水平长度
12.        y = WM_GetWindowSizeY(pMsg->hWin);        //获取子窗口的垂直长度
13.        GUI_DispStringHCenterAt("Child", x / 2, y / 4);   //在子窗口上显示 Child
14.        break;
15.      default:
16.        WM_DefaultProc(pMsg);
17.        break;
18.    }
19.  }
```

在 ChildWindowCallback 函数的实现代码后为 MoveWindow 函数的实现代码，如程序清单 7-8 所示，该函数用于移动窗口 1 和窗口 2。

（1）第 9 行代码：GUI_GetTime 函数用于获取当前时间。

（2）第 10 行代码：通过 WM_MoveTo 函数来移动窗口 1，向右平移 2 像素，向下平移 1 像素。

（3）第 11 行代码：通过 WM_MoveTo 函数来移动窗口 2，向右平移 1 像素，向下平移 3 像素。

（4）第 7 至 14 行代码：在 for 循环中，每隔 15ms 移动一次窗口 1 和窗口 2，共移动 50 次。

程序清单 7-8

```
1.   static void MoveWindow(void)
2.   {
3.     int i;          //移动的次数
4.     int time;       //存放获取的时间值
5.     int tDiff;      //延时
6.
7.     for (i = 1; i < 50; i++)
8.     {
9.       time = GUI_GetTime();
10.      WM_MoveTo(s_hWindow1, 50 + 2 * i, 270 + i);      //移动窗口 1
11.      WM_MoveTo(s_hWindow2, 115 + i, 370 + 3 * i);     //移动窗口 2
12.      tDiff = 15 - (GUI_GetTime() - time);             //计算延时
13.      GUI_Delay(tDiff);
14.    }
15.  }
```

在 MoveWindow 函数的实现代码后为 MoveChildWindow 函数的实现代码，如程序清单 7-9 所示，该函数用于移动子窗口。

（1）第 9 行代码：GUI_GetTime 函数用于获取当前时间。

（2）第 10 行代码：通过 WM_MoveWindow 函数移动子窗口，向右平移 1 像素。

（3）第 7 至 13 行代码：在 for 循环中，每隔 60ms 移动一次子窗口，共移动 25 次。

程序清单 7-9

```
1.   static void MoveChildWindow(void)
2.   {
3.     int i;                              //移动的次数
```

4.	int time;	//存放获取的时间值
5.	int tDiff;	//延时
6.		
7.	for (i = 0; i < 25; i++)	
8.	{	
9.	time = GUI_GetTime();	
10.	WM_MoveWindow(s_hChild, 1, 0);	//移动子窗口
11.	tDiff = 60 - (GUI_GetTime() - time);	//计算延时
12.	GUI_Delay(tDiff);	
13.	}	
14.	}	

在 MoveChildWindow 函数的实现代码后为 ChangeWindowSize 函数的实现代码，如程序清单 7-10 所示，该函数用于改变窗口 1 和窗口 2 的大小。

（1）第 9 行代码：GUI_GetTime 函数用于获取当前时间。

（2）第 10 行代码：通过 WM_ResizeWindow 函数改变窗口 1 的大小，使窗口 1 宽度增加 Xsize，高度增加 Ysize。

（3）第 11 行代码：通过 WM_ResizeWindow 函数改变窗口 2 的大小，使窗口 2 宽度减少 Xsize，高度减少 Ysize。

（4）第 7 至 14 行代码：在 for 循环中，每隔 15ms 改变一次窗口 1 和窗口 2 的大小，共改变 20 次。

程序清单 7-10

1.	static void ChangeWindowSize(int Xsize,int Ysize)	
2.	{	
3.	int i;	//改变的次数
4.	int time;	//存放获取的时间值
5.	int tDiff;	//延时
6.		
7.	for (i = 0; i < 20; i++)	
8.	{	
9.	time = GUI_GetTime();	
10.	WM_ResizeWindow(s_hWindow1, Xsize, Ysize);	//放大窗口 1
11.	WM_ResizeWindow(s_hWindow2, -Xsize, -Ysize);	//缩小窗口 2
12.	tDiff = 15 - (GUI_GetTime() - time);	//计算延时
13.	GUI_Delay(tDiff);	
14.	}	
15.	}	

在 ChangeWindowSize 函数的实现代码后为 ChangeTitleText 函数的实现代码，如程序清单 7-11 所示，该函数用于改变标题文本信息。

（1）第 3 至 4 行代码：使用与背景同色的矩形填充覆盖原标题文本区域。

（2）第 6 至 9 行代码：在坐标(240, 100)处水平居中显示参数 pStr 指定的字符串作为标题。

程序清单 7-11

1.	static void ChangeTitleText(char* pStr)	
2.	{	

```
3.     GUI_SetColor(0x312F0F);                              //覆盖原文本区域
4.     GUI_FillRect(110, 70, 110 + 270, 70 + 60);
5.
6.     GUI_SetColor(GUI_WHITE);
7.     GUI_SetFont(&GUI_Font24B_ASCII);
8.     GUI_DispStringHCenterAt(pStr, 240, 100);             //显示字符串
9.     GUI_Delay(16);
10.   }
```

在"API 函数实现"区，CreateWMDemo 函数的实现代码如程序清单 7-12 所示。该函数用于创建窗口显示例程。

（1）第 5 至 6 行代码：通过 WM_CreateWindow 函数分别创建窗口 1 和窗口 2，并为窗口 1 和窗口 2 设置回调函数，通过 WM_CF_SHOW 标志指定窗口创建完成后直接显示。

（2）第 11 行代码：通过 WM_CreateWindow 函数为窗口 2 创建子窗口，并为子窗口设置回调函数，通过 WM_CF_SHOW 标志指定子窗口创建完成后直接显示。

（3）第 14 至 17 行代码：通过 WM_BringToTop 函数分别将窗口 1 和窗口 2 移动到顶部。由于窗口 1 和窗口 2 的部分区域存在重叠，可观察到窗口 1 和窗口 2 之间的覆盖效果。

（4）第 20 至 22 行代码：调用内部函数 MoveWindow 和 MoveChildWindow，分别移动窗口 1、窗口 2 和子窗口。

（5）第 26 至 35 行代码：通过 WM_HideWindow 和 WM_ShowWindow 函数分别隐藏和显示窗口 2、窗口 1、子窗口。

（6）第 39 至 44 行代码：通过内部函数 ChangeWindowSize 分别改变窗口 1 和窗口 2 的大小，再通过 WM_DeleteWindow 函数删除窗口 1 和窗口 2。

（7）第 46 至 63 行代码：在窗口演示部分结束后，在屏幕上依次显示"END""3""2""1"，准备重新进行窗口演示。

程序清单 7-12

```
1.    void CreateWMDemo(void)
2.    {
3.      //创建窗口
4.      ChangeTitleText("Creating Windows");
5.      s_hWindow1 = WM_CreateWindow(50, 270, 200, 150, WM_CF_SHOW, Window1Callback, 0);
6.      s_hWindow2 = WM_CreateWindow(115, 370, 165, 150, WM_CF_SHOW, Window2Callback, 0);
7.      GUI_Delay(1000);
8.
9.      //创建子窗口
10.     ChangeTitleText("Creating ChildWindow");
11.     s_hChild = WM_CreateWindowAsChild(20, 25, 50, 35, s_hWindow2, WM_CF_SHOW, ChildWindowCallback, 0);
12.     GUI_Delay(1000);
13.
14.     WM_BringToTop(s_hWindow1);                          //将窗口 1 移动到顶部
15.     GUI_Delay(1000);
16.     WM_BringToTop(s_hWindow2);                          //将窗口 2 移动到顶部
17.     GUI_Delay(1000);
18.
19.     ChangeTitleText("Move Windows");
20.     MoveWindow();                                       //移动窗口
```

```
21.      GUI_Delay(1000);
22.      MoveChildWindow();                               //移动子窗口
23.      GUI_Delay(1000);
24.
25.      ChangeTitleText("Hide and show Windows");
26.      WM_HideWindow(s_hWindow2);                        //隐藏窗口 2
27.      GUI_Delay(1000);
28.      WM_HideWindow(s_hWindow1);                        //隐藏窗口 1
29.      GUI_Delay(1000);
30.      WM_ShowWindow(s_hWindow1);                        //显示窗口 1
31.      WM_ShowWindow(s_hWindow2);                        //显示窗口 2
32.      GUI_Delay(1000);
33.      WM_HideWindow(s_hChild);                          //隐藏子窗口
34.      GUI_Delay(1000);
35.      WM_ShowWindow(s_hChild);                          //显示子窗口
36.      GUI_Delay(1000);
37.
38.      ChangeTitleText("Change Window size");
39.      ChangeWindowSize(1, 1);                           //改变窗口大小
40.      GUI_Delay(1000);
41.      ChangeWindowSize(-1, -1);                         //改变窗口大小
42.      GUI_Delay(1000);
43.      WM_DeleteWindow(s_hWindow1);                      //删除窗口 1
44.      WM_DeleteWindow(s_hWindow2);                      //删除窗口 2
45.
46.      ChangeTitleText(" ");
47.      GUI_SetColor(GUI_WHITE);                          //设置字体颜色
48.      GUI_SetFont(&GUI_Font32_ASCII);                   //设置字体类型
49.      GUI_DispStringHCenterAt("END", 240, 385);         //显示 END
50.      GUI_Delay(1500);
51.      GUI_SetColor(0x312F0F);                           //覆盖 END 显示区域
52.      GUI_FillRect(190, 380, 290, 450);
53.
54.      //倒计时 3s 后重新运行例程
55.      GUI_SetColor(GUI_WHITE);                          //设置字体颜色
56.      GUI_SetFont(&GUI_Font32_ASCII);                   //设置字体类型
57.      GUI_DispStringHCenterAt("3", 240, 385);           //显示 3
58.      GUI_Delay(1000);
59.      GUI_DispStringHCenterAt("2", 240, 385);           //显示 2
60.      GUI_Delay(1000);
61.      GUI_DispStringHCenterAt("1", 240, 385);           //显示 1
62.      GUI_Delay(1000);
63.      GUI_DispStringHCenterAt(" ", 240, 385);           //不显示
64.
65.      while(1)
66.      {
67.        GUI_Exec();                                     //GUI 轮询
68.      }
69.  }
```

7.5.4　完善 GUIDemo.c 文件

在 GUIDemo.c 文件的"包含头文件"区，添加包含 WMDemo.h 头文件的代码，如程序清单 7-13 所示。

程序清单 7-13

```
#include "GUIDemo.h"
#include "WMDemo.h"
```

在"宏定义"区，添加定时器时长为 22s 的宏定义代码，如程序清单 7-14 所示。

程序清单 7-14

```
#define CLOCKTIME 22000    //定时器时长
```

在"内部函数声明"区，添加背景窗口回调函数的声明代码，如程序清单 7-15 所示。

程序清单 7-15

```
static void BkWindowCallback(WM_MESSAGE* pMsg); //背景窗口回调函数
```

在"内部函数实现"区的 DrawBackground 函数中，添加如程序清单 7-16 所示的第 19 至 20 行代码。通过 WM_SetCallback 函数为背景窗口设置回调函数，再通过 WM_CreateTimer 函数为背景窗口创建定时器，定时时间为 22s。

程序清单 7-16

```
1.    static void DrawBackground(void)
2.    {
3.      GUI_SetBkColor(0x312F0F);                          //设置背景颜色
4.      GUI_Clear();
5.
6.      //绘制线条
7.      GUI_SetColor(0x31819B);
8.      GUI_DrawLine(20, 0, 20, 800);
9.      GUI_DrawLine(0, 780, 480, 780);
10.
11.     //绘制三角形
12.     GUI_EnableAlpha(1);                                //开启 Alpha 通道，色彩具有透明效果
13.     GUI_SetColor(0x4F4F2F | (0x60uL << 24));
14.     GUI_FillPolygon(s_arrTrianglePoint1, 3, 0, 0);
15.     GUI_FillPolygon(s_arrTrianglePoint2, 3, 0, 0);
16.     GUI_FillPolygon(s_arrTrianglePoint3, 3, 0, 0);
17.     GUI_FillPolygon(s_arrTrianglePoint4, 3, 0, 0);
18.
19.     WM_SetCallback(WM_HBKWIN, BkWindowCallback);       //设置背景窗口的回调函数
20.     WM_CreateTimer(WM_HBKWIN, 0, CLOCKTIME, 0);        //创建定时器
21.   }
```

在 DrawBackground 函数的实现代码后，添加 BkWindowCallback 函数的实现代码，如程序清单 7-17 所示。

（1）第 7 至 10 行代码：重绘背景窗口时，使用与背景同色的矩形填充覆盖窗口显示区域。

（2）第 11 至 14 行代码：背景窗口收到 WM_TIMER 消息后将重启定时器，并设置定时时间为 22s，然后再次调用 CreateWMDemo 函数创建例程，进行窗口演示。

程序清单 7-17

```
1.   static void BkWindowCallback(WM_MESSAGE* pMsg)
2.   {
3.     switch(pMsg->MsgId)
4.     {
5.       case WM_NOTIFY_PARENT:                          //每一次无效化区域时，进入该消息
6.         break;
7.       case WM_PAINT:
8.         GUI_SetColor(0x312F0F);                        //覆盖窗口显示区域
9.         GUI_FillRect(50, 270, 50 + 330, 270 + 430);
10.        break;
11.      case WM_TIMER:
12.        WM_RestartTimer(pMsg->Data.v, CLOCKTIME);      //重启定时器
13.        CreateWMDemo();                                //创建例程
14.        break;
15.      default:
16.        WM_DefaultProc(pMsg);
17.        break;
18.    }
19.  }
```

在"API 函数实现"区，按程序清单 7-18 修改 MainTask 函数的代码，调用 CreateWMDemo 函数创建例程，实现在 LCD 上进行窗口演示。

程序清单 7-18

```
1.   void MainTask(void)
2.   {
3.     GUI_Init();              //GUI 初始化
4.
5.     DrawBackground();        //绘制背景
6.
7.     CreateWMDemo();          //创建例程
8.   }
```

7.5.5　编译及下载验证

代码编写完成并编译通过后，下载程序并进行复位。GD32F3 苹果派开发板的 LCD 上将循环显示如图 7-2 所示的界面，进行窗口创建、窗口移动、窗口隐藏与显示、窗口尺寸调整等操作。

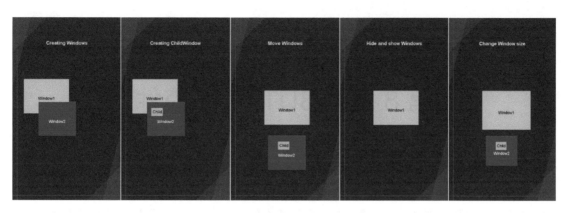

图 7-2　运行结果

本章任务

　　熟练掌握本章所介绍的窗口管理器相关库函数的定义和用法。设计一个简易时钟界面，可以显示年、月、日、时、分、秒，要求使用定时器来实现。

本章习题

1. 什么是有效窗口？什么是无效窗口？
2. 句柄的含义是什么？简述句柄在 emWin 中的意义。
3. 如何实现定时器的持续定时？
4. 简述为窗口设置回调函数的两种方法。

第 8 章　BUTTON 控件

emWin 不仅能为 GUI 设计提供基本元素，还能提供种类丰富的控件，使 GUI 功能更全面并降低用户的开发难度。从本章开始，我们将介绍 emWin 多种常用控件的功能和用法，并编写简单的程序。本章介绍的 BUTTON 控件为 GUI 设计过程中使用最频繁的控件之一。

8.1　emWin 控件简介

控件是具有对象类型属性的窗口，是图形用户界面的重要组成部分。由于控件本质上也是一种窗口，因此可以使用窗口管理器中的大部分库函数。与窗口类似，控件也通过句柄来操作，并可以对用户操作做出反应。当控件的属性被更改时，控件的一部分会被标记为无效，但此时控件不会立即执行重绘，而是在调用 GUI_Exec 函数时，窗口管理器向控件发送 WM_PAINT 消息后再进行重绘。

控件通常作为子窗口被创建，当子窗口中产生某个事件时，通常会向父窗口发送 WM_NOTIFY_PARENT 消息，从而与父窗口进行通信并实现同步。消息的通知代码（即 pMsg->Data.v，取值见表 7-1）取决于子窗口的事件类型。例如，当 BUTTON 控件被按下时，会向其父窗口发送 WM_NOTIFY_PARENT 消息，消息中的通知代码为 WM_NOTIFICATION_CLICKED，在父窗口的回调函数中，通过判断消息类型和通知代码类型，可做出对应的响应。

5.26 版本的 emWin 控件如表 8-1 所示。

表 8-1　emWin 控件

名　称	描　述
BUTTON	按钮控件。按钮上可显示文本或位图
CHECKBOX	复选框控件。可选择多个选项
DROPDOWN	下拉列表控件。提供一个下拉框
EDIT	编辑控件。可用于输入文本和数字
FRAMEWIN	框架窗口控件。可提供自带标题栏的窗口
GRAPH	图形控件。可用于显示曲线
HEADER	标题控件。可用于管理表格中的列
ICONVIEW	图标视图控件。常用于提供应用列表视图
IMAGE	图像控件。可用于显示各种格式的图像
KNOB	旋钮控件。可用于调节不可计数的值
LISTBOX	列表框控件。提供多个选项并突出显示当前所选项

续表

名　称	描　述
LISTVIEW	列表视图控件。可用于创建表
LISTWHEEL	列表轮控件。以轮状视图提供多个选项
MENU	菜单控件。可用于创建水平或垂直菜单
MULTIEDIT	多行编辑框控件。可用于编辑多行文本
MULTIPAGE	多页控件。可用于创建带有多个页面的对话框
PROGBAR	进度条控件。将进度可视化
RADIO	单选按钮控件。提供多个选项但一次只能选择一个选项
SCROLLBAR	滚动条控件。可提供水平或垂直的滚动条
SLIDER	滑块控件。可用于更改数值
SPINBOX	旋转框控件。可用于显示和调整特定值
TEXT	文本控件。可用于显示文本
TREEVIEW	树状视图控件。可用于管理分层列表

8.2　BUTTON 控件简介

BUTTON 控件在触摸设备的 GUI 中使用非常广泛，依靠其便于交互且样式简单的特性，BUTTON 控件常用于进行简单的逻辑控制。BUTTON 控件是一种具有特定外观效果的窗口，不仅可以在 BUTTON 控件上进行文本显示，还可以通过在 BUTTON 控件上显示位图或自定义按钮形状来展现各种个性化外观效果。

BUTTON 控件支持 3 种通知代码，不同的通知代码对应按钮所发生的不同事件，如表 8-2 所示。在按钮发生指定事件时，对应的通知代码作为 WM_NOTIFY_PARENT 消息的一部分发送到按钮的父窗口。父窗口通过回调函数获取 WM_NOTIFY_PARENT 消息中 Data.v 成员的值，判断出按钮所发生的事件，从而做出相应的响应。

表 8-2　BUTTON 控件支持的通知代码

通知代码	描　述
WM_NOTIFICATION_CLICKED	按钮已被单击
WM_NOTIFICATION_RELEASED	按钮已被释放
WM_NOTIFICATION_MOVED_OUT	按钮已被单击，且从按钮中移出而未被释放

8.3　BUTTON 控件的库函数

BUTTON 控件提供了丰富的库函数，下面简要介绍几种常用的库函数。完整的库函数列表及对应的描述可参考 emWin 用户手册的 17.5.5 节。

（1）BUTTON_Create。

BUTTON_Create 函数用于创建 BUTTON 控件，具体描述如表 8-3 所示。

表 8-3　BUTTON_Create 函数的描述

函数名	BUTTON_Create
函数原型	BUTTON_Handle BUTTON_Create(int x0, int y0,int xSize, int ySize, int Id, int Flags);
功能描述	创建 BUTTON 控件
输入参数 1	x0：按钮的起始 X 轴坐标
输入参数 2	y0：按钮的起始 Y 轴坐标
输入参数 3	xSize：按钮的水平尺寸
输入参数 4	ySize：按钮的垂直尺寸
输入参数 5	Id：按钮的 ID
输入参数 6	Flags：按钮的创建标志，可取值见表 7-5
输出参数	无
返回值	创建的 BUTTON 控件的句柄

例如，在坐标(60, 250)处创建一个宽 150 像素、高 50 像素的按钮，且创建完成后立即显示，代码如下：

```
static BUTTON_Handle s_hBUTTON_LED1;
s_hBUTTON_LED1 = BUTTON_Create(60, 250, 150, 50, ID_BUTTON_LED1, WM_CF_SHOW);
```

（2）BUTTON_IsPressed。

BUTTON_IsPressed 函数用于判断按钮是否被按下，具体描述如表 8-4 所示。

表 8-4　BUTTON_IsPressed 函数的描述

函数名	BUTTON_IsPressed
函数原型	unsigned BUTTON_IsPressed(BUTTON_Handle hObj);
功能描述	判断按钮是否被按下
输入参数	hObj：需要判断的按钮句柄
输出参数	无
返回值	1-按钮被按下；0-按钮未被按下

（3）BUTTON_SetPressed。

BUTTON_SetPressed 函数用于设置按钮状态为按下或未按下，具体描述如表 8-5 所示。

表 8-5　BUTTON_SetPressed 函数的描述

函数名	BUTTON_SetPressed
函数原型	void BUTTON_SetPressed(BUTTON_Handle hObj, int State);
功能描述	设置按钮状态为按下或未按下
输入参数 1	hObj：需要设置的按钮句柄
输入参数 2	State：需要设置的状态。1-按钮按下；0-按钮未被按下
输出参数	无
返回值	void

（4）BUTTON_SetBitmap。

BUTTON_SetBitmap 函数用于在按钮上显示位图，具体描述如表 8-6 所示。

表 8-6 BUTTON_SetBitmap 函数的描述

函数名	BUTTON_SetBitmap
函数原型	void BUTTON_SetBitmap(BUTTON_Handle hObj,unsigned int Index, const GUI_BITMAP * pBitmap);
功能描述	在按钮上显示位图
输入参数 1	hObj：需要设置的按钮句柄
输入参数 2	Index：位图的索引，可取值见表 8-7
输入参数 3	pBitmap：存放位图信息的结构体指针
输出参数	无
返回值	void

Index 的可取值如表 8-7 所示。如果仅设置了按钮未按下状态的位图，则当按钮按下或禁用时，按钮也将显示该位图。要取消显示之前设置的位图，pBitmap 需要设置为 NULL。

表 8-7 Index 的可取值

可 取 值	描 述
BUTTON_BI_DISABLED	用于按钮禁用状态的位图
BUTTON_BI_PRESSED	用于按钮按下状态的位图
BUTTON_BI_UNPRESSED	用于按钮未按下状态的位图

例如，在坐标(210, 360)处创建一个宽 80 像素、高 80 像素的按钮，然后在按钮上显示结构体 bmBeepOff 中存放的位图，代码如下：

```
static BUTTON_Handle s_hBUTTON_Beep;
extern GUI_CONST_STORAGE GUI_BITMAP bmBeepOff;
s_hBUTTON_Beep = BUTTON_Create(210, 360, 80, 80, ID_BUTTON_Beep, WM_CF_SHOW);
BUTTON_SetBitmap(s_hBUTTON_Beep, BUTTON_BI_UNPRESSED, &bmBeepOff);
```

8.4 位图转换器用法简介

本章将在按钮上显示位图，在将图片转换为 C 语言数组时，需要使用 emWin 提供的位图转换工具 BmpCvt。下面以本章要显示的图片为例，简要介绍该工具的用法。

双击打开存放在 emWin 库中的可执行文件 BmpCvt.exe，打开后的软件界面如图 8-1 所示。

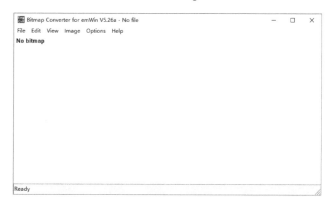

图 8-1 打开位图转换工具后的软件界面

执行菜单命令"File"→"Open"，将文件夹定位至本书配套资料包"04.例程资料\Material\06.BUTTON_Sample\TPSW\emWin5.26\emWin\Sample\Application\GUIDemo\BUTTONDemo"，选择"BeepOff.bmp"图片，单击"打开"按钮，如图 8-2 所示。也可以通过将图片拖至软件界面的空白区域来添加图片。

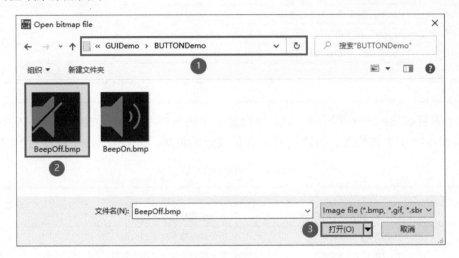

图 8-2　选择图片

添加图片后，软件界面如图 8-3 所示。

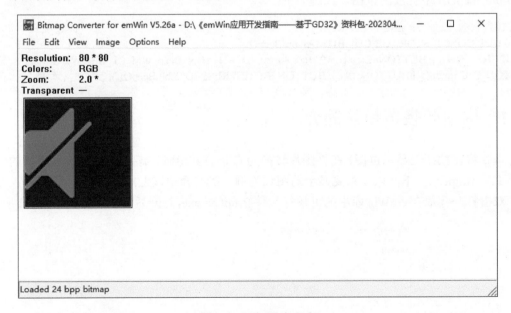

图 8-3　添加图片成功

执行菜单命令"File"→"Save As"，在如图 8-4 所示的对话框中，将保存类型设置为 .c文件，然后单击"保存"按钮。

在如图 8-5 所示的对话框中，选择颜色格式为"High color [565]"，然后单击"OK"按钮，完成位图转换。

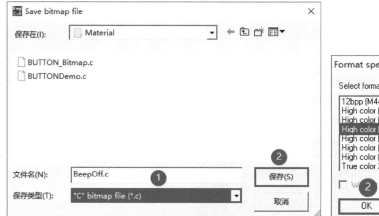

图 8-4　保存为 .c 文件

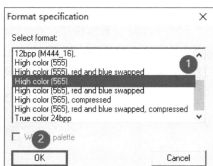

图 8-5　选择颜色格式

此时，BeepOff.bmp 图片所在的文件夹中，生成了一个与其同名的 BeepOff.c 文件，该文件的内容如下：

```c
#include <stdlib.h>

#include "GUI.h"

#ifndef GUI_CONST_STORAGE
#define GUI_CONST_STORAGE const
#endif

extern GUI_CONST_STORAGE GUI_BITMAP bmBeepOff;

static GUI_CONST_STORAGE unsigned short _acBeepOff[] = {
…　//像素颜色数据，此处省略
}

GUI_CONST_STORAGE GUI_BITMAP bmBeepOff = {
  80, // xSize
  80, // ySize
  160, // BytesPerLine
  16, // BitsPerPixel
  (unsigned char *)_acBeepOff,   // Pointer to picture data
  NULL,   // Pointer to palette
  GUI_DRAW_BMP565
};
```

BeepOff.bmp 图片的信息存放在 bmBeepOff 结构体中。当需要在其他 .c 文件中调用该结构体显示对应的图片时，使用 extern 关键字声明 bmBeepOff 结构体即可，如：

```c
extern GUI_CONST_STORAGE GUI_BITMAP bmBeepOff;
BUTTON_SetBitmap(s_hBUTTON_Beep, BUTTON_BI_UNPRESSED, &bmBeepOff);
```

8.5 实例与代码解析

下面通过编写实例程序，在桌面窗口创建 6 个按钮。其中，2 个按钮用于控制 GD32F3 苹果派开发板上的 LED$_1$ 和 LED$_2$，1 个按钮用于控制开发板上的蜂鸣器，3 个按钮用于检测开发板上 KEY$_1$、KEY$_2$ 和 KEY$_3$ 的状态并实现同步。最终实现的 GUI 如图 8-6 所示。

图 8-6　最终实现的 GUI

8.5.1　复制并编译原始工程

首先，将"D:\emWinKeilTest\Material\06.BUTTON_Sample"文件夹复制到"D:\emWinKeilTest\Product"文件夹中。其次，双击运行"D:\emWinKeilTest\Product\06.BUTTON_Sample\Project"文件夹中的 GD32KeilPrj.uvprojx，单击工具栏中的█按钮进行编译。当 Build Output 栏中出现"FromELF: creating hex file..."时，表示已经成功生成.hex 文件，出现"0 Error(s), 0 Warning(s)"表示编译成功。最后，将.axf 文件下载到开发板的内部 Flash 上。如果屏幕显示"Hello World！"，则表示原始工程正确，可以进行下一步操作。

8.5.2　添加 BUTTONDemo 文件对及 BUTTON_Bitmap.c 文件

首先，将"D:\emWinKeilTest\Product\06.BUTTON_Sample\TPSW\emWin5.26\emWin\Sample\Application\GUIDemo\BUTTONDemo"文件夹中的 BUTTONDemo.c 和 BUTTON_Bitmap.c 文件添加到 EMWIN_DEMO 分组中。然后，将"D:\emWinKeilTest\Product\06.BUTTON_Sample\TPSW\emWin5.26\emWin\Sample\Application\GUIDemo\BUTTONDemo"路径添加到 Include Paths 栏中。

8.5.3 BUTTONDemo 文件对

1. BUTTONDemo.h 文件

BUTTONDemo.h 文件的"包含头文件"区包含了如程序清单 8-1 所示的头文件。在 BUTTONDemo.c 文件中需要调用 LED 和蜂鸣器的驱动函数，这些函数在 LED.h 和 Beep.h 文件中声明。因此，需要在 BUTTONDemo.h 文件中包含 LED.h 和 Beep.h 头文件。

程序清单 8-1

```
1.   #include "GUI.h"
2.   #include "DIALOG.h"
3.   #include "WM.h"
4.   #include "LED.h"
5.   #include "Beep.h"
```

在"API 函数声明"区，声明 CreateBUTTONDemo 函数，如程序清单 8-2 所示。该函数用于创建按钮演示例程。

程序清单 8-2

```
void CreateBUTTONDemo (void);    //创建按钮演示例程
```

2. BUTTONDemo.c 文件

在 BUTTONDemo.c 文件的"宏定义"区，进行如程序清单 8-3 所示的宏定义。

（1）第 1 至 7 行代码：定义 6 个按钮的 ID。控件的 ID 主要用于区分各个控件，GUI_ID_USER 本质上也为宏定义，其值为 0x800。

（2）第 9 至 14 行代码：定义 KEY1、KEY2、KEY3 为读取的 3 个按键（引脚）的电平。

程序清单 8-3

```
1.   //定义控件 ID
2.   #define ID_BUTTON_LED1      (GUI_ID_USER + 0x00)
3.   #define ID_BUTTON_LED2      (GUI_ID_USER + 0x01)
4.   #define ID_BUTTON_KEY1      (GUI_ID_USER + 0x02)
5.   #define ID_BUTTON_KEY2      (GUI_ID_USER + 0x03)
6.   #define ID_BUTTON_KEY3      (GUI_ID_USER + 0x04)
7.   #define ID_BUTTON_Beep      (GUI_ID_USER + 0x05)
8.
9.   //KEY1 为读取的 PA0 引脚电平
10.  #define KEY1      (gpio_input_bit_get(GPIOA, GPIO_PIN_0))
11.  //KEY2 为读取的 PG13 引脚电平
12.  #define KEY2      (gpio_input_bit_get(GPIOG, GPIO_PIN_13))
13.  //KEY3 为读取的 PG14 引脚电平
14.  #define KEY3      (gpio_input_bit_get(GPIOG, GPIO_PIN_14))
```

在"内部变量"区，进行如程序清单 8-4 所示的变量声明。

（1）第 1 至 6 行代码：声明 6 个按钮的句柄。

（2）第 8 至 9 行代码：通过 extern 关键字声明蜂鸣器（Beep）开启和关闭状态下的位图信息结构体 bmBeepOn 和 bmBeepOff，这 2 个结构体均存放在 BUTTON_Bitmap.c 文件中，通过 BmpCvt 位图转换工具转换而来。

程序清单 8-4

```
1.   static BUTTON_Handle s_hBUTTON_LED1;              //LED1 按钮的句柄
2.   static BUTTON_Handle s_hBUTTON_LED2;              //LED2 按钮的句柄
3.   static BUTTON_Handle s_hBUTTON_KEY1;              //KEY1 按钮的句柄
4.   static BUTTON_Handle s_hBUTTON_KEY2;              //KEY2 按钮的句柄
5.   static BUTTON_Handle s_hBUTTON_KEY3;              //KEY3 按钮的句柄
6.   static BUTTON_Handle s_hBUTTON_Beep;              //Beep 按钮的句柄
7.
8.   extern GUI_CONST_STORAGE GUI_BITMAP bmBeepOn;    //Beep 开启状态对应的位图信息结构体
9.   extern GUI_CONST_STORAGE GUI_BITMAP bmBeepOff;   //Beep 关闭状态对应的位图信息结构体
```

在"内部函数声明"区，声明 9 个内部函数，如程序清单 8-5 所示。

（1）第 1 至 5 行代码：声明 LED 控制按钮和按键状态检测按钮的回调函数。

（2）第 7 至 10 行代码：声明 KEY_1、KEY_2、KEY_3 和 Beep 的状态检测函数。

程序清单 8-5

```
1.   static void BUTTON_LED1Callback(WM_MESSAGE* pMsg);    //LED1 按钮回调函数
2.   static void BUTTON_LED2Callback(WM_MESSAGE* pMsg);    //LED2 按钮回调函数
3.   static void BUTTON_KEY1Callback(WM_MESSAGE* pMsg);    //KEY1 按钮回调函数
4.   static void BUTTON_KEY2Callback(WM_MESSAGE* pMsg);    //KEY2 按钮回调函数
5.   static void BUTTON_KEY3Callback(WM_MESSAGE* pMsg);    //KEY3 按钮回调函数
6.
7.   static void KEY1StateCheck(void);                     //KEY1 状态检测函数
8.   static void KEY2StateCheck(void);                     //KEY2 状态检测函数
9.   static void KEY3StateCheck(void);                     //KEY3 状态检测函数
10.  static void BeepStateCheck(void);                     //Beep 状态检测函数
```

在"内部函数实现"区，编写上述 9 个函数的实现代码。BUTTON_LED1Callback 函数的实现代码如程序清单 8-6 所示。该函数为 GUI 上 LED1 按钮的回调函数，用于控制开发板上 LED_1 的开启和关闭。

（1）第 5 行代码：通过 WM_GetClientRect 函数获取 GUI 上 LED1 按钮的尺寸并赋值于 rect0。

（2）第 7 行代码：通过 pMsg->MsgId 获取消息类型。

（3）第 10 至 13 行代码：GUI 上的 LED1 按钮每被按下一次，flag_LED1 执行 1 次加 1 操作。后续通过判断 flag_LED1 的值即可获取 LED1 按钮的状态。

（4）第 15 至 26 行代码：在默认状态或按下偶数次 LED1 按钮时，LED1 按钮均为未按下状态，开发板上的 LED_1 为关闭状态。此时，使用 BGR 值 0x9F5925 对应的颜色绘制 LED1 按钮的矩形区域，并使用异或文本的绘制模式在 LED1 按钮上居中显示"LED1 ON"，该文本用于提示用户按下按钮即可开启开发板上的 LED_1。LED1 OFF 函数在 LED.h 文件中声明，在 LED.c 文件中实现，用于关闭开发板上的 LED_1。

（5）第 27 至 37 行代码：在按下奇数次 LED1 按钮时，LED1 按钮为按下状态，开发板上的 LED_1 为开启状态。此时，使用 BGR 值 0x22C2FF 对应的颜色绘制 LED1 按钮的矩形区域，并使用异或文本的绘制模式在 LED1 按钮上居中显示"LED1 OFF"，该文本用于提示用户按下按钮即可关闭开发板上的 LED_1。LED1 ON 函数在 LED.h 文件中声明，在 LED.c 文件中实现，用于开启开发板上的 LED_1。

程序清单 8-6

```
1.    static void BUTTON_LED1Callback(WM_MESSAGE* pMsg)
2.    {
3.        static int flag_LED1 = 0;                    //绘制 LED1 按钮的标志位
4.        GUI_RECT rect0;
5.        WM_GetClientRect(&rect0);                    //获取 LED1 按钮的尺寸
6.
7.        switch (pMsg->MsgId)
8.        {
9.          case WM_PAINT:
10.            if (BUTTON_IsPressed(s_hBUTTON_LED1))
11.            {
12.                flag_LED1++;
13.            }
14.
15.            //根据 flag_LED1 更新 LED1 按钮的显示信息
16.            if (flag_LED1 % 2 == 0)                  //LED1 按钮未按下状态
17.            {
18.                GUI_SetColor(0x9F5925);
19.                GUI_FillRoundedRect(rect0.x0, rect0.y0, rect0.x1, rect0.y1, 0);
20.
21.                GUI_SetColor(0x9F5925);
22.                GUI_SetFont(&GUI_Font24B_ASCII);
23.                GUI_SetTextMode(GUI_TM_XOR);
24.                GUI_DispStringInRect("LED1 ON", &rect0, GUI_TA_HCENTER | GUI_TA_VCENTER);
25.                LED1Off();                           //关闭 LED1
26.            }
27.            else                                     //LED1 按钮按下状态
28.            {
29.                GUI_SetColor(0x22C2FF);
30.                GUI_FillRoundedRect(rect0.x0, rect0.y0, rect0.x1, rect0.y1, 0);
31.
32.                GUI_SetColor(0x9F5925);
33.                GUI_SetFont(&GUI_Font24B_ASCII);
34.                GUI_SetTextMode(GUI_TM_XOR);
35.                GUI_DispStringInRect("LED1 OFF", &rect0, GUI_TA_HCENTER | GUI_TA_VCENTER);
36.                LED1On();                            //开启 LED1
37.            }
38.            break;
39.          default:
40.            BUTTON_Callback(pMsg);
41.            break;
42.        }
43.    }
```

在 BUTTON_LED1Callback 函数的实现代码后为 BUTTON_LED2Callback 函数的实现代码，该函数为 GUI 上 LED2 按钮的回调函数，用于控制开发板上 LED_2 的开启和关闭，其实现原理与 LED1 按钮完全一致，这里不再赘述。

在 BUTTON_LED2Callback 函数的实现代码后为 BUTTON_KEY1Callback 函数的实现代码，如程序清单 8-7 所示，该函数为 GUI 上 KEY1 按钮的回调函数。

（1）第 5 行代码：通过 WM_GetClientRect 函数获取 GUI 上 KEY1 按钮的尺寸并赋值于 rect2。

（2）第 7 至 10 行代码：设置前景色和文本字体后，使用异或文本的绘制模式在 KEY1 按钮上居中显示"KEY1"。

（3）第 15 至 25 行代码：通过 BUTTON_IsPressed 函数判断 KEY1 按钮是否被按下。若按下，则使用 BGR 值 0x22C2FF 对应的颜色填充 KEY1 所在的圆形区域；若未按下，则使用 BGR 值 0x9F5925 对应的颜色填充 KEY1 所在的圆形区域。

程序清单 8-7

```
1.    static void BUTTON_KEY1Callback(WM_MESSAGE* pMsg)
2.    {
3.      static int flag_KEY1 = 0;                           //绘制 KEY1 按钮的标志位
4.      GUI_RECT rect2;
5.      WM_GetClientRect(&rect2);                           //获取 KEY1 按钮的尺寸
6.
7.      GUI_SetColor(0x9F5925);
8.      GUI_SetFont(&GUI_Font24B_ASCII);
9.      GUI_SetTextMode(GUI_TM_XOR);
10.     GUI_DispStringInRect("KEY1", &rect2, GUI_TA_HCENTER | GUI_TA_VCENTER);
11.
12.     switch (pMsg->MsgId)
13.     {
14.       case WM_PAINT:
15.         if (BUTTON_IsPressed(s_hBUTTON_KEY1))     //绘制 KEY1 按钮按下状态的图形
16.         {
17.           GUI_SetColor(0x22C2FF);
18.           GUI_FillEllipse(rect2.x1 / 2, rect2.y1 / 2, rect2.x1 / 2 - 5, rect2.y1 / 2 - 5);
19.           flag_KEY1++;
20.         }
21.         else                                      //绘制 KEY1 按钮未按下状态的图形
22.         {
23.           GUI_SetColor(0x9F5925);
24.           GUI_FillEllipse(rect2.x1 / 2, rect2.y1 / 2, rect2.x1 / 2, rect2.y1 / 2);
25.         }
26.         break;
27.       default:
28.         BUTTON_Callback(pMsg);
29.         break;
30.     }
31.   }
```

在 BUTTON_KEY1Callback 函数的实现代码后为 BUTTON_KEY2Callback 和 BUTTON_ KEY3Callback 函数的实现代码，分别为 KEY2 和 KEY3 按钮的回调函数，其实现原理与 KEY1 按钮完全一致，这里不再赘述。

在 BUTTON_KEY3Callback 函数的实现代码后为 KEY1StateCheck 函数的实现代码，如程序清单 8-8 所示，该函数用于检测开发板上 KEY$_1$ 按键的状态。

（1）第 3 行代码：定义 KEY$_1$ 按键的初始输入电平为低电平。

（2）第 5 至 15 行代码：若 KEY$_1$ 按键的状态发生变化，则根据读取的输入电平判断 KEY$_1$

按键的当前状态，然后对应地设置 GUI 上 KEY1 按钮的状态以实现同步。

（3）第 19 行代码：通过 WM_Paint 函数重绘 GUI 上的 KEY1 按钮，以实现：当开发板上的 KEY_1 按键按下时，GUI 上的 KEY1 按钮也显示按下状态；当开发板上的 KEY_1 按键未按下时，GUI 上的 KEY1 按钮也显示未按下状态。

程序清单 8-8

```
1.    static void KEY1StateCheck(void)
2.    {
3.        static int KEY1State = 0;              //KEY₁ 初始输入电平为低电平
4.
5.        if(KEY1State != KEY1)
6.        {
7.        //KEY₁ 状态发生变化，根据输入电平判断 KEY₁ 当前状态
8.          if(1 == KEY1)
9.          {
10.            BUTTON_SetPressed(s_hBUTTON_KEY1, 1);
11.          }
12.          else
13.          {
14.            BUTTON_SetPressed(s_hBUTTON_KEY1, 0);
15.          }
16.
17.          KEY1State = KEY1;                   //保存 KEY₁ 当前状态
18.
19.          WM_Paint(s_hBUTTON_KEY1);          //重绘 KEY1 按钮图形
20.        }
21.    }
```

在 KEY1StateCheck 函数的实现代码后为 KEY2StateCheck 和 KEY3StateCheck 函数的实现代码，分别用于检测开发板上 KEY_2 和 KEY_3 按键的状态，其实现原理与 KEY_1 按键完全一致，这里不再赘述。注意，由于 KEY_1、KEY_2 和 KEY_3 按键电路设计的差异性，KEY_2 和 KEY_3 按键在默认状态下，输入为高电平。

在 KEY3StateCheck 函数的实现代码后为 BeepStateCheck 函数的实现代码，如程序清单 8-9 所示，该函数用于检测开发板上蜂鸣器的状态。

（1）第 7 至 8 行代码：当检测到 Beep 按钮按下时，使记录 Beep 按钮按下次数的标志位 flag_Beep 加 1。

（2）第 10 至 21 行代码：开发板上的蜂鸣器默认为关闭状态，当按下偶数次 Beep 按钮时，通过 BUTTON_SetBitmap 函数设置 Beep 按钮显示 bmBeepOff 对应的位图，并通过 BeepOff 函数关闭蜂鸣器；当按下奇数次 Beep 按钮时，通过 BUTTON_SetBitmap 函数设置 Beep 按钮显示 bmBeepOn 对应的位图，并通过 BeepOn 函数开启蜂鸣器。BeepOff 和 BeepOn 函数均在 Beep.h 文件中声明，在 Beep.c 文件中定义。

程序清单 8-9

```
1.    static void BeepStateCheck(void)
2.    {
3.        static int flag_Beep;                  //Beep 标志位
4.
```

```
5.      if (GUI_GetKey() == ID_BUTTON_Beep)
6.      {
7.         //检测到 Beep 按钮按下
8.         flag_Beep++;
9.
10.        if(flag_Beep % 2 == 0)
11.        {
12.           //蜂鸣器默认为关闭状态，若按下 Beep 按钮的次数为偶数次，则蜂鸣器处于关闭状态
13.           BUTTON_SetBitmap(s_hBUTTON_Beep, BUTTON_BI_UNPRESSED, &bmBeepOff);
14.           BeepOff();
15.        }
16.        else
17.        {
18.           //若按下 Beep 按钮的次数为奇数次，则蜂鸣器处于开启状态
19.           BUTTON_SetBitmap(s_hBUTTON_Beep, BUTTON_BI_UNPRESSED, &bmBeepOn);
20.           BeepOn();
21.        }
22.
23.        GUI_ClearKeyBuffer();
24.     }
25.  }
```

在"API 函数实现"区，CreateBUTTONDemo 函数的实现代码如程序清单 8-10 所示，该函数用于创建按钮演示例程。

（1）第 3 至 6 行代码：显示标题字符串"BUTTON Demo"。

（2）第 8 至 16 行代码：创建 LED1 和 LED2 按钮，并分别设置其回调函数。为避免重绘时按钮闪烁，通过 WM_EnableMemdev 函数启用内存设备来重绘按钮。

（3）第 18 至 28 行代码：创建 KEY1、KEY2 和 KEY3 按钮，并分别设置其回调函数。

（4）第 30 至 36 行代码：创建 Beep 按钮并启用内存设备来重绘 Beep 按钮，通过 WIDGET_SetEffect 函数设置 Beep 按钮的样式效果为不带 3D（默认样式效果为带 3D），再通过 BUTTON_SetFocussable 函数设置 Beep 按钮不能接收输入焦点，最后通过 BUTTON_SetBitmap 函数设置 Beep 按钮上显示 bmBeepOff 对应的蜂鸣器关闭的位图。

（5）第 38 至 46 行代码：在 while 语句中循环检测按键和蜂鸣器的状态，有状态变化时通过 GUI_Exec 函数重绘对应的按钮。

程序清单 8-10

```
1.   void CreateBUTTONDemo(void)
2.   {
3.      //显示标题字符串
4.      GUI_SetColor(GUI_WHITE);
5.      GUI_SetFont(&GUI_Font32B_ASCII);
6.      GUI_DispStringHCenterAt("BUTTON Demo", 240, 100);
7.
8.      //创建 LED1 按钮并设置 LED1 按钮的回调函数
9.      s_hBUTTON_LED1 = BUTTON_Create(60, 250, 150, 50, ID_BUTTON_LED1, WM_CF_SHOW);
10.     WM_SetCallback(s_hBUTTON_LED1, BUTTON_LED1Callback);
11.     WM_EnableMemdev(s_hBUTTON_LED1);              //启用内存设备来重绘 LED1 按钮
12.
```

```
13.    //创建 LED2 按钮并设置 LED2 按钮的回调函数
14.    s_hBUTTON_LED2 = BUTTON_Create(270, 250, 150, 50, ID_BUTTON_LED2, WM_CF_SHOW);
15.    WM_SetCallback(s_hBUTTON_LED2, BUTTON_LED2Callback);
16.    WM_EnableMemdev(s_hBUTTON_LED2);                    //启用内存设备来重绘 LED2 按钮
17.
18.    //创建 KEY1 按钮并设置 KEY1 按钮的回调函数
19.    s_hBUTTON_KEY1 = BUTTON_Create(60, 500, 100, 100, ID_BUTTON_KEY1, WM_CF_SHOW);
20.    WM_SetCallback(s_hBUTTON_KEY1, BUTTON_KEY1Callback);
21.
22.    //创建 KEY2 按钮并设置 KEY2 按钮的回调函数
23.    s_hBUTTON_KEY2 = BUTTON_Create(190, 500, 100, 100, ID_BUTTON_KEY2, WM_CF_SHOW);
24.    WM_SetCallback(s_hBUTTON_KEY2, BUTTON_KEY2Callback);
25.
26.    //创建 KEY3 按钮并设置 KEY3 按钮的回调函数
27.    s_hBUTTON_KEY3 = BUTTON_Create(320, 500, 100, 100, ID_BUTTON_KEY3, WM_CF_SHOW);
28.    WM_SetCallback(s_hBUTTON_KEY3, BUTTON_KEY3Callback);
29.
30.    //创建 Beep 按钮并设置显示模式
31.    s_hBUTTON_Beep = BUTTON_Create(210, 360, 80, 80, ID_BUTTON_Beep, WM_CF_SHOW);
32.    WM_EnableMemdev(s_hBUTTON_Beep);                    //启用内存设备来重绘 Beep 按钮
33.    WIDGET_SetEffect(s_hBUTTON_Beep, &WIDGET_Effect_None); //默认的样式效果为不带 3D
34.    BUTTON_SetFocussable(s_hBUTTON_Beep, 0);            //不能接收输入焦点
35.    BUTTON_SetBitmap(s_hBUTTON_Beep, BUTTON_BI_UNPRESSED, &bmBeepOff);
36.    GUI_Delay(10);
37.
38.    while(1)
39.    {
40.       KEY1StateCheck();     //KEY₁ 状态检测
41.       KEY2StateCheck();     //KEY₂ 状态检测
42.       KEY3StateCheck();     //KEY₃ 状态检测
43.       BeepStateCheck();     //Beep 状态检测
44.
45.       GUI_Exec();           //GUI 轮询
46.    }
47. }
```

8.5.4　完善 GUIDemo.c 文件

在 GUIDemo.c 文件的"包含头文件"区，添加包含 BUTTONDemo.h 头文件的代码，如程序清单 8-11 所示。

程序清单 8-11

```
#include "GUIDemo.h"
#include "BUTTONDemo.h"
```

在"API 函数实现"区，按程序清单 8-12 修改 MainTask 函数的代码，调用 CreateBUTTONDemo 函数创建例程，实现在 LCD 上进行按钮演示。

程序清单 8-12

```
1.    void MainTask(void)
2.    {
```

```
3.      GUI_Init();                      //GUI 初始化
4.
5.      DrawBackground();                //绘制背景
6.
7.      CreateBUTTONDemo();              //创建例程
8.    }
```

8.5.5　编译及下载验证

代码编写完成并编译通过后，下载程序并进行复位。GD32F3 苹果派开发板的 LCD 上将显示如图 8-6 所示的界面，单击 GUI 上的按钮，按钮的外观将进行重绘，如图 8-7 所示。同时，开发板将进行相应的状态响应。

图 8-7　运行结果

 ## 本章任务

熟练掌握本章所介绍的 BUTTON 控件相关库函数的定义和用法。在第 7 章任务设计的简易时钟界面的基础上，添加分别用于设置年、月、日、时、分、秒的按钮，通过按钮可以设置时钟初值。

 ## 本章习题

1. 简述控件与窗口之间的联系。
2. 控件如何与其父窗口进行通信？
3. BUTTON 控件支持哪几种通知代码？每种通知代码对应的事件是什么？
4. 简述 BUTTON_SetBitmap 函数的功能及各个输入参数的含义。

第 9 章　FRAMEWIN 控件

第 8 章介绍了控件的概念，并基于 BUTTON 控件设计了一个简单的 GUI。由于控件的本质是窗口，因此控件既可以单独使用，也可以以对话框的形式组合使用。对话框是包含一个或多个控件的窗口，可以处理用户的各种请求信息，在具有多界面需求的 GUI 中应用十分广泛。以对话框形式创建的界面通常以框架窗口控件 FRAMEWIN 或窗口控件 WINDOW 为基础，本章介绍 FRAMEWIN 控件。

9.1　对话框简介

1．对话框介绍

对话框本质上为包含一个或多个控件的窗口，其接收消息的方式与系统中的其他窗口相同，消息的处理则在对话框的回调函数中进行。对话框回调函数也称为对话框过程函数，该函数在创建对话框时被指定，其函数架构与普通的窗口回调函数基本一致。

2．对话框的消息类型

对话框回调函数通常接收 WM_INIT_DIALOG 和 WM_NOTIFY_PARENT 两类消息。其中，WM_INIT_DIALOG 消息在对话框显示之前被发送给对话框过程函数，因此通常使用此消息来初始化对话框的外观和其中的控件；WM_NOTIFY_PARENT 消息则是在对话框中发生事件时，由对话框中的子窗口或控件发送到对话框的消息，对话框过程函数可对发生的事件做出响应。

3．对话框的分类

对话框可分为阻塞式和非阻塞式两种。

阻塞式对话框的特点是，它会阻塞当前执行的线程或任务，直到该对话框被关闭，创建该对话框的函数才会返回，系统才能继续执行当前线程。但阻塞式对话框并不是模态对话框，它不会阻塞其他同时显示的对话框。

非阻塞式对话框与阻塞式对话框相反，它不会阻塞当前执行的线程，在对话框创建成功后，创建该对话框的函数会立即返回。

注意，切勿在回调函数中调用任何阻塞式函数，否则可能导致应用程序崩溃或出现无法预估的现象。

9.2　创建对话框

1．对话框的资源表

创建对话框需要两个基本条件：资源表和对话框过程函数。资源表实质上为一个结构体数组，包含对话框中需要创建的控件的各种属性定义。下面是一个资源表的代码示例：

```
static const GUI_WIDGET_CREATE_INFO CreatParentDialog[] =
{
  {FRAMEWIN_CreateIndirect, "FRAMEWIN_Parent", ID_FRAMEWIN_Pr, 0  , 0  , 480, 800, FRAMEWIN_
CF_MOVEABLE, 0x0, 0},
  {BUTTON_CreateIndirect  , "BUTTON_LED1"    , ID_BUTTON_LED1, 60 , 150, 150, 50 , 0, 0x0, 0},
  {BUTTON_CreateIndirect  , "BUTTON_LED2"    , ID_BUTTON_LED2, 270, 150, 150, 50 , 0, 0x0, 0},
  {BUTTON_CreateIndirect  , ""               , ID_BUTTON_Beep, 210, 260, 80 , 80 , 0, 0x0, 0},
  {BUTTON_CreateIndirect  , "CreateDialogBox", ID_BUTTON_CDlg, 17 , 400, 200, 60 , 0, 0x0, 0},
  {BUTTON_CreateIndirect  , "ExecDialogBox"  , ID_BUTTON_EDlg, 255, 400, 200, 60 , 0, 0x0, 0}
};
```

该资源表中包含一个 FRAMEWIN 控件和 5 个 BUTTON 控件的属性定义。结构体 GUI_WIDGET_CREATE_INFO 为 GUI_WIDGET_CREATE_INFO_struct 的别名，GUI_WIDGET_CREATE_INFO_struct 的声明如下：

```
struct GUI_WIDGET_CREATE_INFO_struct
{
  GUI_WIDGET_CREATE_FUNC * pfCreateIndirect;     //指向间接创建控件函数的指针
  const char   * pName;                          //控件文本
  I16   Id;                                      //控件 ID
  I16   x0;                                      //控件相对于父窗口的起始 X 轴坐标
  I16   y0;                                      //控件相对于父窗口的起始 Y 轴坐标
  I16   xSize;                                   //控件的水平尺寸
  I16   ySize;                                   //控件的垂直尺寸
  U16   Flags;                                   //控件的创建标志，默认为 0
  I32   Para;                                    //控件的参数，默认为 0
  U32   NumExtraBytes;                           //控件的额外字节数，默认为 0
};
```

该结构体的第一个成员变量 pfCreateIndirect 的取值通常为<WIDGET>_CreateIndirect。<WIDGET>_CreateIndirect 用于在对话框中间接创建控件，<WIDGET>指代控件名称，如 FRAMEWIN_CreateIndirect 用于创建 FRAMEWIN 控件、BUTTON_CreateIndirect 用于创建 BUTTON 控件等，<WIDGET>_CreateIndirect 适用于所有控件。

对话框中包含的所有控件都是通过资源表中的<WIDGET>_CreateIndirect 函数间接创建的。

在创建资源表时，表中的第一个控件必须是 FRAMEWIN 控件或 WINDOW 控件，不能是其他任何控件，否则无法正常创建对话框。

2．对话框的相关库函数

在库函数中，创建对话框的函数有 2 个：GUI_CreateDialogBox 函数用于创建非阻塞式对话框，GUI_ExecDialogBox 函数用于创建阻塞式对话框，如表 9-1 所示。

表 9-1　对话框的相关库函数

函 数 名	描　　述
GUI_CreateDialogBox	创建非阻塞式对话框
GUI_ExecCreatedDialog	执行已创建的对话框
GUI_ExecDialogBox	创建阻塞式对话框
GUI_EndDialog	关闭对话框

下面简要介绍其中的部分函数，其他函数的具体情况可参考 emWin 用户手册的 18.3 节。

（1）GUI_CreateDialogBox。

GUI_CreateDialogBox 函数用于创建非阻塞式对话框，具体描述如表 9-2 所示。

表 9-2　GUI_CreateDialogBox 函数的描述

函数名	GUI_CreateDialogBox
函数原型	WM_HWIN GUI_CreateDialogBox (const GUI_WIDGET_CREATE_INFO * paWidget, int NumWidgets, WM_CALLBACK * cb, WM_HWIN hParent, int x0, int y0);
功能描述	创建非阻塞式对话框
输入参数 1	paWidget：指向对话框资源表的指针
输入参数 2	NumWidgets：对话框中包含的控件总数
输入参数 3	cb：指向对话框过程函数的指针
输入参数 4	hParent：父窗口的句柄，为 0 时没有父窗口
输入参数 5	x0：对话框相对于父窗口的 X 轴距离
输入参数 6	y0：对话框相对于父窗口的 Y 轴距离
输出参数	无
返回值	void

例如，根据上面定义的 CreatParentDialog 资源表创建非阻塞式对话框，设置过程函数为 FRAMEWIN_PrCallback，父窗口为桌面窗口，代码如下：

```
static const GUI_WIDGET_CREATE_INFO CreatParentDialog[] =
{
  {FRAMEWIN_CreateIndirect, "FRAMEWIN_Parent", ID_FRAMEWIN_Pr, 0  , 0  , 480, 800, FRAMEWIN_
CF_MOVEABLE, 0x0, 0},
  {BUTTON_CreateIndirect    , "BUTTON_LED1"        , ID_BUTTON_LED1, 60 , 150, 150, 50 , 0, 0x0, 0},
  {BUTTON_CreateIndirect    , "BUTTON_LED2"        , ID_BUTTON_LED2, 270, 150, 150, 50 , 0, 0x0, 0},
  {BUTTON_CreateIndirect    , ""                   , ID_BUTTON_Beep, 210, 260, 80 , 80 , 0, 0x0, 0},
  {BUTTON_CreateIndirect    , "CreateDialogBox"    , ID_BUTTON_CDlg, 17 , 400, 200, 60 , 0, 0x0, 0},
  {BUTTON_CreateIndirect    , "ExecDialogBox"      , ID_BUTTON_EDlg, 255, 400, 200, 60 , 0, 0x0, 0}
};

static void FRAMEWIN_PrCallback(WM_MESSAGE* pMsg);    //父窗口回调函数

GUI_CreateDialogBox(CreatParentDialog, GUI_COUNTOF(CreatParentDialog), FRAMEWIN_PrCallback, WM_
HBKWIN, 0, 0);
```

（2）GUI_ExecDialogBox。

GUI_ExecDialogBox 函数用于创建非阻塞式对话框，其参数和用法与 GUI_CreateDialogBox 函数基本相同，不再赘述。

（3）GUI_EndDialog。

GUI_EndDialog 函数用于关闭对话框，对话框及其子窗口将从内存中删除，具体描述如表 9-3 所示。

表 9-3　GUI_EndDialog 函数的描述

函数名	GUI_EndDialog
函数原型	void GUI_EndDialog(WM_HWIN hDialog, int r);
功能描述	关闭对话框，对话框及其子窗口将从内存中删除
输入参数 1	hDialog: 对话框句柄
输入参数 2	r: 由 GUI_ExecDialogBox 函数返回的值。如果关闭非阻塞式对话框，则忽略此值
输出参数	无
返回值	void

9.3　FRAMEWIN 控件简介

1．框架窗口介绍

框架窗口控件 FRAMEWIN 和窗口控件 WINDOW 是对话框的核心承载体，几乎所有以对话框形式创建的界面，都以这两种控件为基础。其中，WINDOW 控件的功能实际上与桌面窗口基本相同，桌面窗口的基本操作可参考第 7 章。

FRAMEWIN 控件为 GUI 提供了类似计算机应用程序的窗口外观。如图 9-1 所示，框架窗口由边框、标题栏和客户窗口组成。参数说明如表 9-4 所示。

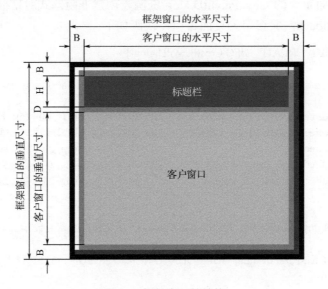

图 9-1　框架窗口的结构

表 9-4　框架窗口的参数说明

参　　数	描　　述
B	框架窗口的边框宽度，默认为 3 像素
H	标题栏的高度，取决于标题所用字体的大小
D	标题栏和客户窗口的间距，默认为 1 像素
标题栏	标题栏是框架窗口的一部分，不是独立窗口
客户窗口	客户窗口是框架窗口的子窗口，是独立窗口

emWin 为框架窗口的标题栏提供了多个可选控制按钮，常用的最小化、最大化、关闭按钮可分别用于控制框架窗口的最小化、最大化和关闭。对于标题栏同时具有最小化、最大化、关闭按钮的框架窗口，其状态如表 9-5 所示。

表 9-5 框架窗口的状态

状　　态	描　　述
默认状态	
最小化状态	
最大化状态	

2．框架窗口的回调函数

框架窗口实际上由主窗口和子窗口（客户窗口）两部分组成，两个窗口各有一个回调函数。主窗口回调函数负责绘制边框、标题栏等外观，以及处理边框上按钮的消息，客户窗口回调函数负责绘制客户区域。此外，由于在框架窗口中创建的子控件通常以客户窗口为父窗口，因此客户窗口回调函数还负责处理子控件的消息。

框架窗口有一个默认的主窗口回调函数，所以在创建框架窗口时通常只编写客户窗口回调函数。如果是以对话框形式间接创建框架窗口，则对话框过程函数为框架窗口的客户窗口回调函数。下面是一个客户窗口回调函数的代码示例：

```
static void_cbDialog(WM_MESSAGE * pMsg)
{
  WM_HWIN hItem;
  int NCode;
  int Id;

  switch (pMsg->MsgId) {
    case WM_INIT_DIALOG:
      //初始化框架窗口控件
      hItem = pMsg->hWin;
      FRAMEWIN_SetTitleHeight(hItem, 32);
      FRAMEWIN_SetFont(hItem, GUI_FONT_32_1);
      FRAMEWIN_SetText(hItem, "emWin5.26");
      //初始化 BUTTON0
      hItem = WM_GetDialogItem(pMsg->hWin, ID_BUTTON_0);
      BUTTON_SetFont(hItem, GUI_FONT_24B_ASCII);
      break;
    case WM_NOTIFY_PARENT:
      //获取控件 ID
      Id = WM_GetId(pMsg->hWinSrc);
      //获取消息内容
      NCode = pMsg->Data.v;

      switch (Id) {
        case ID_BUTTON_0:
```

```
        switch (NCode) {
          case WM_NOTIFICATION_CLICKED:
            break;
          case WM_NOTIFICATION_RELEASED:
            break;
          }
          break;
      }
      break;
    default:
      WM_DefaultProc(pMsg);
      break;
  }
}
```

在回调函数中，通过 switch 语句来区分不同类型的消息，下面说明各类消息的作用。

（1）WM_INIT_DIALOG 消息。

执行完 GUI_CreateDialogBox 函数后，窗口管理器会立刻发送此消息到回调函数。该消息主要用于对框架窗口进行初始化：回调函数首先从消息结构体中获取框架窗口的句柄，然后将框架窗口的标题栏高度设置为 32 像素，字体高度设置为 32 像素，并在标题栏中显示 "emWin5.26"。回调函数通过 WM_GetDialogItem 函数获取按钮句柄后，将按钮文本字体高度设置为 24 像素。WM_GetDialogItem 函数可以根据框架窗口的句柄和子控件的 ID 返回对应子控件的句柄，常用在存在多个对话框或多个控件的系统中。

（2）WM_NOTIFY_PARENT 消息。

此消息由子窗口向父窗口发送，父窗口对子窗口的事件做出响应。父窗口可通过 WM_GetId 函数获取发送消息的源控件 ID，然后通过 pMsg->Data.v 获取此消息附带的通知代码。子窗口或控件具体发生的事件以通知代码的形式存放在消息结构体的 Data.v 成员中，父窗口可通过 switch 语句先判断发送此消息的控件 ID，再判断控件发生的具体事件，这样即可实现针对不同控件的不同事件做出不同的响应。

（3）其他消息。

其他消息通过默认的消息处理函数 WM_DefaultProc 进行处理。

9.4　FRAMEWIN 控件的库函数

FRAMEWIN 控件提供了丰富的库函数，下面简要介绍几种常用的库函数。完整的库函数列表及对应的描述可参考 emWin 用户手册的 17.9.4 节。

（1）FRAMEWIN_SetTitleHeight。

FRAMEWIN_SetTitleHeight 函数用于设置标题栏高度，具体描述如表 9-6 所示。标题栏的默认高度取决于显示标题文本所用字体的大小，使用 FRAMEWIN_SetTitleHeight 函数后，标题栏高度将固定为设置的值。

表 9-6 FRAMEWIN_SetTitleHeight 函数的描述

函数名	FRAMEWIN_SetTitleHeight
函数原型	int FRAMEWIN_SetTitleHeight(FRAMEWIN_Handle hObj, int Height);
功能描述	设置标题栏高度
输入参数 1	hObj：FRAMEWIN 控件的句柄
输入参数 2	Height：要设置的标题栏高度
输出参数	无
返回值	int

例如，设置标题栏高度为 40 像素，代码如下：

```
FRAMEWIN_SetTitleHeight(hItem, 40);
```

（2）FRAMEWIN_AddCloseButton。

FRAMEWIN_AddCloseButton 函数用于为标题栏添加关闭按钮，具体描述如表 9-7 所示。

表 9-7 FRAMEWIN_AddCloseButton 函数的描述

函数名	FRAMEWIN_AddCloseButton
函数原型	WM_HWIN FRAMEWIN_AddCloseButton(FRAMEWIN_Handle hObj, int Flags, int Off);
功能描述	为标题栏添加关闭按钮
输入参数 1	hObj：FRAMEWIN 控件的句柄
输入参数 2	Flags：FRAMEWIN_BUTTON_LEFT-在标题栏左侧创建按钮； 　　　　FRAMEWIN_BUTTON_RIGHT-在标题栏右侧创建按钮
输入参数 3	Off：按钮相对于边框的 X 轴偏移
输出参数	无
返回值	关闭按钮的句柄

例如，在标题栏右侧从右到左依次添加关闭按钮、最大化按钮和最小化按钮，代码如下：

```
FRAMEWIN_AddCloseButton(hItem, FRAMEWIN_BUTTON_RIGHT, 0);
FRAMEWIN_AddMaxButton(hItem, FRAMEWIN_BUTTON_RIGHT, 1);
FRAMEWIN_AddMinButton(hItem, FRAMEWIN_BUTTON_RIGHT, 2);
```

（3）FRAMEWIN_SetBarColor。

FRAMEWIN_SetBarColor 函数用于设置标题栏颜色，具体描述如表 9-8 所示。

表 9-8 FRAMEWIN_SetBarColor 函数的描述

函数名	FRAMEWIN_SetBarColor
函数原型	void FRAMEWIN_SetBarColor(FRAMEWIN_Handle hObj, unsigned int Index, GUI_COLOR Color);
功能描述	设置标题栏颜色
输入参数 1	hObj：FRAMEWIN 控件的句柄
输入参数 2	Index：0-设置框架窗口未激活时的颜色； 　　　　1-设置框架窗口激活时的颜色
输入参数 3	Color：要设置的颜色
输出参数	无
返回值	void

例如，设置标题栏激活时的颜色为灰色，代码如下：

```
FRAMEWIN_SetBarColor(hItem, 1, GUI_GRAY);
```

（4）FRAMEWIN_SetClientColor。

FRAMEWIN_SetClientColor 函数用于设置客户窗口区域的颜色，具体描述如表 9-9 所示。

表 9-9　FRAMEWIN_SetClientColor 函数的描述

函数名	FRAMEWIN_SetClientColor
函数原型	void FRAMEWIN_SetClientColor(FRAMEWIN_Handle hObj, GUI_COLOR Color);
功能描述	设置客户窗口区域的颜色
输入参数 1	hObj：FRAMEWIN 控件的句柄
输入参数 2	Color：要设置的颜色
输出参数	无
返回值	void

例如，设置客户窗口区域的颜色为白色，代码如下：

```
FRAMEWIN_SetClientColor(hItem, GUI_WHITE);
```

9.5　实例与代码解析

下面通过编写实例程序，在对话框中创建 5 个按钮。其中，2 个按钮用于控制 GD32F3 苹果派开发板上的 LED_1 和 LED_2，1 个按钮用于控制开发板上的蜂鸣器，2 个按钮用于创建阻塞式和非阻塞式对话框。最终实现的 GUI 如图 9-2 所示。

图 9-2　最终实现的 GUI

9.5.1　复制并编译原始工程

首先，将"D:\emWinKeilTest\Material\07.FRAMEWIN_Sample"文件夹复制到"D:\emWinKeilTest\Product"文件夹中。其次，双击运行"D:\emWinKeilTest\Product\07.FRAMEWIN_

Sample\Project"文件夹中的 GD32KeilPrj.uvprojx,单击工具栏中的![]按钮进行编译。当 Build Output 栏中出现"FromELF: creating hex file..."时,表示已经成功生成.hex 文件,出现"0 Error(s), 0 Warning(s)"表示编译成功。最后,将.axf 文件下载到开发板的内部 Flash 上。如果屏幕显示"Hello World!",则表示原始工程正确,可以进行下一步操作。

9.5.2　添加 FRAMEWINDemo 文件对及 BUTTON_Bitmap.c 文件

首先, 将 "D:\emWinKeilTest\Product\07.FRAMEWIN_Sample\TPSW\emWin5.26\emWin\Sample\Application\GUIDemo\FRAMEWINDemo"文件夹中的 FRAMEWINDemo.c 和 BUTTON_Bitmap.c 添加到 EMWIN_DEMO 分组中。然后,将"D:\emWinKeilTest\Product\07.FRAMEWIN_Sample\TPSW\emWin5.26\emWin\Sample\Application\GUIDemo\FRAMEWINDemo"路径添加到 Include Paths 栏中。

9.5.3　FRAMEWINDemo 文件对

1．FRAMEWINDemo.h 文件

FRAMEWINDemo.h 文件的"包含头文件"区包含了如程序清单 9-1 所示的头文件。在 FRAMEWINDemo.c 文件中需要调用 LED 和蜂鸣器的驱动函数,这些函数在 LED.h 和 Beep.h 文件中声明。因此,需要在 BUTTONDemo.h 文件中包含 LED.h 和 Beep.h 头文件。

程序清单 9-1

```
1.    #include "GUI.h"
2.    #include "DIALOG.h"
3.    #include "WM.h"
4.    #include "LED.h"
5.    #include "Beep.h"
```

在"API 函数声明"区,声明 CreateFRAMEWINDemo 函数,如程序清单 9-2 所示。该函数用于创建框架窗口演示例程。

程序清单 9-2

```
void CreateFRAMEWINDemo(void);    //创建框架窗口演示例程
```

2．FRAMEWINDemo.c 文件

在 FRAMEWINDemo.c 文件的"宏定义"区,进行如程序清单 9-3 所示的宏定义,包括程序中用到的所有控件 ID。

程序清单 9-3

```
1.    //定义控件 ID
2.    #define ID_FRAMEWIN_Pr       (GUI_ID_USER + 0x00)
3.    #define ID_BUTTON_LED1       (GUI_ID_USER + 0x01)
4.    #define ID_BUTTON_LED2       (GUI_ID_USER + 0x02)
5.    #define ID_BUTTON_Beep       (GUI_ID_USER + 0x03)
6.    #define ID_BUTTON_CDlg       (GUI_ID_USER + 0x04)
7.    #define ID_BUTTON_EDlg       (GUI_ID_USER + 0x05)
8.    #define ID_FRAMEWIN_C1       (GUI_ID_USER + 0x06)
9.    #define ID_BUTTON_C1_Exit    (GUI_ID_USER + 0x07)
```

10.	#define ID_FRAMEWIN_C2	(GUI_ID_USER + 0x08)
11.	#define ID_BUTTON_C2_Exit	(GUI_ID_USER + 0x09)

在"内部变量"区，进行如程序清单 9-4 所示的变量声明和定义。

（1）第 1 至 10 行代码：创建父对话框资源表。父对话框中包含一个框架窗口，以及用于控制开发板 LED 的 LED1 按钮和 LED2 按钮、用于控制开发板蜂鸣器的 Beep 按钮、用于创建非阻塞式对话框的 CDlg 按钮、用于创建阻塞式对话框的 EDlg 按钮。

（2）第 12 至 24 行代码：创建非阻塞式对话框和阻塞式对话框的资源表。非阻塞式对话框中包含子框架窗口 1 和一个退出按钮，阻塞式对话框中包含子框架窗口 2 和一个退出按钮。

（3）第 26 至 30 行代码：定义 1 个父框架窗口、2 个子框架窗口和 2 个按钮的句柄。

（4）第 34 至 35 行代码：通过 extern 关键字声明蜂鸣器在开启和关闭状态下的位图信息结构体 bmBeepOn 和 bmBeepOff，这 2 个结构体均存放在 BUTTON_Bitmap.c 文件中，通过 BmpCvt 位图转换工具转换而来。

程序清单 9-4

```
1.   //创建父对话框资源表
2.   static const GUI_WIDGET_CREATE_INFO CreatParentDialog[] =
3.   {
4.     {FRAMEWIN_CreateIndirect, "FRAMEWIN_Parent", ID_FRAMEWIN_Pr, 0   , 0   , 480, 800,
FRAMEWIN_CF_MOVEABLE, 0x0, 0},
5.     {BUTTON_CreateIndirect  , "BUTTON_LED1", ID_BUTTON_LED1, 60 , 150, 150, 50 , 0, 0x0, 0},
6.     {BUTTON_CreateIndirect  , "BUTTON_LED2", ID_BUTTON_LED2, 270, 150, 150, 50 , 0, 0x0, 0},
7.     {BUTTON_CreateIndirect  , ""             , ID_BUTTON_Beep, 210, 260, 80 , 80 , 0, 0x0, 0},
8.     {BUTTON_CreateIndirect  , "CreateDialogBox", ID_BUTTON_CDlg, 17 , 400, 200, 60 , 0, 0x0, 0},
9.     {BUTTON_CreateIndirect  , "ExecDialogBox"  , ID_BUTTON_EDlg, 255, 400, 200, 60 , 0, 0x0, 0}
10.  };
11.
12.  //创建非阻塞式子对话框（子框架窗口 1）资源表
13.  static const GUI_WIDGET_CREATE_INFO CreatChild1Dialog[] =
14.  {
15.    {FRAMEWIN_CreateIndirect, "FRAMEWIN_Child1", ID_FRAMEWIN_C1, 10, 550, 220, 200, FRAMEWIN_
CF_MOVEABLE, 0x0, 0},
16.    {BUTTON_CreateIndirect, "Child1_Exit", ID_BUTTON_C1_Exit, 35 , 100, 140, 50 , 0, 0x0, 0}
17.  };
18.
19.  //创建阻塞式子对话框（子框架窗口 2）资源表
20.  static const GUI_WIDGET_CREATE_INFO CreatChild2Dialog[] =
21.  {
22.    {FRAMEWIN_CreateIndirect, "FRAMEWIN_Child2", ID_FRAMEWIN_C2, 250, 550, 220, 200, FRAMEWIN_
CF_MOVEABLE, 0x0, 0},
23.    {BUTTON_CreateIndirect, "Child2_Exit", ID_BUTTON_C2_Exit, 35 , 100, 140, 50 , 0, 0x0, 0}
24.  };
25.
26.  static WM_HWIN s_FRAMEWIN_PR;              //父框架窗口的句柄
27.  static WM_HWIN s_FRAMEWIN_C1;              //子框架窗口 1 的句柄
28.  static WM_HWIN s_FRAMEWIN_C2;              //子框架窗口 2 的句柄
29.  static BUTTON_Handle s_BUTTON_CDlg;        //CDlg 按钮的句柄
30.  static BUTTON_Handle s_BUTTON_EDlg;        //EDlg 按钮的句柄
31.
```

32.	static unsigned char C1ExistFlag;	//子框架窗口 1 是否存在的标志位
33.		
34.	extern GUI_CONST_STORAGE GUI_BITMAP bmBeepOn;	//Beep 开启状态对应的位图信息结构体
35.	extern GUI_CONST_STORAGE GUI_BITMAP bmBeepOff;	//Beep 关闭状态对应的位图信息结构体

在"内部函数声明"区，声明 7 个内部函数，如程序清单 9-5 所示，分别为 LED1 按钮、LED2 按钮、CDlg 按钮、EDlg 按钮、子框架窗口 1、子框架窗口 2 和父框架窗口的回调函数。

程序清单 9-5

1.	static void BUTTON_LED1Callback(WM_MESSAGE* pMsg);	//LED1 按钮回调函数
2.	static void BUTTON_LED2Callback(WM_MESSAGE* pMsg);	//LED2 按钮回调函数
3.	static void BUTTON_CDlgCallback(WM_MESSAGE* pMsg);	//CDlg 按钮回调函数
4.	static void BUTTON_EDlgCallback(WM_MESSAGE* pMsg);	//EDlg 按钮回调函数
5.	static void FRAMEWIN_C1Callback(WM_MESSAGE* pMsg);	//子框架窗口 1 回调函数
6.	static void FRAMEWIN_C2Callback(WM_MESSAGE* pMsg);	//子框架窗口 2 回调函数
7.	static void FRAMEWIN_PrCallback(WM_MESSAGE* pMsg);	//父框架窗口回调函数

在"内部函数实现"区，编写上述 7 个函数的实现代码。首先实现 BUTTON_LED1Callback 函数和 BUTTON_LED2Callback 函数，这 2 个函数为 GUI 上 LED1 按钮和 LED2 按钮的回调函数，用于控制开发板上 LED$_1$ 和 LED$_2$ 的开启和关闭。这 2 个函数的实现代码与程序清单 8-6 基本相同，这里不再赘述。

在 BUTTON_LED2Callback 函数的实现代码后为 BUTTON_CDlgCallback 函数的实现代码，如程序清单 9-6 所示。该函数为 GUI 上 CDlg 按钮的回调函数，主要用于重绘 CDlg 在未按下和按下状态下的外观。

程序清单 9-6

1.	static void BUTTON_CDlgCallback(WM_MESSAGE* pMsg)	
2.	{	
3.	GUI_RECT rect2;	
4.	WM_GetClientRect(&rect2);	//获取 CDlg 按钮的尺寸
5.		
6.	switch (pMsg->MsgId)	
7.	{	
8.	case WM_PAINT:	
9.	if (BUTTON_IsPressed(pMsg->hWin))	
10.	{	
11.	GUI_SetColor(0x22C2FF);	
12.	GUI_FillRoundedRect(rect2.x0, rect2.y0, rect2.x1, rect2.y1, 0);	
13.		
14.	GUI_SetColor(0x9F5925);	
15.	GUI_SetFont(&GUI_Font24B_ASCII);	
16.	GUI_SetTextMode(GUI_TM_XOR);	
17.	GUI_DispStringInRect("CreateDialogBox", &rect2, GUI_TA_HCENTER | GUI_TA_VCENTER);	
18.	}	
19.	else	
20.	{	
21.	GUI_SetColor(0x9F5925);	
22.	GUI_FillRoundedRect(rect2.x0, rect2.y0, rect2.x1, rect2.y1, 0);	
23.		

```
24.              GUI_SetColor(0x9F5925);
25.              GUI_SetFont(&GUI_Font24B_ASCII);
26.              GUI_SetTextMode(GUI_TM_XOR);
27.              GUI_DispStringInRect("CreateDialogBox", &rect2, GUI_TA_HCENTER | GUI_TA_VCENTER);
28.            }
29.          break;
30.
31.      default:
32.          BUTTON_Callback(pMsg);
33.          break;
34.    }
35. }
```

在 BUTTON_CDlgCallback 函数的实现代码后为 BUTTON_EDlgCallback 函数的实现代码，该函数为 GUI 上 EDlg 按钮的回调函数，主要用于重绘 EDlg 在未按下和按下状态下的外观。BUTTON_EDlgCallback 函数的实现代码与 BUTTON_CDlgCallback 函数基本一致，这里不再赘述。

在 BUTTON_EDlgCallback 函数的实现代码后为 FRAMEWIN_C1Callback 函数的实现代码，如程序清单 9-7 所示，该函数为子框架窗口 1 的回调函数。

（1）第 8 至 24 行代码：初始化子框架窗口 1。依次设置标题栏高度、标题字体、标题文本颜色、标题文本信息及标题对齐方式，然后为标题栏添加关闭按钮，并将标题栏激活时的颜色设置为 BGR 值 0x892939 对应的颜色。对于子框架窗口 1 中的退出按钮，先通过 WM_GetDialogItem 函数获取按钮句柄，再设置按钮上显示的文本信息，最后通过 BUTTON_SetFocussable 函数设置按钮不能接收输入焦点。

（2）第 26 至 37 行代码：处理子框架窗口 1 中的控件所发生的事件，由于子框架窗口中仅有一个退出按钮，因此在 WM_NOTIFY_PARENT 消息中主要处理该按钮的事件。通过 pMsg->Data.v 获取消息结构体中的通知代码，判断退出按钮发生的事件类型。若退出按钮被释放，则通过 GUI_EndDialog 函数关闭子框架窗口 1。

（3）第 39 至 41 行代码：在子框架窗口 1 被关闭前，回调函数会收到 WM_DELETE 消息。此时，将 C1ExistFlag 置 0，表示子框架窗口 1 不存在。

程序清单 9-7

```
1.  static void FRAMEWIN_C1Callback(WM_MESSAGE* pMsg)
2.  {
3.    WM_HWIN hItem;
4.    int NCode;
5.
6.    switch (pMsg->MsgId)
7.    {
8.      case WM_INIT_DIALOG:                                    //初始化子框架窗口 1
9.        hItem = pMsg->hWin;                                   //获取子框架窗口 1 句柄
10.       s_FRAMEWIN_C1 = pMsg->hWin;                           //设置子框架窗口 1 句柄
11.       FRAMEWIN_SetTitleHeight(hItem, 30);                   //设置标题栏高度
12.       FRAMEWIN_SetFont(hItem, GUI_FONT_24B_ASCII);          //设置标题字体
13.       FRAMEWIN_SetTextColor(hItem, 0xFEA49A);               //设置标题文本颜色
14.       FRAMEWIN_SetText(hItem, "CreateDialogBox");           //设置标题文本信息
```

```
15.        FRAMEWIN_SetTextAlign(hItem, GUI_TA_HCENTER|GUI_TA_VCENTER); //设置标题对齐方式
16.        FRAMEWIN_AddCloseButton(hItem, FRAMEWIN_BUTTON_RIGHT, 0); //添加标题栏上的关闭按钮
17.        FRAMEWIN_SetBarColor(hItem, 1, 0x892939);                  //标题栏的颜色
18.
19.        //初始化退出按钮
20.        hItem = WM_GetDialogItem(pMsg->hWin, ID_BUTTON_C1_Exit);        //获取退出按钮的句柄
21.        BUTTON_SetText(hItem, "Exit");                           //设置退出按钮上显示的文本信息
22.        BUTTON_SetFont(hItem, GUI_FONT_24B_ASCII);               //设置退出按钮上文本的字体
23.        BUTTON_SetFocussable(hItem, 0);                          //设置退出按钮不能接收输入焦点
24.        break;
25.
26.      case WM_NOTIFY_PARENT:
27.        NCode = pMsg->Data.v;
28.        switch(NCode)
29.        {
30.          case WM_NOTIFICATION_CLICKED:
31.            break;
32.
33.          case WM_NOTIFICATION_RELEASED:                         //退出按钮被释放
34.            GUI_EndDialog(s_FRAMEWIN_C1, 0);                     //关闭子框架窗口 1
35.            break;
36.        }
37.        break;
38.
39.      case WM_DELETE:                                           //删除窗口时，窗口将收到此消息
40.        C1ExistFlag = 0;                                        //清除标志位
41.        break;
42.
43.      default:
44.        WM_DefaultProc(pMsg);
45.        break;
46.    }
47.  }
```

在 FRAMEWIN_C1Callback 函数的实现代码后为 FRAMEWIN_C2Callback 函数的实现代码，该函数为子框架窗口 2 的回调函数，其实现代码与 FRAMEWIN_C1Callback 函数基本一致，这里不再赘述。

在 FRAMEWIN_C2Callback 函数的实现代码后为 FRAMEWIN_PrCallback 函数的实现代码，如程序清单 9-8 所示。该函数为父框架窗口的回调函数。

（1）第 13 至 22 行代码：设置标题栏的外观。

（2）第 24 至 32 行代码：为 LED1 和 LED2 按钮设置回调函数，并启用内存设备重绘按钮。

（3）第 34 至 39 行代码：获取 Beep 按钮句柄并启用内存设备来重绘 Beep 按钮，先通过 WIDGET_SetEffect 函数设置 Beep 按钮不带 3D，再通过 BUTTON_SetFocussable 函数设置 Beep 按钮不能接收输入焦点，最后通过 BUTTON_SetBitmap 函数设置 Beep 按钮上显示 bmBeepOff 结构体对应的蜂鸣器关闭的位图。

（4）第 41 至 52 行代码：为 CDlg 和 EDlg 按钮设置回调函数，并启用内存设备重绘按钮。

（5）第 54 至 85 行代码：响应 Beep 按钮的事件。每次释放被按下的 Beep 按钮时，会向父框架窗口发送 WM_NOTIFY_PARENT 消息，消息中附带 WM_NOTIFICATION_RELEASED 通知代码，依据该通知代码即可进行 Beep 按钮事件响应。在按下奇数次 Beep 按钮并释放后，通过 BUTTON_SetBitmap 函数设置 Beep 按钮显示 bmBeepOn 结构体对应的位图，并通过 BeepOn 函数开启蜂鸣器；在按下偶数次 Beep 按钮并释放后，通过 BUTTON_SetBitmap 函数设置 Beep 按钮显示 bmBeepOff 结构体对应的位图，并通过 BeepOff 函数关闭蜂鸣器。

程序清单 9-8

```
1.   static void FRAMEWIN_PrCallback(WM_MESSAGE* pMsg)
2.   {
3.       WM_HWIN hItem;
4.       int NCode;
5.       int Id;
6.       static int flag_Beep;                                              //Beep 标志位
7.
8.       switch (pMsg->MsgId)
9.       {
10.        case WM_INIT_DIALOG:                                             //初始化父框架窗口
11.            hItem = pMsg->hWin;                                          //获取父框架窗口句柄
12.            s_FRAMEWIN_PR = pMsg->hWin;                                  //设置父框架窗口句柄
13.            FRAMEWIN_SetTitleHeight(hItem, 40);                         //设置标题栏的高度
14.            FRAMEWIN_SetFont(hItem, GUI_FONT_32B_ASCII);                //设置标题字体
15.            FRAMEWIN_SetTextColor(hItem, GUI_BLACK);                    //设置标题文本颜色
16.            FRAMEWIN_SetText(hItem, "FRAMEWIN Demo");                   //设置标题文本信息
17.            FRAMEWIN_SetTextAlign(hItem, GUI_TA_HCENTER|GUI_TA_VCENTER); //设置标题的对齐方式
18.            FRAMEWIN_AddCloseButton(hItem, FRAMEWIN_BUTTON_RIGHT, 0); //添加标题栏上的关闭按钮
19.            FRAMEWIN_AddMaxButton(hItem, FRAMEWIN_BUTTON_RIGHT, 1); //添加标题栏上的最大化按钮
20.            FRAMEWIN_AddMinButton(hItem, FRAMEWIN_BUTTON_RIGHT, 2); //添加标题栏上的最小化按钮
21.            FRAMEWIN_SetBarColor(hItem, 1,0xDEC4AA);                    //标题栏的颜色
22.            FRAMEWIN_SetClientColor(hItem, 0x312F0F);                   //客户窗口的颜色
23.
24.            //初始化 LED1 按钮
25.            hItem = WM_GetDialogItem(pMsg->hWin, ID_BUTTON_LED1);//获取 LED1 按钮的句柄
26.            WM_SetCallback(hItem, BUTTON_LED1Callback);                 //设置 LED1 按钮的回调函数
27.            WM_EnableMemdev(hItem);                                     //启用内存设备来重绘 LED1 按钮
28.
29.            //初始化 LED2 按钮
30.            hItem = WM_GetDialogItem(pMsg->hWin, ID_BUTTON_LED2);//获取 LED2 按钮的句柄
31.            WM_SetCallback(hItem, BUTTON_LED2Callback);                 //设置 LED2 按钮的回调函数
32.            WM_EnableMemdev(hItem);                                     //启用内存设备来重绘 LED2 按钮
33.
34.            //初始化 Beep 按钮
35.            hItem = WM_GetDialogItem(pMsg->hWin, ID_BUTTON_Beep); //获取 Beep 按钮的句柄
36.            WM_EnableMemdev(hItem);                                     //启用内存设备来重绘 Beep 按钮
37.            WIDGET_SetEffect(hItem, &WIDGET_Effect_None); //设置 Beep 按钮的默认效果为不带 3D
38.            BUTTON_SetFocussable(hItem, 0);                             //设置 Beep 按钮不能接收输入焦点
39.            BUTTON_SetBitmap(hItem, BUTTON_BI_UNPRESSED, &bmBeepOff); //显示蜂鸣器关闭状态的位图
40.
41.            //初始化 CDlg 按钮
42.            hItem = WM_GetDialogItem(pMsg->hWin, ID_BUTTON_CDlg); //获取 CDlg 按钮的句柄
```

```
43.        WM_SetCallback(hItem, BUTTON_CDlgCallback);              //设置 CDlg 按钮的回调函数
44.        WM_EnableMemdev(hItem);                                   //启用内存设备来重绘 CDlg 按钮
45.        s_BUTTON_CDlg = hItem;                                    //设置 CDlg 按钮的句柄
46.
47.        //初始化 EDlg 按钮
48.        hItem = WM_GetDialogItem(pMsg->hWin, ID_BUTTON_EDlg);     //获取 EDlg 按钮的句柄
49.        WM_SetCallback(hItem, BUTTON_EDlgCallback);               //设置 EDlg 按钮的回调函数
50.        WM_EnableMemdev(hItem);                                   //启用内存设备来重绘 EDlg 按钮
51.        s_BUTTON_EDlg = hItem;                                    //设置 EDlg 按钮的句柄
52.        break;
53.
54.    case WM_NOTIFY_PARENT:
55.        Id = WM_GetId(pMsg->hWinSrc);
56.        NCode = pMsg->Data.v;
57.
58.        switch(Id)
59.        {
60.          case ID_BUTTON_Beep:
61.            hItem = WM_GetDialogItem(pMsg->hWin, ID_BUTTON_Beep);   //获取 Beep 按钮的句柄
62.            switch(NCode)
63.            {
64.              case WM_NOTIFICATION_CLICKED:
65.                break;
66.
67.              case WM_NOTIFICATION_RELEASED:
68.                flag_Beep++;
69.                if(flag_Beep % 2 == 0)
70.                {
71.                    //蜂鸣器默认为关闭状态，按下 Beep 按钮的次数为偶数次则蜂鸣器处于关闭状态
72.                    BUTTON_SetBitmap(hItem, BUTTON_BI_UNPRESSED, &bmBeepOff);
73.                    BeepOff();
74.                }
75.                else
76.                {
77.                    //按下 Beep 按钮的次数为奇数次则蜂鸣器处于开启状态
78.                    BUTTON_SetBitmap(hItem, BUTTON_BI_UNPRESSED, &bmBeepOn);
79.                    BeepOn();
80.                }
81.                break;
82.            }
83.            break;
84.        }
85.        break;
86.
87.    default:
88.        WM_DefaultProc(pMsg);
89.        break;
90.    }
91. }
```

在"API 函数实现"区，CreateFRAMEWINDemo 函数的实现代码如程序清单 9-9 所示，

该函数用于创建框架窗口演示例程。

（1）第 4 行代码：根据资源表 CreatParentDialog 创建父框架窗口。

（2）第 8 至 17 行代码：当 CDlg 按钮按下时，先通过 C1ExistFlag 标志位判断子框架窗口 1 是否已存在，若不存在则创建子框架窗口 1，并设置 C1ExistFlag 标志位。

（3）第 18 至 22 行代码：当 EDlg 按钮按下时，创建子框架窗口 2。

程序清单 9-9

```
1.    void CreateFRAMEWINDemo(void)
2.    {
3.      //根据资源表间接创建父框架窗口
4.      GUI_CreateDialogBox(CreatParentDialog, GUI_COUNTOF(CreatParentDialog), FRAMEWIN_PrCallback,
WM_HBKWIN, 0, 0);
5.
6.      while(1)
7.      {
8.        if(BUTTON_IsPressed(s_BUTTON_CDlg))
9.        {
10.          if(C1ExistFlag == 0)
11.          {
12.            //若判断出子框架窗口 1 尚未被创建，则根据资源表间接创建子框架窗口 1
13.            GUI_CreateDialogBox(CreatChild1Dialog, GUI_COUNTOF(CreatChild1Dialog), FRAMEWIN_
C1Callback, s_FRAMEWIN_PR, 0, 0);
14.
15.            C1ExistFlag = 1;       //子框架窗口 1 已被创建，将标志位置 1
16.          }
17.        }
18.        if(BUTTON_IsPressed(s_BUTTON_EDlg))
19.        {
20.          //若判断出 EDlg 按钮按下，则根据资源表间接创建子框架窗口 2
21.          GUI_ExecDialogBox(CreatChild2Dialog, GUI_COUNTOF(CreatChild2Dialog), FRAMEWIN_
C2Callback, s_FRAMEWIN_PR, 0, 0);
22.        }
23.
24.        GUI_Exec();                     //GUI 轮询
25.      }
26.    }
```

9.5.4　完善 GUIDemo.c 文件

在 GUIDemo.c 文件的"包含头文件"区，添加包含 FRAMEWINDemo.h 头文件的代码，如程序清单 9-10 所示。

程序清单 9-10

```
#include "GUIDemo.h"
#include "FRAMEWINDemo.h"
```

在"API 函数实现"区，按程序清单 9-11 修改 MainTask 函数的代码，调用 CreateFRAMEWINDemo 函数创建例程，实现在 LCD 上进行框架窗口演示。

程序清单 9-11

```
1.   void MainTask(void)
2.   {
3.     GUI_Init();                          //GUI 初始化
4.
5.     WM_SetDesktopColor(GUI_WHITE);       //设置桌面窗口颜色
6.
7.     CreateFRAMEWINDemo();                //创建例程
8.   }
```

9.5.5　编译及下载验证

代码编写完成并编译通过后，下载程序并进行复位。GD32F3 苹果派开发板的 LCD 上将显示如图 9-2 所示的界面，单击 GUI 上的按钮，按钮的外观将进行重绘，如图 9-3 所示。同时，开发板将进行相应的状态响应。注意，在创建阻塞式对话框后，若阻塞式对话框未关闭，则无法再创建非阻塞式对话框。

图 9-3　运行结果

 本章任务

熟练掌握本章所介绍的 FRAMEWIN 控件相关库函数的定义和用法。将在第 8 章任务中设计的简易时钟界面上的所有元素都添加到框架窗口中，并要求通过按钮可以弹出用于设置时钟初值的数字键盘。

 本章习题

1. WM_INIT_DIALOG 消息的功能是什么？简述其使用场景。
2. 什么是阻塞式对话框？什么是非阻塞式对话框？
3. 资源表中的第一个控件可以是 BUTTON 控件吗？为什么？
4. 框架窗口由哪些部分组成？

第 10 章　TEXT 和 EDIT 控件

第 9 章主要介绍了对话框和 FRAMEWIN 控件的功能和用法，它们可用于进行多界面的 GUI 开发。本章将介绍两种 GUI 开发的常用控件：文本控件 TEXT 和编辑框控件 EDIT。

10.1　TEXT 控件

10.1.1　TEXT 控件简介

TEXT 控件为文本控件，通常用于显示各种文本信息。TEXT 控件的功能与文本显示和数值显示的相关库函数有一定的相似性，但控件的优势是便于统一管理。

TEXT 控件支持 3 种通知代码，如表 10-1 所示。由于 TEXT 控件通常仅用于显示文本，不需要涉及用户交互，因此 TEXT 控件的消息机制应用场景较少。

表 10-1　TEXT 控件支持的通知代码

通 知 代 码	描　　述
WM_NOTIFICATION_CLICKED	控件已被单击
WM_NOTIFICATION_RELEASED	控件已被释放
WM_NOTIFICATION_MOVED_OUT	控件已被单击，且指针从控件中移出而未释放控件

由于 TEXT 控件在创建时需要使用 ID，emWin 提供了一系列预定义的 ID 供 TEXT 控件使用，具体的 ID 号如下：

```
#define GUI_ID_TEXT0        0x160
#define GUI_ID_TEXT1        0x161
#define GUI_ID_TEXT2        0x162
#define GUI_ID_TEXT3        0x163
#define GUI_ID_TEXT4        0x164
#define GUI_ID_TEXT5        0x165
#define GUI_ID_TEXT6        0x166
#define GUI_ID_TEXT7        0x167
#define GUI_ID_TEXT8        0x168
#define GUI_ID_TEXT9        0x169
```

通过使用这些 ID，可使 TEXT 控件在创建时与其他 TEXT 控件区分开。此外，emWin 还为其他类型的控件提供了预定义的 ID，如 BUTTON 控件、EDIT 控件等，这些 ID 的宏定义均存放在 GUI.h 文件中。

10.1.2　TEXT 控件的库函数

TEXT 控件提供了丰富的库函数，下面简要介绍几种常用的库函数。完整的库函数列表及对应的描述可参考 emWin 用户手册的 17.26.5 节。

（1）TEXT_CreateEx。

TEXT_CreateEx 函数用于创建 TEXT 控件，具体描述如表 10-2 所示。

表 10-2　TEXT_CreateEx 函数的描述

函数名	TEXT_CreateEx
函数原型	TEXT_Handle TEXT_CreateEx(int x0, int y0, int xSize, int ySize, WM_HWIN hParent, int WinFlags, int ExFlags, int Id, const char * pText);
功能描述	创建 TEXT 控件
输入参数 1	x0：TEXT 控件的起始 X 轴坐标
输入参数 2	y0：TEXT 控件的起始 Y 轴坐标
输入参数 3	xSize：TEXT 控件的水平尺寸
输入参数 4	ySize：TEXT 控件的垂直尺寸
输入参数 5	hParent：父窗口的句柄，若为 0 则表示以桌面窗口为父窗口
输入参数 6	WinFlags：创建标志，可取值见表 7-5
输入参数 7	ExFlags：文本对齐方式，可取值见表 10-3
输入参数 8	Id：TEXT 控件的 ID
输入参数 9	pText：要显示文本的指针
输出参数	无
返回值	创建的 TEXT 控件的句柄

表 10-3　ExFlags 的可取值

对 齐 方 式	描　　　述
TEXT_CF_LEFT	水平左对齐
TEXT_CF_HCENTER	水平居中对齐
TEXT_CF_RIGHT	水平右对齐
TEXT_CF_TOP	垂直顶部对齐
TEXT_CF_VCENTER	垂直居中对齐
TEXT_CF_BOTTOM	垂直底部对齐

例如，在坐标(65, 650)处创建一个宽 350 像素、高 50 像素的 TEXT 控件。该控件以桌面窗口为父窗口，ID 为 GUI_ID_TEXT0，且创建后立即显示。代码如下：

```
static WM_HWIN s_hTEXT;
s_hTEXT = TEXT_CreateEx(65, 650, 350, 50, 0, WM_CF_SHOW, 0, GUI_ID_TEXT0, 0);
```

（2）TEXT_SetText。

TEXT_SetText 函数用于设置 TEXT 控件显示的文本，具体描述如表 10-4 所示。

表 10-4　TEXT_SetText 函数的描述

函数名	TEXT_SetText
函数原型	int TEXT_SetText(TEXT_Handle hObj, const char * s);
功能描述	设置 TEXT 控件显示的文本
输入参数 1	hObj：TEXT 控件的句柄
输入参数 2	s：要显示文本的指针
输出参数	无
返回值	0-成功；1-失败

例如，在句柄为 s_hTEXT 的 TEXT 控件上显示"Hello GD32"，代码如下：

```
char str_TEXT[10] = "Hello GD32 "
TEXT_SetText(s_hTEXT, str_TEXT);
```

（3）TEXT_SetBkColor。

TEXT_SetBkColor 函数用于设置 TEXT 控件的背景颜色，具体描述如表 10-5 所示。

表 10-5　TEXT_SetBkColor 函数的描述

函数名	TEXT_SetBkColor
函数原型	void TEXT_SetBkColor(TEXT_Handle hObj, GUI_COLOR Color);
功能描述	设置 TEXT 控件的背景颜色
输入参数 1	hObj：TEXT 控件的句柄
输入参数 2	Color：要显示的颜色
输出参数	无
返回值	void

例如，设置句柄为 s_hTEXT 的 TEXT 控件的背景颜色为白色，代码如下：

```
TEXT_SetBkColor(s_hTEXT, GUI_WHITE);
```

10.2　EDIT 控件

10.2.1　EDIT 控件简介

EDIT 控件为编辑框控件，通常用于获取外部输入信息。EDIT 控件是 GUI 中应用非常广泛的一种元素，如在各类应用程序的登录界面中用于输入账号和密码的编辑框，还有界面的搜索栏等，均使用了 EDIT 控件或类似的控件。

EDIT 控件支持 4 种通知代码，以区分不同的控件行为，如表 10-6 所示。当 EDIT 控件中发生事件时，会向父窗口发送 WM_NOTIFY_PARENT 消息，在消息结构体的 Data.v 成员中将附加相应的通知代码，回调函数根据通知代码执行对应的响应。

表 10-6　EDIT 控件支持的通知代码

通 知 代 码	描　　述
WM_NOTIFICATION_CLICKED	编辑框已被单击

续表

通 知 代 码	描　　述
WM_NOTIFICATION_RELEASED	编辑框已被释放
WM_NOTIFICATION_MOVED_OUT	编辑框已被单击，且指针从控件中移出而未释放编辑框
WM_NOTIFICATION_VALUE_CHANGED	编辑框的值或内容已更改

emWin 为 EDIT 控件提供的预定义 ID 如下：

```
#define GUI_ID_EDIT0        0x100
#define GUI_ID_EDIT1        0x101
#define GUI_ID_EDIT2        0x102
#define GUI_ID_EDIT3        0x103
#define GUI_ID_EDIT4        0x104
#define GUI_ID_EDIT5        0x105
#define GUI_ID_EDIT6        0x106
#define GUI_ID_EDIT7        0x107
#define GUI_ID_EDIT8        0x108
#define GUI_ID_EDIT9        0x109
```

10.2.2　EDIT 控件的输入

EDIT 控件支持输入焦点，支持获取键盘或其他外部输入设备的输入数据。如果 EDIT 控件已具有输入焦点，则该控件可以接收按键消息。当键盘上的特定按键按下时，emWin 通过 GUI_SendKeyMsg 函数将按键消息发送到当前焦点窗口中。GUI_SendKeyMsg 函数的描述如表 10-7 所示。

表 10-7　GUI_SendKeyMsg 函数的描述

函数名	GUI_SendKeyMsg
函数原型	void GUI_SendKeyMsg(int Key, int Pressed);
功能描述	将按键消息发送到当前焦点窗口中
输入参数 1	Key：按键消息。即按键的键值或 emWin 预定义的字符编码，见表 10-8
输入参数 2	Pressed：按键状态。0-按下状态；1-未按下状态
输出参数	无
返回值	void

参数 Key 为按键消息，该参数既可以为 ASCII 码值大于 31 的任意 ASCII 字符，也可以为 EDIT 控件支持的 emWin 预定义的字符编码，如表 10-8 所示。

表 10-8　EDIT 控件支持的字符编码

字 符 编 码	描　　述
GUI_KEY_UP	递增当前字符，如果当前字符为 "A"，则变为 "B"
GUI_KEY_DOWN	递减当前字符，如果当前字符为 "B"，则变为 "A"
GUI_KEY_RIGHT	将光标向右移动一个字符
GUI_KEY_LEFT	将光标向左移动一个字符
GUI_KEY_BACKSPACE	如果编辑框工作在文本模式，则删除光标前的字符
GUI_KEY_DELETE	如果编辑框工作在文本模式，则删除光标后的字符
GUI_KEY_INSERT	使能或禁止插入模式

EDIT 控件在收到按键消息后，即可对应更新编辑框的显示内容。

10.2.3　EDIT 控件的库函数

EDIT 控件提供了丰富的库函数，下面简要介绍几种常用的库函数。完整的库函数列表及对应的描述可参考 emWin 用户手册的 17.8.5 节。

（1）EDIT_CreateEx。

EDIT_CreateEx 函数用于创建 EDIT 控件，具体描述如表 10-9 所示。

表 10-9　EDIT_CreateEx 函数的描述

函数名	EDIT_CreateEx
函数原型	EDIT_Handle EDIT_CreateEx(int x0, int y0, int xSize, int ySize, WM_HWIN hParent, int WinFlags, int ExFlags, int Id, int MaxLen);
功能描述	创建 EDIT 控件
输入参数 1	x0：EDIT 控件的起始 X 轴坐标
输入参数 2	y0：EDIT 控件的起始 Y 轴坐标
输入参数 3	xSize：EDIT 控件的水平尺寸
输入参数 4	ySize：EDIT 控件的垂直尺寸
输入参数 5	hParent：父窗口的句柄，若为 0 则表示以桌面窗口为父窗口
输入参数 6	WinFlags：创建标志，可取值见表 7-5
输入参数 7	ExFlags：未使用
输入参数 8	Id：EDIT 控件的 ID
输入参数 9	MaxLen：最多能显示的字符数
输出参数	无
返回值	创建的 EDIT 控件的句柄

例如，在坐标(10, 100)处创建一个宽 350 像素、高 50 像素的 EDIT 控件。该控件以桌面窗口为父窗口，ID 为 GUI_ID_EDIT0，最多能显示 10 个字符，且创建后立即显示。代码如下：

```
static WM_HWIN s_hEDIT;
s_hEDIT = EDIT_CreateEx(10, 100, 350, 50, 0, WM_CF_SHOW, 0, GUI_ID_EDIT0, 10);
```

（2）EDIT_EnableBlink。

EDIT_EnableBlink 函数用于设置 EDIT 控件的光标闪烁，具体描述如表 10-10 所示。

表 10-10　EDIT_EnableBlink 函数的描述

函数名	EDIT_EnableBlink
函数原型	void EDIT_EnableBlink(EDIT_Handle hObj, int Period, int OnOff);
功能描述	设置 EDIT 控件的光标闪烁
输入参数 1	hObj：EDIT 控件的句柄
输入参数 2	Period：闪烁周期
输入参数 3	OnOff：0-禁止闪烁；1-使能闪烁
输出参数	无
返回值	void

例如，设置句柄为 hItem 的 EDIT 控件的光标使能闪烁，且将闪烁周期设置为 1000ms，代码如下：

```
EDIT_EnableBlink(hItem, 1000, 1);
```

（3）EDIT_SetTextAlign。

EDIT_SetTextAlign 函数用于设置 EDIT 控件的文本对齐方式，具体描述如表 10-11 所示。

表 10-11　EDIT_SetTextAlign 函数的描述

函数名	EDIT_SetTextAlign
函数原型	void EDIT_SetTextAlign(EDIT_Handle hObj, int Align);
功能描述	设置 EDIT 控件的文本对齐方式
输入参数 1	hObj：EDIT 控件的句柄
输入参数 2	Align：文本对齐方式，可取值见表 6-7
输出参数	无
返回值	void

例如，设置句柄为 hItem 的 EDIT 控件的文本对齐方式为垂直居中对齐，代码如下：

```
EDIT_SetTextAlign(hItem, GUI_TA_VCENTER);
```

10.3　实例与代码解析

下面通过编写实例程序，创建两个对话框窗口，一个窗口作为数字键盘可实现数据输入，另一个窗口包含的编辑框可接收通过数字键盘输入的数据；另外，通过一个 TEXT 控件显示数字键盘最近一次按下的按键键值。最终实现的 GUI 如图 10-1 所示。

图 10-1　最终实现的 GUI

10.3.1　复制并编译原始工程

首先，将"D:\emWinKeilTest\Material\08.TEXT&EDIT_Sample"文件夹复制到"D:\emWinKeilTest\Product"文件夹中。其次，双击运行"D:\emWinKeilTest\Product\08.TEXT&EDIT_

Sample\Project"文件夹中的 GD32KeilPrj.uvprojx，单击工具栏中的 ▦ 按钮进行编译。当 Build Output 栏中出现"FromELF: creating hex file..."时，表示已经成功生成.hex 文件，出现"0 Error(s), 0 Warning(s)"表示编译成功。最后，将.axf 文件下载到开发板的内部 Flash 上。如果屏幕显示"Hello World！"，则表示原始工程正确，可以进行下一步操作。

10.3.2 添加 TEXT&EDITDemo 文件对

首先，将"D:\emWinKeilTest\Product\08.TEXT&EDIT_Sample\TPSW\emWin5.26\emWin\Sample\Application\GUIDemo\TEXT&EDITDemo"文件夹中的 TEXT&EDITDemo.c 文件添加到 EMWIN_DEMO 分组中。然后，将"D:\emWinKeilTest\Product\08.TEXT&EDIT_Sample\TPSW\emWin5.26\emWin\Sample\Application\GUIDemo\TEXT&EDITDemo"路径添加到 Include Paths 栏中。

10.3.3 TEXT&EDITDemo 文件对

1．TEXT&EDITDemo.h 文件

TEXT&EDITDemo.h 文件的"包含头文件"区包含了如程序清单 10-1 所示的头文件。在 TEXT&EDITDemo.c 文件中需要调用字符串操作相关函数，所以 TEXT&EDITDemo.h 文件需要包含 string.h 头文件。

程序清单 10-1

```
1.    #include "GUI.h"
2.    #include "DIALOG.h"
3.    #include "WM.h"
4.    #include <string.h>
```

在"API 函数声明"区，声明 CreateTEXTEDITDemo 函数，如程序清单 10-2 所示。该函数用于创建文本和编辑框演示例程。

程序清单 10-2

```
void CreateTEXTEDITDemo(void);    //创建文本和编辑框演示例程
```

2．TEXT&EDITDemo.c 文件

在 TEXT&EDITDemo.c 文件的"内部变量"区，进行如程序清单 10-3 所示的变量声明和定义。

（1）第 1 至 6 行代码：创建资源表 FRAMEWINDialog，资源表中包含一个框架窗口和一个 EDIT 控件。

（2）第 8 至 24 行代码：创建资源表 WINDOWDialog，资源表中包含一个窗口控件和 12 个按钮，12 个按钮用于组成数字键盘。

（3）第 26 行代码：声明 TEXT 控件的句柄。

程序清单 10-3

```
1.    //创建包含 EDIT 控件的框架窗口资源表
2.    static const GUI_WIDGET_CREATE_INFO FRAMEWINDialog[] =
3.    {
4.      { FRAMEWIN_CreateIndirect, "EDIT",                    0, 65, 180, 350, 140, 0, 0 },
```

```
5.      { EDIT_CreateIndirect        ,""      , GUI_ID_EDIT0, 23,   28, 300,   50, 0, 19},
6.    };
7.
8.    //创建包含数字键盘的窗口资源表
9.    static const GUI_WIDGET_CREATE_INFO WINDOWDialog[] =
10.   {
11.     { WINDOW_CreateIndirect, "" ,                        1,    65, 320, 350, 325},
12.     { BUTTON_CreateIndirect, "0",      GUI_ID_USER + 0,   25,  25,  80,  50},
13.     { BUTTON_CreateIndirect, "1",      GUI_ID_USER + 1,  135,  25,  80,  50},
14.     { BUTTON_CreateIndirect, "2",      GUI_ID_USER + 2,  245,  25,  80,  50},
15.     { BUTTON_CreateIndirect, "3",      GUI_ID_USER + 3,   25, 100,  80,  50},
16.     { BUTTON_CreateIndirect, "4",      GUI_ID_USER + 4,  135, 100,  80,  50},
17.     { BUTTON_CreateIndirect, "5",      GUI_ID_USER + 5,  245, 100,  80,  50},
18.     { BUTTON_CreateIndirect, "6",      GUI_ID_USER + 6,   25, 175,  80,  50},
19.     { BUTTON_CreateIndirect, "7",      GUI_ID_USER + 7,  135, 175,  80,  50},
20.     { BUTTON_CreateIndirect, "8",      GUI_ID_USER + 8,  245, 175,  80,  50},
21.     { BUTTON_CreateIndirect, "9",      GUI_ID_USER + 9,   25, 250,  80,  50},
22.     { BUTTON_CreateIndirect, ".",      GUI_ID_USER + 10, 135, 250,  80,  50},
23.     { BUTTON_CreateIndirect, "Del",    GUI_ID_USER + 11, 245, 250,  80,  50},
24.   };
25.
26.   static WM_HWIN s_hTEXT;                                     //声明 TEXT 控件的句柄
```

在"内部函数声明"区，声明 2 个内部函数，如程序清单 10-4 所示，分别为两个框架窗口的回调函数。

程序清单 10-4

```
static void FRAMEWINDialogCallback(WM_MESSAGE* pMsg);    //EDIT 框架窗口回调函数
static void WINDOWDialogCallback(WM_MESSAGE* pMsg);       //数字键盘窗口回调函数
```

在"内部函数实现"区，编写上述 2 个函数的实现代码。首先实现 FRAMEWINDialogCallback 函数，如程序清单 10-5 所示。

（1）第 8 至 14 行代码：通过 FRAMEWIN 控件的相关库函数初始化框架窗口。

（2）第 16 至 20 行代码：通过 EDIT_SetFont 函数设置 EDIT 控件编辑框中显示的文本字体，通过 EDIT_SetTextAlign 函数设置文本对齐方式为垂直居中对齐，通过 EDIT_EnableBlink 使能光标闪烁且周期为 1000ms。

程序清单 10-5

```
1.    static void FRAMEWINDialogCallback(WM_MESSAGE* pMsg)
2.    {
3.      WM_HWIN    hItem;
4.
5.      switch (pMsg->MsgId)
6.      {
7.        case WM_INIT_DIALOG:                                     //初始化框架窗口
8.          hItem = pMsg->hWin;                                    //获取框架窗口句柄
9.          FRAMEWIN_SetTitleHeight(hItem, 30);                    //设置标题栏的高度
10.         FRAMEWIN_SetBarColor(hItem, EDIT_CI_ENABLED, 0xC0C0C0); //设置标题栏的颜色
11.         FRAMEWIN_SetFont(hItem, GUI_FONT_32B_ASCII);           //设置标题字体
12.         FRAMEWIN_SetTextColor(hItem, GUI_BLACK);               //设置标题文本颜色
```

```
13.        FRAMEWIN_SetClientColor(hItem, 0x312F0F);              //设置客户窗口的颜色
14.        FRAMEWIN_SetBorderSize(hItem , 1);                     //设置边框尺寸
15.
16.        //初始化 EXIT 控件
17.        hItem = WM_GetDialogItem(pMsg->hWin, GUI_ID_EDIT0);    //获取 EDIT 控件的句柄
18.        EDIT_SetFont(hItem, GUI_FONT_32B_ASCII);           //设置 EDIT 控件编辑框中显示的文本字体
19.        EDIT_SetTextAlign(hItem, GUI_TA_VCENTER);              //设置 EDIT 控件的文本对齐方式
20.        EDIT_EnableBlink(hItem, 1000, 1);                      //使能光标闪烁
21.        break;
22.
23.     default:
24.        WM_DefaultProc(pMsg);
25.        break;
26.     }
27.  }
```

在 FRAMEWINDialogCallback 函数的实现代码后为 WINDOWDialogCallback 函数的实现代码，如程序清单 10-6 所示。

（1）第 14 至 25 行代码：通过 WM_INIT_DIALOG 消息初始化对话框，通过 for 循环设置数字键盘上每一个按钮的外观样式。

（2）第 38 至 44 行代码：在数字键盘上的"0""1""2""3""4""5""6""7""8""9"".'"中的某一个按钮被按下又松开后，通过 BUTTON_GetText 函数获取被按下按钮的字符，并将该字符赋值于 Key。然后通过 strcat 函数将该字符与 str_TEXT 字符串进行拼接，便于后续 TEXT 控件更新显示最近一次按下的按钮字符。

（3）第 45 至 49 行代码：若数字键盘上的"Del"按钮被按下又松开，则将 GUI_KEY_BACKSPACE 赋值于 Key。然后通过 strcat 函数将"Del"与 str_TEXT 字符串进行拼接，便于后续 TEXT 控件更新显示最近一次按下的按钮为"Del"。

（4）第 51 行代码：通过 GUI_SendKeyMsg 函数将 Key 发送到 EDIT 控件中，Key 中存放了最近一次按下的按钮字符，以实现在按下数字键盘上的按钮再松开后，EDIT 控件的编辑框中对应显示被按下按钮的字符。

（5）第 53 行代码：通过 TEXT_SetText 函数更新 TEXT 控件中显示的文本，即显示最近一次被按下的数字键盘上的按钮字符。

程序清单 10-6

```
1.  static void WINDOWDialogCallback(WM_MESSAGE* pMsg)
2.  {
3.    int i;
4.    int Id;
5.    int NCode;
6.    int pressFlag;                        //按钮按下标志位：1-按下；0-松开
7.    int Key;                              //存放按钮松开时要传递的字符
8.    char acBuffer[10];                    //存放按钮上的字符
9.    char str_TEXT[30] = "Pressed BUTTON ";  //TEXT 控件显示的部分内容
10.   WM_HWIN   hItem;
11.
12.   switch (pMsg->MsgId)
13.   {
```

```
14.        case WM_INIT_DIALOG:
15.        //通过 for 循环遍历来创建窗口中的数字键盘
16.        for (i = 0; i < GUI_COUNTOF(WINDOWDialog) - 1; i++)
17.        {
18.          hItem = WM_GetDialogItem(pMsg->hWin, GUI_ID_USER + i);
19.          BUTTON_SetFont(hItem, GUI_FONT_32B_ASCII);
20.          BUTTON_SetTextColor(hItem, 0, GUI_WHITE);
21.          BUTTON_SetFocussable(hItem, 0);
22.          BUTTON_SetBkColor(hItem, 0, 0x9F5925);          //设置按钮松开状态下的背景颜色
23.          BUTTON_SetBkColor(hItem, 1, 0x22C2FF);          //设置按钮按下状态下的背景颜色
24.        }
25.        break;
26.
27.      case WM_NOTIFY_PARENT:
28.        Id = WM_GetId(pMsg->hWinSrc);
29.        NCode = pMsg->Data.v;
30.
31.        switch (NCode)
32.        {
33.          case WM_NOTIFICATION_CLICKED:                    //按钮按下
34.            pressFlag = 1;                                 //将按钮按下标志位置 1
35.            break;
36.
37.          case WM_NOTIFICATION_RELEASED:                   //按钮松开
38.            if ((Id >= GUI_ID_USER) && (Id <= (GUI_ID_USER + 10)))
39.            {
40.              //获取按钮对应的字符
41.              BUTTON_GetText(pMsg->hWinSrc, acBuffer, sizeof(acBuffer));
42.              Key = acBuffer[0];
43.              strcat(str_TEXT, acBuffer);
44.            }
45.            else                                           //Del 按钮松开
46.            {
47.              Key = GUI_KEY_BACKSPACE;
48.              strcat(str_TEXT, "Del");
49.            }
50.
51.            GUI_SendKeyMsg(Key, pressFlag);                //pressFlag 为 1 时，向 EDIT 控件发送字符 Key
52.            pressFlag = 0;                                 //将按钮按下标志位清零
53.            TEXT_SetText(s_hTEXT, str_TEXT);               //更新文本显示
54.            break;
55.        }
56.
57.      default:
58.        WM_DefaultProc(pMsg);
59.        break;
60.    }
61.  }
```

在"API 函数实现"区，CreateTEXTEDITDemo 函数的实现代码如程序清单 10-7 所示，该函数用于创建文本和编辑框演示例程。

（1）第 3 至 6 行代码：显示标题字符串"TEXT&EDIT Demo"。

（2）第 8 至 13 行代码：通过 TEXT_CreateEx 函数创建 TEXT 控件，并设置文本的字体、颜色。然后，通过 TEXT_SetBkColor 函数将 TEXT 控件的背景颜色设置为 BGR 值 0x312F0F 对应的颜色，该颜色与背景窗口的颜色相同，使 TEXT 控件显示的文本具有透明效果。

（3）第 15 至 17 行代码：根据资源表分别创建两个窗口。

程序清单 10-7

```
1.    void CreateTEXTEDITDemo()
2.    {
3.       //显示标题字符串
4.       GUI_SetColor(GUI_WHITE);
5.       GUI_SetFont(&GUI_Font32B_ASCII);
6.       GUI_DispStringHCenterAt("TEXT&EDIT Demo", 240, 100);
7.
8.       //创建 TEXT 控件并设置文本的字体、颜色和背景颜色
9.       s_hTEXT = TEXT_CreateEx(65, 650, 350, 50, 0, WM_CF_SHOW, 0, GUI_ID_TEXT0, 0);
10.      TEXT_SetFont(s_hTEXT, GUI_FONT_32B_ASCII);
11.      TEXT_SetTextColor(s_hTEXT, GUI_WHITE);
12.      TEXT_SetBkColor(s_hTEXT, 0x312F0F);
13.      WM_EnableMemdev(s_hTEXT);                    //启用内存设备来重绘 TEXT 控件
14.
15.      //根据资源表间接创建数字键盘窗口和 EDIT 框架窗口
16.      GUI_CreateDialogBox(WINDOWDialog, GUI_COUNTOF(WINDOWDialog), WINDOWDialogCallback,
WM_HBKWIN, 0, 0);
17.      GUI_ExecDialogBox(FRAMEWINDialog, GUI_COUNTOF(FRAMEWINDialog), FRAMEWINDialogCallback,
WM_HBKWIN, 0, 0);
18.
19.      while(1)
20.      {
21.        GUI_Exec();                               //GUI 轮询
22.      }
23.    }
```

10.3.4 完善 GUIDemo.c 文件

在 GUIDemo.c 文件的"包含头文件"区，添加包含 TEXT&EDITDemo.h 头文件的代码，如程序清单 10-8 所示。

程序清单 10-8

```
#include "GUIDemo.h"
#include "TEXT&EDITDemo.h"
```

在"API 函数实现"区，按程序清单 10-9 修改 MainTask 函数的代码，调用 CreateTEXTEDITDemo 函数创建例程，实现在 LCD 上进行文本和编辑框演示。

程序清单 10-9

```
1.    void MainTask(void)
2.    {
3.       GUI_Init();              //GUI 初始化
```

```
4.
5.     DrawBackground();              //绘制背景
6.
7.     CreateTEXTEDITDemo();     //创建例程
8.   }
```

10.3.5　编译及下载验证

代码编写完成并编译通过后，下载程序并进行复位。GD32F3 苹果派开发板的 LCD 上将显示如图 10-1 所示的界面，单击数字键盘上的按钮，按钮的外观将进行重绘，同时，对应的键值将被输入编辑框，如图 10-2 所示。

图 10-2　运行结果

 本章任务

熟练掌握本章所介绍的 TEXT 和 EDIT 控件相关库函数的定义和用法。在本章实例程序的基础上完善界面，可添加进行四则运算的基本按钮及显示运算结果的文本控件等，实现简单的计算器功能。

 本章习题

1. 简述 TEXT 控件的功能及常见使用场景。
2. 如何使 TEXT 控件上显示的文本水平垂直居中对齐？
3. EDIT 控件如何获取外部输入数据？
4. GUI_KEY_BACKSPACE 的含义是什么？在什么情况下使用？
5. 简述 EDIT_EnableBlink 函数的功能及各项参数的意义。

第 11 章　PROGBAR 控件

第 10 章介绍了 TEXT 和 EDIT 两种通用控件的功能和用法。本章将介绍进度条控件 PROGBAR。进度条可以将系统执行任务的进度具象化，可以将任务正在正常执行、任务已执行完毕等状态以最直观的形式呈现，使用户能随时掌握任务的执行情况。

11.1　PROGBAR 控件简介

PROGBAR 控件为进度条控件，用于将任务进度可视化。进度条在类似于文件传输、软件安装、系统更新、电池电量监测等场景中应用广泛。

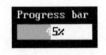

图 11-1　矩形样式的进度条

在 emWin 提供的进度条中，比较常见的样式为矩形样式，如图 11-1 所示。

PROGBAR 控件通常仅用于显示进度值，不涉及用户交互，因此不支持任何通知代码、输入焦点和按键消息。

emWin 为 PROGBAR 控件提供的预定义 ID 如下：

```
#define GUI_ID_PROGBAR0    0x210
#define GUI_ID_PROGBAR1    0x211
#define GUI_ID_PROGBAR2    0x212
#define GUI_ID_PROGBAR3    0x213
```

11.2　PROGBAR 控件的库函数

PROGBAR 控件提供了丰富的库函数，下面简要介绍几种常用的库函数。完整的库函数列表及对应的描述可参考 emWin 用户手册的 17.21.4 节。

（1）PROGBAR_Create。

PROGBAR_Create 函数用于创建 PROGBAR 控件，具体描述如表 11-1 所示。

表 11-1　PROGBAR_Create 函数的描述

函数名	PROGBAR_Create
函数原型	PROGBAR_Handle PROGBAR_Create(int x0, int y0, int xSize, int ySize, int Flags);
功能描述	创建 PROGBAR 控件
输入参数 1	x0：PROGBAR 控件的起始 X 轴坐标
输入参数 2	y0：PROGBAR 控件的起始 Y 轴坐标
输入参数 3	xSize：PROGBAR 控件的水平尺寸

输入参数 4	ySize：PROGBAR 控件的垂直尺寸
输入参数 5	Flags：创建标志，可取值见表 7-5
输出参数	无
返回值	创建的 PROGBAR 控件的句柄

例如，在坐标(120, 250)处创建一个宽 240 像素、高 40 像素的 PROGBAR 控件，且创建后立即显示，代码如下：

```
static PROGBAR_Handle s_hPROGBAR;
s_hPROGBAR = PROGBAR_Create(120, 250, 240, 40, WM_CF_SHOW);
```

（2）PROGBAR_SetMinMax。

PROGBAR_SetMinMax 函数用于设置 PROGBAR 控件的最小值和最大值，具体描述如表 11-2 所示。

表 11-2　PROGBAR_SetMinMax 函数的描述

函数名	PROGBAR_SetMinMax
函数原型	void PROGBAR_SetMinMax(PROGBAR_Handle hObj, int Min, int Max);
功能描述	设置 PROGBAR 控件的最小值和最大值
输入参数 1	hObj：PROGBAR 控件的句柄
输入参数 2	Min：PROGBAR 控件的最小值
输入参数 3	Max：PROGBAR 控件的最大值
输出参数	无
返回值	void

例如，设置句柄为 s_hPROGBAR 的 PROGBAR 控件的最小值为 0，最大值为 100，代码如下：

```
PROGBAR_SetMinMax(s_hPROGBAR, 0, 100);
```

（3）PROGBAR_SetValue。

PROGBAR_SetValue 函数用于设置 PROGBAR 控件的值，具体描述如表 11-3 所示。

表 11-3　PROGBAR_SetValue 函数的描述

函数名	PROGBAR_SetValue
函数原型	void PROGBAR_SetValue(PROGBAR_Handle hObj, int v);
功能描述	设置 PROGBAR 控件的值
输入参数 1	hObj：PROGBAR 控件的句柄
输入参数 2	v：要设置的值
输出参数	无
返回值	void

调用该函数设置 PROGBAR 控件的值后，将根据最小值和最大值计算进度，公式为

$$(v - \text{Min})/(\text{Max} - v) \times 100\%$$

PROGBAR 控件创建后，默认值为 0。

（4）PROGBAR_SetBarColor。

PROGBAR_SetBarColor 函数用于设置 PROGBAR 控件的颜色，具体描述如表 11-4 所示。

表 11-4　PROGBAR_SetBarColor 函数的描述

函数名	PROGBAR_SetBarColor
函数原型	void PROGBAR_SetBarColor(PROGBAR_Handle hObj, unsigned int Index, GUI_COLOR Color);
功能描述	设置 PROGBAR 控件的颜色
输入参数 1	hObj：PROGBAR 控件的句柄
输入参数 2	Index：0-进度条上已完成部分的颜色；1-进度条上未完成部分的颜色
输入参数 3	Color：要设置的颜色
输出参数	无
返回值	void

例如，设置句柄为 s_hPROGBAR 的 PROGBAR 控件的颜色：进度条上已完成部分显示黄色，未完成部分显示蓝色，代码如下：

```
PROGBAR_SetBarColor(s_hPROGBAR, 0, GUI_YELLOW);
PROGBAR_SetBarColor(s_hPROGBAR, 1, GUI_BLUE);
```

11.3　呼吸灯简介

呼吸灯是一种灯光效果，即模拟人体呼吸，周期性地提升和减弱 LED 的亮度。在人眼中，图像的滞留时间约为 40ms。理论上，如果以 20ms 为一个周期，LED 一直以亮 10ms、灭 10ms 的状态工作，则人眼看到的情况应该是 LED 持续点亮。如果每经过一个周期后都适当延长 LED 的点亮时间，缩短 LED 的熄灭时间，则 LED 的亮度会不断提高；如果每经过一个周期后都适当缩短 LED 的点亮时间，延长 LED 的熄灭时间，则 LED 的亮度会逐渐降低。不断提高 LED 的亮度，在亮度达到一定程度时，逐渐降低 LED 的亮度，当亮度降低到一定程度时，再提高 LED 的亮度，如此循环，便可以让 LED 实现呼吸灯的效果。

在本章例程中，PROGBAR 控件的进度值将在 0～100 变化。进度值增大时，相应地增大输入到 LED_1 中的 PWM（脉冲宽度调制）波的占空比，使 LED_1 的亮度逐渐提高；进度值减小时，相应地减小输入到 LED_1 中的 PWM 波的占空比，使 LED_1 的亮度逐渐降低。这样即可实现与进度条同步变化的呼吸灯效果。

呼吸灯的配置文件为 PWM.c 文件，在该文件中主要配置了输出至 LED_1 中的 PWM 波。其中，控制 PWM 波占空比的函数为 SetPWM，输入参数范围为 0～600，且输入参数越大，占空比越大。

11.4　实例与代码解析

下面通过编写实例程序，分别创建 1 个进度条控件、1 个文本控件、1 个开始按钮和 1 个重启按钮，并且在按下开始按钮后，进度条上的进度先递增至 100%，再递减至 0%，循环往复。在此期间，文本控件上显示进度值，并且开发板上 LED_1 的亮度将随进度值实时变化，以实现呼吸灯效果，进度为 100%时最亮，0%时最暗。按下重启按钮后，进度条上的进度清零，LED₁熄灭。最终实现的 GUI 如图 11-2 所示。

图 11-2　最终实现的 GUI

11.4.1　复制并编译原始工程

首先，将"D:\emWinKeilTest\Material\09.PROGBAR_Sample"文件夹复制到"D:\emWinKeilTest\Product"文件夹中。其次，双击运行"D:\emWinKeilTest\Product\09.PROGBAR_Sample\Project"文件夹中的 GD32KeilPrj.uvprojx，单击工具栏中的圖按钮进行编译。当 Build Output 栏中出现"FromELF：creating hex file..."时，表示已经成功生成.hex 文件，出现"0 Error(s), 0 Warning(s)"表示编译成功。最后，将.axf 文件下载到开发板的内部 Flash 上。如果屏幕显示"Hello World !"，则表示原始工程正确，可以进行下一步操作。

11.4.2　添加 PROGBARDemo 文件对

首 先 ， 将 " D:\emWinKeilTest\Product\09.PROGBAR_Sample\TPSW\emWin5.26\emWin\Sample\Application\GUIDemo\PROGBARDemo"文件夹中的 PROGBARDemo.c 文件添加到 EMWIN_DEMO 分组中。然后，将"D:\emWinKeilTest\Product\09.PROGBAR_Sample\TPSW\emWin5.26\emWin\Sample\Application\GUIDemo\PROGBARDemo"路径添加到 Include Paths 栏中。

11.4.3　PROGBARDemo 文件对

1. PROGBARDemo.h 文件

PROGBARDemo.h 文件的"包含头文件"区包含了如程序清单 11-1 所示的头文件。在 PROGBARDemo.c 文件中需要调用呼吸灯相关函数，所以 PROGBARDemo.h 文件需要包含 PWM.h 头文件。

程序清单 11-1

```
1.    #include "GUI.h"
2.    #include "DIALOG.h"
```

```
3.    #include "WM.h"
4.    #include "stdio.h"
5.    #include "PWM.h"
```

在"API 函数声明"区，声明 CreatePROGBARDemo 函数，如程序清单 11-2 所示。该函数用于创建进度条演示例程。

程序清单 11-2

```
void CreatePROGBARDemo(void);    //创建进度条演示例程
```

2. PROGBARDemo.c 文件

在 PROGBARDemo.c 文件的"宏定义"区，进行如程序清单 11-3 所示的宏定义，定义程序中用到的所有控件的 ID。

程序清单 11-3

```
1.    #define ID_BUTTON_START    (GUI_ID_USER + 0x00)
2.    #define ID_BUTTON_RESET    (GUI_ID_USER + 0x01)
3.    #define ID_TEXT            (GUI_ID_USER + 0x02)
4.    #define ID_PROGBAR         (GUI_ID_USER + 0x03)
```

在"内部变量"区，进行如程序清单 11-4 所示的变量声明和定义。

（1）第 1 至 4 行代码：定义程序中用到的所有控件的句柄。

（2）第 6 至 8 行代码：定义 START 按钮和进度条的标志位，以及进度条上显示的数值。

程序清单 11-4

```
1.    static BUTTON_Handle   s_hBUTTON_START;  //START 按钮的句柄
2.    static BUTTON_Handle   s_hBUTTON_RESET;  //RESET 按钮的句柄
3.    static TEXT_Handle     s_hTEXT;          //文本控件的句柄
4.    static PROGBAR_Handle  s_hPROGBAR;       //进度条的句柄
5.
6.    static int s_iBUTTON_STARTFlag = 0; //START 按钮标志位，用于控制 START 按钮显示的内容
7.    static int s_iPROGBARFlag = 0;      //进度条标志位，用于控制进度条开始计数、停止计数和复位
8.    static int s_iValue = 0;            //进度条上显示的数值
```

在"内部函数声明"区，声明 3 个内部函数，如程序清单 11-5 所示，分别为两个按钮的回调函数，以及用于改变进度值的函数。

程序清单 11-5

```
static void BUTTON_STARTCallback(WM_MESSAGE* pMsg);    //START 按钮的回调函数
static void BUTTON_RESETCallback(WM_MESSAGE* pMsg);    //RESET 按钮的回调函数
static void ChangeValue(void);                         //改变进度值
```

在"内部函数实现"区，编写上述 3 个函数的实现代码。首先实现 BUTTON_STARTCallback 函数，如程序清单 11-6 所示。

（1）第 9 至 12 行代码：每按下 START 按钮一次，s_iBUTTON_STARTFlag 加 1。

（2）第 15 至 26 行代码：若按下偶数次 START 按钮，则按钮上显示"START"文本，且进度条停止计数。

（3）第 27 至 38 行代码：若按下奇数次 START 按钮，则按钮上显示"STOP"文本，且进度条开始计数。

程序清单 11-6

```
1.    static void BUTTON_STARTCallback(WM_MESSAGE* pMsg)
2.    {
3.      GUI_RECT rect0;
4.      WM_GetClientRect(&rect0);                          //获取 START 按钮的尺寸
5.
6.      switch (pMsg->MsgId)
7.      {
8.        case WM_PAINT:
9.          if (BUTTON_IsPressed(pMsg->hWin))
10.         {
11.           s_iBUTTON_STARTFlag++;                       //按下 START 按钮，该标志位加 1
12.         }
13.
14.         //根据 s_iBUTTON_STARTFlag 更新 START 按钮显示及控制进度条状态
15.         if (s_iBUTTON_STARTFlag % 2 == 0)              //START 按钮未按下状态
16.         {
17.           GUI_SetColor(0x9F5925);
18.           GUI_FillRoundedRect(rect0.x0, rect0.y0, rect0.x1, rect0.y1, 5);
19.
20.           GUI_SetColor(0x9F5925);
21.           GUI_SetFont(&GUI_Font24B_ASCII);
22.           GUI_SetTextMode(GUI_TM_XOR);
23.           GUI_DispStringInRect("START", &rect0, GUI_TA_HCENTER | GUI_TA_VCENTER);
24.
25.           s_iPROGBARFlag = 2;                          //进度条停止计数
26.         }
27.         else                                           //START 按钮按下状态
28.         {
29.           GUI_SetColor(0x22C2FF);
30.           GUI_FillRoundedRect(rect0.x0, rect0.y0, rect0.x1, rect0.y1, 5);
31.
32.           GUI_SetColor(0x9F5925);
33.           GUI_SetFont(&GUI_Font24B_ASCII);
34.           GUI_SetTextMode(GUI_TM_XOR);
35.           GUI_DispStringInRect("STOP", &rect0, GUI_TA_HCENTER | GUI_TA_VCENTER);
36.
37.           s_iPROGBARFlag = 1;                          //进度条开始计数
38.         }
39.         break;
40.
41.       default:
42.         BUTTON_Callback(pMsg);
43.         break;
44.       }
45.   }
```

在 BUTTON_STARTCallback 函数的实现代码后为 BUTTON_RESETCallback 函数的实现代码，如程序清单 11-7 所示。

（1）第 9 至 15 行代码：RESET 按钮按下后，标志位 s_iBUTTON_STARTFlag 清零。

（2）第 16 至 22 行代码：RESET 按钮松开后，进度条复位。

（3）第 30 至 36 行代码：RESET 按钮按下后，通过 WM_Paint 函数重绘 START 按钮和进度条。

程序清单 11-7

```
1.    static void BUTTON_RESETCallback(WM_MESSAGE* pMsg)
2.    {
3.      GUI_RECT rect1;
4.      WM_GetClientRect(&rect1);                        //获取 RESET 按钮的尺寸
5.
6.      switch (pMsg->MsgId)
7.      {
8.        case WM_PAINT:
9.          if (BUTTON_IsPressed(pMsg->hWin))          //RESET 按钮按下
10.         {
11.           GUI_SetColor(0x22C2FF);
12.           GUI_FillRoundedRect(rect1.x0, rect1.y0, rect1.x1, rect1.y1, 5);
13.
14.           s_iBUTTON_STARTFlag = 0;                 //START 按钮标志位清零，START 按钮复位
15.         }
16.         else                                       //RESET 按钮松开
17.         {
18.           GUI_SetColor(0x9F5925);
19.           GUI_FillRoundedRect(rect1.x0, rect1.y0, rect1.x1, rect1.y1, 5);
20.
21.           s_iPROGBARFlag = 0;                      //进度条复位
22.         }
23.
24.         GUI_SetColor(0x9F5925);
25.         GUI_SetFont(&GUI_Font24B_ASCII);
26.         GUI_SetTextMode(GUI_TM_XOR);
27.         GUI_DispStringInRect("RESET", &rect1, GUI_TA_HCENTER | GUI_TA_VCENTER);
28.         break;
29.
30.       case WM_POST_PAINT:
31.         if (BUTTON_IsPressed(pMsg->hWin))          //RESET 按钮按下后重绘 START 按钮和进度条
32.         {
33.           WM_Paint(s_hBUTTON_START);
34.           WM_Paint(s_hPROGBAR);
35.         }
36.         break;
37.
38.       default:
39.         BUTTON_Callback(pMsg);
40.         break;
41.      }
42.    }
```

在 BUTTON_RESETCallback 函数的实现代码后为 ChangeValue 函数的实现代码，如程序清单 11-8 所示。

（1）第 8 至 12 行代码：若标志位 s_iPROGBARFlag 为 0，则通过 PROGBAR_SetValue 函数将进度值设置为 0，即复位进度条。

（2）第 13 至 35 行代码：若标志位 s_iPROGBARFlag 为 1，则表示进度条开始计数。当 s_iCountFlag 为 0 时，进度值递增，递增至 100 后将 s_iCountFlag 置 1，随后进度值递减，递减至 0 后再将 s_iCountFlag 置 0，循环往复。

（3）第 36 至 39 行代码：若标志位 s_iPROGBARFlag 为 2，则表示进度条停止计数，进度条将保留当前值且不再继续计数。

（4）第 41 至 42 行代码：将进度值转换为百分比字符串后显示在文本控件上。

（5）第 44 至 45 行代码：根据进度值设置 PWM 波的占空比以实现呼吸灯效果。

程序清单 11-8

```
1.    static void ChangeValue(void)
2.    {
3.        char pTEXT[10];                       //进度值
4.        int    PWMTime;                       //输出到 LED1 中的 PWM 波的占空比
5.
6.        static int s_iCountFlag = 0;          //s_iCountFlag 为 0 时进度值增大，为 1 时进度值减小
7.
8.        if (s_iPROGBARFlag == 0)              //进度条复位
9.        {
10.           PROGBAR_SetValue(s_hPROGBAR, 0);  //设置进度值为 0
11.           s_iValue = 0;                     //将表示进度值的变量清零
12.       }
13.       else if (s_iPROGBARFlag == 1)         //进度条开始计数
14.       {
15.           PROGBAR_SetValue(s_hPROGBAR, s_iValue); //设置进度值
16.
17.           if(s_iCountFlag == 0)             //进度值增大
18.           {
19.             s_iValue++;
20.
21.             if(s_iValue >= 100)
22.             {
23.               s_iCountFlag = 1;             //递增计数到 100 时开始递减计数
24.             }
25.           }
26.           else if(s_iCountFlag == 1)        //进度值减小
27.           {
28.             s_iValue--;
29.
30.             if(s_iValue <= 0)               //递减计数到 0 时开始递增计数
31.             {
32.               s_iCountFlag = 0;
33.             }
34.           }
35.       }
```

36.	else if (s_iPROGBARFlag == 2)	//进度条停止计数
37.	{	
38.	PROGBAR_SetValue(s_hPROGBAR, s_iValue);	//设置进度值
39.	}	
40.		
41.	sprintf(pTEXT, "%d%%", s_iValue);	//将进度值转换为百分比字符串
42.	TEXT_SetText(s_hTEXT, pTEXT);	//在文本控件上显示转换后的百分比字符串
43.		
44.	PWMTime = s_iValue * 2 + (s_iValue / 5) * (s_iValue / 5);	
45.	SetPWM(PWMTime);	//设置占空比，实现 LED₁ 的呼吸灯效果
46.	}	

在"API 函数实现"区，CreatePROGBARDemo 函数的实现代码如程序清单 11-9 所示，该函数用于创建进度条演示例程。

（1）第 3 至 6 行代码：显示标题字符串"PROGBAR Demo"。

（2）第 8 至 12 行代码：创建 START 按钮和 RESET 按钮并分别设置回调函数。

（3）第 14 至 19 行代码：创建文本控件并设置文本字体、文本颜色和背景颜色，启动内存设备来重绘文本控件，避免闪烁。

（4）第 21 至 29 行代码：创建进度条并设置最大值、最小值、颜色等参数。

（5）第 31 至 38 行代码：通过 while 语句持续改变进度条的进度值并刷新窗口。

程序清单 11-9

```
1.   void CreatePROGBARDemo(void)
2.   {
3.     //显示标题字符串
4.     GUI_SetColor(GUI_WHITE);
5.     GUI_SetFont(&GUI_Font32B_ASCII);
6.     GUI_DispStringHCenterAt("PROGBAR Demo", 240, 100);
7.
8.     //创建 START 按钮和 RESET 按钮并设置回调函数
9.     s_hBUTTON_START = BUTTON_Create(60, 495, 150, 50, ID_BUTTON_START, WM_CF_SHOW);
10.    WM_SetCallback(s_hBUTTON_START, BUTTON_STARTCallback);
11.    s_hBUTTON_RESET = BUTTON_Create(270, 495, 150, 50, ID_BUTTON_RESET, WM_CF_SHOW);
12.    WM_SetCallback(s_hBUTTON_RESET, BUTTON_RESETCallback);
13.
14.    //创建文本控件并设置文本字体、文本颜色和背景颜色
15.    s_hTEXT = TEXT_CreateEx(130, 380, 220, 40, WM_HBKWIN, WM_CF_SHOW, TEXT_CF_HCENTER, ID_TEXT, "");
16.    TEXT_SetFont(s_hTEXT, &GUI_Font24B_ASCII);
17.    TEXT_SetTextColor(s_hTEXT, GUI_WHITE);
18.    TEXT_SetBkColor(s_hTEXT, 0x312F0F);
19.    WM_EnableMemdev(s_hTEXT);                    //启用内存设备来重绘文本控件
20.
21.    //创建进度条并设置其显示信息
22.    s_hPROGBAR = PROGBAR_Create(120, 250, 240, 40, WM_CF_SHOW);   //创建进度条
23.    PROGBAR_SetMinMax(s_hPROGBAR, 0, 100);              //设置进度条的最小值和最大值
```

```
24.      PROGBAR_SetBarColor(s_hPROGBAR, 0, 0x22C2FF);        //设置进度条上已完成部分的颜色
25.      PROGBAR_SetBarColor(s_hPROGBAR, 1, 0x9F5925);        //设置进度条上未完成部分的颜色
26.      PROGBAR_SetFont(s_hPROGBAR, &GUI_Font24B_ASCII);     //设置进度条上文本的字体大小
27.      PROGBAR_SetTextColor(s_hPROGBAR, 0, GUI_BLACK);      //设置进度条上的文本颜色
28.      PROGBAR_SetValue(s_hPROGBAR, 0);                     //设置进度条的初始值
29.      WM_EnableMemdev(s_hPROGBAR);                         //启用内存设备来重绘进度条
30.
31.      while(1)
32.      {
33.        ChangeValue();   //改变进度值
34.
35.        GUI_Delay(10);
36.
37.        GUI_Exec();        //GUI 轮询
38.      }
39. }
```

11.4.4　完善 GUIDemo.c 文件

在 GUIDemo.c 文件的"包含头文件"区，添加包含 PROGBARDemo.h 头文件的代码，如程序清单 11-10 所示。

程序清单 11-10

```
#include "GUIDemo.h"
#include "PROGBARDemo.h"
```

在"API 函数实现"区，按程序清单 11-11 修改 MainTask 函数的代码，调用 CreatePROGBARDemo 函数创建例程，实现在 LCD 上进行进度条演示。

程序清单 11-11

```
1.    void MainTask(void)
2.    {
3.      GUI_Init();              //GUI 初始化
4.
5.      DrawBackground();        //绘制背景
6.
7.      CreatePROGBARDemo();     //创建例程
8.    }
```

11.4.5　编译及下载验证

代码编写完成并编译通过后，下载程序并进行复位。GD32F3 苹果派开发板的 LCD 上将显示如图 11-2 所示的界面，单击 GUI 上的"START"按钮，进度条开始计数并显示百分比，如图 11-3 所示。单击"STOP"按钮，进度条将停止计数；单击"RESET"按钮，进度条将复位为 0%。

图 11-3　运行结果

 本章任务

熟练掌握本章所介绍的 PROGBAR 控件相关库函数的定义和用法。为第 9 章任务设计的简易时钟界面添加闹钟功能，使用进度条展示闹钟倒计时的进度，倒计时结束后蜂鸣器鸣叫。

 本章习题

1. 简述 PROGBAR 控件的功能及常见使用场景。
2. PROGBAR_SetBarColor 函数的功能是什么？说明其各项参数的意义。
3. 简述呼吸灯的原理。
4. GUI_KEY_BACKSPACE 的含义是什么？在什么情况下使用？

第 12 章　RADIO 控件

第 11 章介绍了 PROGBAR 控件的功能和用法。本章将介绍单选按钮控件 RADIO。单选按钮是一种常用的 GUI 设计元素，易于理解和使用，可以帮助用户快速完成选择操作，减少误操作的可能性。

12.1　RADIO 控件简介

RADIO 控件的特点是可以包含任意数量的选项按钮，并且这些选项按钮始终垂直排列，但用户在同一时间只能选中一个选项。当某一个选项按钮被选中时，其他按钮被取消选中。RADIO 控件的应用场景具有很高的灵活性，可以大量减少用户的重复输入和操作，从而提高用户体验。

RADIO 控件的外观如图 12-1 所示。

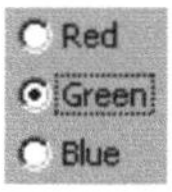

RADIO 控件支持 4 种通知代码，以区分不同的控件行为，如表 12-1 所示。当 RADIO 控件中发生事件时，会向父窗口发送 WM_NOTIFY_PARENT 消息，在消息结构体的 Data.v 成员中将附加相应的通知代码，回调函数根据通知代码执行相应的响应。

图 12-1　RADIO 控件的外观

表 12-1　RADIO 控件支持的通知代码

通 知 代 码	描　　述
WM_NOTIFICATION_CLICKED	单选按钮已被单击
WM_NOTIFICATION_RELEASED	单选按钮已被释放
WM_NOTIFICATION_MOVED_OUT	单选按钮已被单击，且指针从控件中移出而按钮未被释放
WM_NOTIFICATION_VALUE_CHANGED	单选按钮的值已更改，即选中了其他选项按钮

RADIO 控件与 EDIT 控件一样支持键盘输入或其他类似于键盘的外部输入，以实现改变当前所选择的选项按钮。若 RADIO 控件具有输入焦点，则可以接收如表 12-2 所示的按键消息。

表 12-2　RADIO 控件支持的按键消息

按 键 消 息	描　　述
GUI_KEY_RIGHT	选择下一个选项按钮
GUI_KEY_DOWN	选择下一个选项按钮
GUI_KEY_LEFT	选择上一个选项按钮
GUI_KEY_UP	选择上一个选项按钮

emWin 为 RADIO 控件提供的预定义 ID 如下：

```
#define GUI_ID_RADIO0        0x150
#define GUI_ID_RADIO1        0x151
#define GUI_ID_RADIO2        0x152
#define GUI_ID_RADIO3        0x153
#define GUI_ID_RADIO4        0x154
#define GUI_ID_RADIO5        0x155
#define GUI_ID_RADIO6        0x156
#define GUI_ID_RADIO7        0x157
```

12.2 RADIO 控件的库函数

RADIO 控件提供了丰富的库函数，下面简要介绍几种常用的库函数。完整的库函数列表及对应的描述可参考 emWin 用户手册的 17.22.5 节。

（1）RADIO_CreateEx。

RADIO_CreateEx 函数用于创建 RADIO 控件，具体描述如表 12-3 所示。

表 12-3　RADIO_CreateEx 函数的描述

函数名	RADIO_CreateEx
函数原型	RADIO_Handle RADIO_CreateEx(int x0, int y0, int xSize, int ySize, WM_HWIN hParent, int WinFlags, int ExFlags, int Id, int NumItems, int Spacing);
功能描述	创建 RADIO 控件
输入参数 1	x0：RADIO 控件的起始 X 轴坐标
输入参数 2	y0：RADIO 控件的起始 Y 轴坐标
输入参数 3	xSize：RADIO 控件的水平尺寸
输入参数 4	ySize：RADIO 控件的垂直尺寸
输入参数 5	hParent：父窗口的句柄，若为 0 则表示以桌面窗口作为父窗口
输入参数 6	WinFlags：创建标志，可取值见表 7-5
输入参数 7	ExFlags：未使用
输入参数 8	Id：RADIO 控件的 ID
输入参数 9	NumItems：RADIO 控件的选项数
输入参数 10	Spacing：RADIO 控件每个选项所使用的垂直像素数
输出参数	无
返回值	创建的 RADIO 控件的句柄

例如，在坐标(80, 330)处创建一个宽 120 像素、高 150 像素的 RADIO 控件，该控件以桌面窗口为父窗口，控件 ID 为 ID_RADIO，具有 3 个选项且每个选项的高度为 50 像素，控件创建后立即显示，代码如下：

```
static RADIO_Handle s_hRADIO;
s_hRADIO = RADIO_CreateEx(80, 330, 120, 150, WM_HBKWIN, WM_CF_SHOW, 0, ID_RADIO, 3, 50);
```

（2）RADIO_SetText。

RADIO_SetText 函数用于设置 RADIO 控件的各个选项按钮的文本，具体描述如表 12-4 所示。

表 12-4　RADIO_SetText 函数的描述

函数名	RADIO_SetText
函数原型	void RADIO_SetText(RADIO_Handle hObj, const char * pText, unsigned Index);
功能描述	设置 RADIO 控件的各个选项按钮的文本
输入参数 1	hObj：RADIO 控件的句柄
输入参数 2	pText：要设置的文本
输入参数 3	Index：选项按钮的编号（从 0 开始）
输出参数	无
返回值	void

例如，设置句柄为 s_hRADIO 的 RADIO 控件，三个选项按钮的文本为 FAST、MEDIUM、SLOW，代码如下：

```
RADIO_SetText(s_hRADIO, "FAST", 0);
RADIO_SetText(s_hRADIO, "MEDIUM", 1);
RADIO_SetText(s_hRADIO, "SLOW", 2);
```

（3）RADIO_GetValue。

RADIO_GetValue 函数用于获取 RADIO 控件中当前选中的选项按钮的编号，具体描述如表 12-5 所示。

表 12-5　RADIO_GetValue 函数的描述

函数名	RADIO_GetValue
函数原型	int RADIO_GetValue(RADIO_Handle hObj);
功能描述	获取 RADIO 控件中当前选中的选项按钮的编号
输入参数	hObj：RADIO 控件的句柄
输出参数	无
返回值	当前选中的选项按钮的编号，若未选中任何选项则返回-1

例如，在句柄为 s_hRADIO 的 RADIO 控件中，获取当前选中的选项按钮的编号，代码如下：

```
static int RADIOValue;
RADIOValue = RADIO_GetValue(s_hRADIO);
```

12.3　实例与代码解析

下面通过编写实例程序，在第 11 章例程的基础上，添加一个 RADIO 控件，该控件提供 FAST、MEDIUM 和 SLOW 三个选项，用于控制进度条计数的速度。最终实现的 GUI 如图 12-2 所示。

图 12-2　最终实现的 GUI

12.3.1　复制并编译原始工程

首先，将"D:\emWinKeilTest\Material\10.RADIO_Sample"文件夹复制到"D:\emWinKeilTest\Product"文件夹中。其次，双击运行"D:\emWinKeilTest\Product\10.RADIO_ Sample\Project"文件夹中的 GD32KeilPrj.uvprojx，单击工具栏中的██按钮进行编译。当 Build Output 栏中出现"FromELF：creating hex file..."时，表示已经成功生成.hex 文件，出现"0 Error(s), 0 Warning(s)"表示编译成功。最后，将.axf 文件下载到开发板的内部 Flash 上。如果屏幕显示"Hello World！"，则表示原始工程正确，可以进行下一步操作。

12.3.2　添加 RADIODemo 文件对

首先，将"D:\emWinKeilTest\Product\10.RADIO_Sample\TPSW\emWin5.26\emWin\Sample\Application\GUIDemo\RADIODemo"文件夹中的 RADIODemo.c 添加到 EMWIN_DEMO 分组中。然后，将"D:\emWinKeilTest\Product\10.RADIO_Sample\TPSW\emWin5.26\emWin\Sample\Application\GUIDemo\RADIODemo"路径添加到 Include Paths 栏中。

12.3.3　RADIODemo 文件对

1．RADIODemo.h 文件

RADIODemo.h 文件的"包含头文件"区包含如程序清单 12-1 所示的头文件。在 RADIODemo.c 文件中需要调用呼吸灯相关函数，所以 RADIODemo.h 文件需要包含 PWM.h 头文件。

程序清单 12-1

```
1.   #include "GUI.h"
2.   #include "DIALOG.h"
3.   #include "WM.h"
4.   #include "stdio.h"
5.   #include "PWM.h"
```

在"API 函数声明"区，声明 CreateRADIODemo 函数，如程序清单 12-2 所示。该函数用于创建单选按钮演示例程。

程序清单 12-2

```
void CreateRADIODemo(void);    //创建单选按钮演示例程
```

2．RADIODemo.c 文件

在 RADIODemo.c 文件的"宏定义"区，进行如程序清单 12-3 所示的宏定义，定义程序中用到的所有控件的 ID。

程序清单 12-3

```
1.    #define ID_BUTTON_START      (GUI_ID_USER + 0x00)
2.    #define ID_BUTTON_RESET      (GUI_ID_USER + 0x01)
3.    #define ID_TEXT              (GUI_ID_USER + 0x02)
4.    #define ID_PROGBAR           (GUI_ID_USER + 0x03)
5.    #define ID_RADIO             (GUI_ID_USER + 0x04)
```

在"内部变量"区，进行如程序清单 12-4 所示的变量声明和定义。

（1）第 1 至 5 行代码：定义程序中用到的所有控件的句柄。

（2）第 7 至 10 行代码：定义 START 按钮和进度条的标志位、进度条的显示数值以及决定进度条速度的延时。

程序清单 12-4

```
1.    static BUTTON_Handle      s_hBUTTON_START;      //START 按钮的句柄
2.    static BUTTON_Handle      s_hBUTTON_RESET;      //RESET 按钮的句柄
3.    static TEXT_Handle        s_hTEXT;              //文本控件的句柄
4.    static PROGBAR_Handle     s_hPROGBAR;           //进度条的句柄
5.    static RADIO_Handle       s_hRADIO;             //单选按钮的句柄
6.
7.    static int s_iBUTTON_STARTFlag = 0;    //START 按钮标志位，用于控制 START 按钮显示的内容
8.    static int s_iPROGBARFlag = 0;         //进度条标志位，用于控制进度条开始计数、停止计数和复位
9.    static int s_iValue = 0;               //进度条显示数值
10.   static int DelayTime;                  //决定进度条速度的延时
```

在"内部函数声明"区，声明 4 个内部函数，如程序清单 12-5 所示，分别为两个按钮的回调函数、用于改变进度值的函数及 RADIO 控件的回调函数。

程序清单 12-5

```
1.    static void BUTTON_STARTCallback(WM_MESSAGE* pMsg);    //START 按钮的回调函数
2.    static void BUTTON_RESETCallback(WM_MESSAGE* pMsg);    //RESET 按钮的回调函数
3.    static void ChangeValue(void);                         //改变进度值
4.    static void RADIOCallback(WM_MESSAGE* pMsg);           //RADIO 控件的回调函数
```

在"内部函数实现"区，编写上述 4 个函数的实现代码。首先实现 BUTTON_STARTCallback 和 BUTTON_RESETCallback 函数，这两个函数的实现代码参照程序清单 11-6 和程序清单 11-7，这里不再赘述。

在 BUTTON_RESETCallback 函数的实现代码后为 RADIOCallback 函数的实现代码，如程序清单 12-6 所示。

（1）第 9 至 16 行代码：设置 RADIO 控件的背景颜色为 BGR 值 0x312F0F 对应的颜色，该颜色与背景窗口的颜色相同，因此 RADIO 控件具有透明效果。

（2）第 18 至 19 行代码：通过 RADIO_GetValue 函数获取 RADIO 控件中当前被选中选项按钮的编号，并根据编号计算延时。延时可调节进度条速度，延时越长，进度条的进度越慢；延时越短，进度条进度越快。

程序清单 12-6

```
1.    static void RADIOCallback(WM_MESSAGE* pMsg)
2.    {
3.      static int RADIOValue;                          //该变量用于存放 RADIO 控件中被选中选项按钮的编号
4.
5.      switch (pMsg->MsgId)
6.      {
7.       case WM_PAINT:
8.
9.          switch (WM_GetId(pMsg->hWin))
10.         {
11.          case ID_RADIO:
12.            GUI_SetBkColor(0x312F0F);                 //设置 RADIO 控件的背景颜色
13.            break;
14.          default:
15.            break;
16.         }
17.
18.         RADIOValue = RADIO_GetValue(s_hRADIO);       //获取 RADIO 控件中当前被选中选项按钮的编号
19.         DelayTime = RADIOValue * 50 + 10;            //根据编号计算延时，根据延时调节进度条速度
20.
21.         GUI_Clear();                                 //用背景颜色填充显示区域
22.         RADIO_Callback(pMsg);
23.         break;
24.
25.       default:
26.         RADIO_Callback(pMsg);
27.         break;
28.      }
29.    }
```

在 RADIOCallback 函数的实现代码后为 ChangeValue 函数的实现代码，参照程序清单 11-8，这里不再赘述。

在"API 函数实现"区，CreateRADIODemo 函数的实现代码如程序清单 12-7 所示，该函数用于创建单选按钮演示例程。

（1）第 3 至 6 行代码：显示标题字符串"RADIO Demo"。

（2）第 8 至 12 行代码：创建 START 按钮和 RESET 按钮并分别设置回调函数。

（3）第 14 至 19 行代码：创建文本控件并设置文本字体、文本颜色和背景颜色，启动内存设备来重绘文本控件，避免闪烁。

（4）第 21 至 29 行代码：创建进度条控件并设置最大值、最小值、颜色等参数。

（5）第 31 至 39 行代码：创建单选按钮控件并设置文本字体、文本颜色、选项按钮文本

等参数。

（6）第 41 至 48 行代码：通过 while 语句持续改变进度条的进度值并刷新窗口。

程序清单 12-7

```
1.    void CreateRADIODemo(void)
2.    {
3.        //显示标题字符串
4.        GUI_SetColor(GUI_WHITE);
5.        GUI_SetFont(&GUI_Font32B_ASCII);
6.        GUI_DispStringHCenterAt("RADIO Demo", 240, 100);
7.
8.        //创建 START 按钮和 RESET 按钮并设置回调函数
9.        s_hBUTTON_START = BUTTON_Create(60, 495, 150, 50, ID_BUTTON_START, WM_CF_SHOW);
10.       WM_SetCallback(s_hBUTTON_START, BUTTON_STARTCallback);
11.       s_hBUTTON_RESET = BUTTON_Create(270, 495, 150, 50, ID_BUTTON_RESET, WM_CF_SHOW);
12.       WM_SetCallback(s_hBUTTON_RESET, BUTTON_RESETCallback);
13.
14.       //创建文本控件并设置文本字体、文本颜色和背景颜色
15.       s_hTEXT = TEXT_CreateEx(130, 380, 220, 40, WM_HBKWIN, WM_CF_SHOW, TEXT_CF_HCENTER, ID_TEXT, "");
16.       TEXT_SetFont(s_hTEXT, &GUI_Font24B_ASCII);
17.       TEXT_SetTextColor(s_hTEXT, GUI_WHITE);
18.       TEXT_SetBkColor(s_hTEXT, 0x312F0F);
19.       WM_EnableMemdev(s_hTEXT);                          //启用内存设备来重绘文本控件
20.
21.       //创建进度条并设置其显示信息
22.       s_hPROGBAR = PROGBAR_Create(120, 250, 240, 40, WM_CF_SHOW); //创建进度条
23.       PROGBAR_SetMinMax(s_hPROGBAR, 0, 100);             //设置进度条的最小值和最大值
24.       PROGBAR_SetBarColor(s_hPROGBAR, 0, 0x22C2FF);      //设置进度条上已完成部分的颜色
25.       PROGBAR_SetBarColor(s_hPROGBAR, 1, 0x9F5925);      //设置进度条上未完成部分的颜色
26.       PROGBAR_SetFont(s_hPROGBAR, &GUI_Font24B_ASCII);   //设置进度条上文本的字体大小
27.       PROGBAR_SetTextColor(s_hPROGBAR, 0, GUI_BLACK);    //设置进度条上的文本颜色
28.       PROGBAR_SetValue(s_hPROGBAR, 0);                   //设置进度条的初始值
29.       WM_EnableMemdev(s_hPROGBAR);                       //启用内存设备来重绘进度条
30.
31.       //创建 RADIO 按钮
32.       s_hRADIO = RADIO_CreateEx(80, 330, 120, 150, WM_HBKWIN, WM_CF_SHOW, 0, ID_RADIO, 3, 50);
33.       RADIO_SetFont(s_hRADIO, &GUI_Font24B_ASCII);       //设置文本字体
34.       RADIO_SetFocusColor(s_hRADIO, 0x22C2FF);           //设置焦点框的颜色
35.       RADIO_SetTextColor(s_hRADIO, 0xAE8F72);            //设置按钮文本颜色
36.       RADIO_SetText(s_hRADIO, "FAST", 0);                //设置编号 0 按钮文本
37.       RADIO_SetText(s_hRADIO, "MEDIUM", 1);              //设置编号 1 按钮文本
38.       RADIO_SetText(s_hRADIO, "SLOW", 2);                //设置编号 2 按钮文本
39.       WM_SetCallback(s_hRADIO, RADIOCallback);           //设置 RADIO 按钮回调函数
40.
41.       while(1)
42.       {
43.           ChangeValue();                                 //改变进度值
44.
45.           GUI_Delay(DelayTime);                          //通过改变延时调整进度条速度
```

```
46.
47.        GUI_Exec();                                              //GUI 轮询
48.     }
49.  }
```

12.3.4　完善 GUIDemo.c 文件

在 GUIDemo.c 文件的"包含头文件"区，添加包含 RADIODemo.h 头文件的代码，如程序清单 12-8 所示。

程序清单 12-8

```
#include "GUIDemo.h"
#include "RADIODemo.h"
```

在"API 函数实现"区，按程序清单 12-9 修改 MainTask 函数的代码，调用 CreateRADIODemo 函数创建例程，实现在 LCD 上进行单选按钮演示。

程序清单 12-9

```
1.   void MainTask(void)
2.   {
3.      GUI_Init();                      //GUI 初始化
4.
5.      DrawBackground();                //绘制背景
6.
7.      CreateRADIODemo();               //创建例程
8.   }
```

12.3.5　编译及下载验证

代码编写完成并编译通过后，下载程序并进行复位。GD32F3 苹果派开发板的 LCD 上将显示如图 12-2 所示的界面，单击"START"按钮，进度条开始计数并显示百分比，如图 12-3 所示。通过 RADIO 控件的 3 个选项按钮可以控制进度条计数速度：FAST 为最快，MEDIUM 为适中，SLOW 为最慢。单击"STOP"按钮，进度条将停止计数；单击"RESET"按钮，进度条将复位为 0%。

图 12-3　运行结果

本章任务

熟练掌握本章所介绍的 RADIO 控件相关库函数的定义和用法。在本章例程的基础上，添加一个 RADIO 控件用于控制背景窗口的颜色，每个选项按钮代表一种颜色。

 本章习题

1．简述 RADIO 控件的功能及常见使用场景。

2．RADIO_SetText 函数的功能是什么？说明其各项参数的意义。

3．RADIO 控件支持哪几种按键消息？接收到各个按键消息后如何响应？

第 13 章　LISTBOX 控件

第 12 章介绍了 RADIO 控件的功能和用法。本章将介绍列表框控件 LISTBOX。列表框与单选按钮的功能类似，主要用于向用户提供多个选项供其选择。LISTBOX 控件提供了一种便捷的方法来显示和操作有序列表，与其他控件如按钮、文本框和编辑框等组合使用，可以构建更具交互性和可用性的 GUI。

13.1　LISTBOX 控件简介

图 13-1　LISTBOX 控件的外观

LISTBOX 控件的特点是创建的列表框可以没有环绕的框架窗口，且被选中的选项将突出显示。LISTBOX 控件的外观如图 13-1 所示。

LISTBOX 控件支持 5 种通知代码，以区分不同的控件行为，如表 13-1 所示。当 LISTBOX 控件中发生事件时，会向父窗口发送 WM_NOTIFY_PARENT 消息，在消息结构体的 Data.v 成员中将附加相应的通知代码，回调函数根据通知代码执行对应的响应。

表 13-1　LISTBOX 控件支持的通知代码

通 知 代 码	描　　述
WM_NOTIFICATION_CLICKED	列表框已被单击
WM_NOTIFICATION_RELEASED	列表框已被释放
WM_NOTIFICATION_MOVED_OUT	列表框已被单击，且指针从控件中移出而未被释放
WM_NOTIFICATION_SCROLL_CHANGED	滚动条的滚动位置发生改变（若有滚动条）
WM_NOTIFICATION_SEL_CHANGED	列表框的值已更改，即用户选择了其他选项

LISTBOX 控件与 RADIO 控件一样支持键盘输入或其他类似于键盘输入的外部输入，以实现改变当前所选择的选项。若 LISTBOX 控件具有输入焦点，则可以接收表 13-2 中的按键消息。

表 13-2　LISTBOX 控件支持的按键消息

按 键 消 息	描　　述
GUI_KEY_SPACE	如果控件在多选模式下，则用于切换当前所选中选项的状态
GUI_KEY_RIGHT	如果选项按钮的水平尺寸大于列表框本身的水平尺寸，则用于将列表框中的内容滚动至左边

续表

按 键 消 息	描　　述
GUI_KEY_LEFT	如果选项按钮的水平尺寸大于列表框本身的水平尺寸，则用于将列表框中的内容滚动至右边
GUI_KEY_DOWN	选择下一个选项按钮
GUI_KEY_UP	选择上一个选项按钮

emWin 为 LISTBOX 控件提供的预定义 ID 如下：

```
#define GUI_ID_LISTBOX0    0x110
#define GUI_ID_LISTBOX1    0x111
#define GUI_ID_LISTBOX2    0x112
#define GUI_ID_LISTBOX3    0x113
#define GUI_ID_LISTBOX4    0x114
#define GUI_ID_LISTBOX5    0x115
#define GUI_ID_LISTBOX6    0x116
#define GUI_ID_LISTBOX7    0x117
#define GUI_ID_LISTBOX8    0x118
#define GUI_ID_LISTBOX9    0x119
```

13.2　LISTBOX 控件的库函数

LISTBOX 控件提供了丰富的库函数，下面简要介绍几种常用的库函数，完整的库函数列表及对应的描述可参考 emWin 用户手册的 17.15.5 节。

（1）LISTBOX_CreateEx。

LISTBOX_CreateEx 函数用于创建 LISTBOX 控件，具体描述如表 13-3 所示。

表 13-3　LISTBOX_CreateEx 函数的描述

函数名	LISTBOX_CreateEx
函数原型	LISTBOX_Handle LISTBOX_CreateEx(int x0, int y0, int xSize, int ySize, WM_HWIN hParent, int WinFlags, int ExFlags, int Id, const GUI_ConstString * ppText);
功能描述	创建 LISTBOX 控件
输入参数 1	x0：LISTBOX 控件的起始 X 轴坐标
输入参数 2	y0：LISTBOX 控件的起始 Y 轴坐标
输入参数 3	xSize：LISTBOX 控件的水平尺寸
输入参数 4	ySize：LISTBOX 控件的垂直尺寸
输入参数 5	hParent：父窗口的句柄，若为 0，则表示以桌面窗口为父窗口
输入参数 6	WinFlags：创建标志，可取值见表 7-5
输入参数 7	ExFlags：未使用
输入参数 8	Id：LISTBOX 控件的 ID
输入参数 9	ppText：包含选项按钮文本的字符串指针
输出参数	无
返回值	创建的 LISTBOX 控件的句柄

例如，在坐标(75, 325)处创建一个宽 120 像素、高 137 像素的 LISTBOX 控件，该控件以

桌面窗口为父窗口，控件 ID 为 ID_LISTBOX，具有 3 个选项且对应的选项按钮文本分别为"FAST""MEDIUM""SLOW"，控件创建后立即显示，代码如下：

```
static LISTBOX_Handle s_hLISTBOX;
const GUI_ConstString LISTBOXText[] = {"FAST","MEDIUM","SLOW"};
s_hLISTBOX = LISTBOX_CreateEx(75, 325, 120, 137, WM_HBKWIN, WM_CF_SHOW, 0, ID_LISTBOX,
LISTBOXText);
```

（2）LISTBOX_SetBkColor。

LISTBOX_SetBkColor 函数用于设置 LISTBOX 控件的背景颜色，具体描述如表 13-4 所示。

表 13-4　LISTBOX_SetBkColor 函数的描述

函数名	LISTBOX_SetBkColor
函数原型	void LISTBOX_SetBkColor(LISTBOX_Handle hObj, unsigned int Index, GUI_COLOR Color);
功能描述	设置 LISTBOX 控件的背景颜色
输入参数 1	hObj：LISTBOX 控件的句柄
输入参数 2	Index：LISTBOX 控件的选项按钮的状态，可取值见表 13-5
输入参数 3	Color：要设置的颜色
输出参数	无
返回值	void

LISTBOX_SetBkColor 函数可设置选项按钮在不同状态下的背景颜色。参数 Index 用于指定选项按钮的状态，可取值如表 13-5 所示。

表 13-5　Index 的可取值

可 取 值	描 述
LISTBOX_CI_UNSEL	未选中的选项按钮
LISTBOX_CI_SEL	选中的选项按钮，不带焦点（初始状态）
LISTBOX_CI_SELFOCUS	选中的选项按钮，带焦点（用户后期选中）
LISTBOX_CI_DISABLED	被禁用的选项按钮

例如，在句柄为 s_hLISTBOX 的 LISTBOX 控件中，设置未选中的选项按钮的背景颜色为蓝色，用户后期选中的选项按钮的背景颜色为黄色，初始化控件时默认选中的选项按钮的背景颜色为灰色，代码如下：

```
LISTBOX_SetBkColor(s_hLISTBOX, LISTBOX_CI_UNSEL, GUI_BLUE);
LISTBOX_SetBkColor(s_hLISTBOX, LISTBOX_CI_SELFOCUS, GUI_YELLOW);
LISTBOX_SetBkColor(s_hLISTBOX, LISTBOX_CI_SEL, GUI_GRAY);
```

（3）LISTBOX_SetTextColor。

LISTBOX_SetTextColor 函数用于设置 LISTBOX 控件的文本颜色，该函数用法与 LISTBOX_SetBkColor 函数类似，具体描述如表 13-6 所示。

表 13-6　LISTBOX_SetTextColor 函数的描述

函数名	LISTBOX_SetTextColor
函数原型	void LISTBOX_SetTextColor(LISTBOX_Handle hObj, unsigned int Index, GUI_COLOR Color);
功能描述	设置 LISTBOX 控件的文本颜色
输入参数 1	hObj：LISTBOX 控件的句柄
输入参数 2	Index：LISTBOX 控件的选项按钮的状态，可取值见表 13-5
输入参数 3	Color：要设置的颜色
输出参数	无
返回值	void

例如，在句柄为 s_hLISTBOX 的 LISTBOX 控件中，设置未选中的选项按钮的文本颜色为白色，用户后期选中的选项按钮的文本颜色为红色，初始化控件时默认选中的选项按钮的文本颜色为黑色，代码如下：

```
LISTBOX_SetTextColor(s_hLISTBOX, LISTBOX_CI_UNSEL, GUI_WHITE);
LISTBOX_SetTextColor(s_hLISTBOX, LISTBOX_CI_SELFOCUS, GUI_RED);
LISTBOX_SetTextColor(s_hLISTBOX, LISTBOX_CI_SEL, GUI_BLACK);
```

（4）LISTBOX_SetItemSpacing。

LISTBOX_SetItemSpacing 函数用于设置 LISTBOX 控件的选项按钮间的间距，具体描述如表 13-7 所示。

表 13-7　LISTBOX_SetItemSpacing 函数的描述

函数名	LISTBOX_SetItemSpacing
函数原型	void LISTBOX_SetItemSpacing(LISTBOX_Handle hObj, unsigned Value);
功能描述	设置 LISTBOX 控件的选项按钮间的间距
输入参数 1	hObj：LISTBOX 控件的句柄
输入参数 2	Value：要设置的间距
输出参数	无
返回值	void

例如，在句柄为 s_hLISTBOX 的 LISTBOX 控件中，设置选项按钮间的间距为 25 像素，代码如下：

```
LISTBOX_SetItemSpacing(s_hLISTBOX, 25);
```

13.3　实例与代码解析

下面通过编写实例程序，在第 11 章 PROGBAR 控件例程的基础上，添加一个 LISTBOX 控件，该控件提供 FAST、MEDIUM 和 SLOW 选项，用于控制进度条计数的速度。最终实现的 GUI 如图 13-2 所示。

图 13-2　最终实现的 GUI

13.3.1　复制并编译原始工程

首先，将"D:\emWinKeilTest\Material\11.LISTBOX_Sample"文件夹复制到"D:\emWinKeilTest\Product"文件夹中。其次，双击运行"D:\emWinKeilTest\Product\11.LISTBOX_Sample\Project"文件夹中的 GD32KeilPrj.uvprojx，单击工具栏中的 按钮进行编译。当 Build Output 栏中出现"FromELF：creating hex file..."时，表示已经成功生成.hex 文件，出现"0 Error(s), 0 Warning(s)"表示编译成功。最后，将.axf 文件下载到开发板的内部 Flash 上。如果屏幕显示"Hello World !"，则表示原始工程正确，可以进行下一步操作。

13.3.2　添加 LISTBOXDemo 文件对

首先，将"D:\emWinKeilTest\Product\11.LISTBOX_Sample\TPSW\emWin5.26\emWin\Sample\Application\GUIDemo\LISTBOXDemo"文件夹中的 LISTBOXDemo.c 文件添加到 EMWIN_DEMO 分组中。然后，将"D:\emWinKeilTest\Product\11.LISTBOX_Sample\TPSW\emWin5.26\emWin\Sample\Application\GUIDemo\LISTBOXDemo"路径添加到 Include Paths 栏中。

13.3.3　LISTBOXDemo 文件对

1. LISTBOXDemo.h 文件

LISTBOXDemo.h 文件的"包含头文件"区包含如程序清单 13-1 所示的头文件。在 LISTBOXDemo.c 文件中需要调用呼吸灯相关函数，所以需要包含 PWM.h 头文件。

程序清单 13-1

```
1.   #include "GUI.h"
2.   #include "DIALOG.h"
3.   #include "WM.h"
4.   #include "stdio.h"
5.   #include "PWM.h"
```

在"API 函数声明"区，声明 CreateLISTBOXDemo 函数，如程序清单 13-2 所示。该函数用于创建列表框演示例程。

程序清单 13-2

```
void CreateLISTBOXDemo(void);    //创建例程
```

2. LISTBOXDemo.c 文件

在 LISTBOXDemo.c 文件的"宏定义"区，进行如程序清单 13-3 所示的宏定义，定义程序中用到的所有控件的 ID。

程序清单 13-3

```
1.   #define ID_BUTTON_START    (GUI_ID_USER + 0x00)
2.   #define ID_BUTTON_RESET    (GUI_ID_USER + 0x01)
3.   #define ID_TEXT            (GUI_ID_USER + 0x02)
4.   #define ID_PROGBAR         (GUI_ID_USER + 0x03)
5.   #define ID_LISTBOX         (GUI_ID_USER + 0x04)
```

在"内部变量"区，进行如程序清单 13-4 所示的变量声明和定义。

（1）第 1 至 5 行代码：定义程序中用到的所有控件的句柄。

（2）第 7 至 10 行代码：定义 START 按钮和进度条的标志位、进度条显示数值及决定进度条速度的延时。

程序清单 13-4

```
1.   static BUTTON_Handle    s_hBUTTON_START;    //START 按钮的句柄
2.   static BUTTON_Handle    s_hBUTTON_RESET;    //RESET 按钮的句柄
3.   static TEXT_Handle      s_hTEXT;            //文本控件的句柄
4.   static PROGBAR_Handle   s_hPROGBAR;         //进度条的句柄
5.   static LISTBOX_Handle   s_hLISTBOX;         //列表框的句柄
6.
7.   static int s_iBUTTON_STARTFlag = 0; //START 按钮标志位，用于控制 START 按钮显示的内容
8.   static int s_iPROGBARFlag = 0;      //进度条标志位，用于控制进度条开始计数、停止计数和复位
9.   static int s_iValue = 0;            //进度条显示数值
10.  static int DelayTime;               //决定进度条速度的延时
```

在"内部函数声明"区，声明 4 个内部函数，如程序清单 13-5 所示，分别为两个按钮的回调函数、用于改变进度条显示数值的函数及 LISTBOX 控件的回调函数。

程序清单 13-5

```
1.   static void BUTTON_STARTCallback(WM_MESSAGE* pMsg);    //START 按钮的回调函数
2.   static void BUTTON_RESETCallback(WM_MESSAGE* pMsg);    //RESET 按钮的回调函数
3.   static void ChangeValue(void);                        //改变进度条显示数值
4.   static void LISTBOXCallback(WM_MESSAGE* pMsg);         //LISTBOX 控件的回调函数
```

在"内部函数实现"区，编写上述 4 个函数的实现代码。首先实现 BUTTON_STARTCallback 和 BUTTON_RESETCallback 函数，这两个函数的实现代码已在 PROGBAR 控件例程的程序清单 11-6 和程序清单 11-7 中介绍过，这里不再赘述。

在 BUTTON_RESETCallback 函数的实现代码后为 LISTBOXCallback 函数的实现代码，如程序清单 13-6 所示。通过 LISTBOX_GetSel 函数获取 LISTBOX 控件中当前被选中选项的编号，并根据编号计算延时。延时可调节进度条速度，延时越长，进度条更新越慢；延时越

短，进度条更新越快。

程序清单 13-6

```
1.   static void LISTBOXCallback(WM_MESSAGE* pMsg)
2.   {
3.     static int LISTBOXValue;                          //该变量用于存放列表框中被选中选项的编号
4.
5.     switch (pMsg->MsgId)
6.     {
7.       case WM_PAINT:
8.         LISTBOXValue = LISTBOX_GetSel(s_hLISTBOX);    //获取列表框中被选中选项的编号
9.         DelayTime = LISTBOXValue * 50 + 10;//根据编号计算延时，根据延时可调节进度条速度
10.
11.        LISTBOX_Callback(pMsg);
12.        break;
13.
14.      default:
15.        LISTBOX_Callback(pMsg);
16.        break;
17.    }
18.  }
```

在 LISTBOXCallback 函数的实现代码后为 ChangeValue 函数的实现代码。ChangeValue 函数已在程序清单 11-8 中介绍过，这里不再赘述。

在"ΛPI 函数实现"区，CreateLISTBOXDemo 函数的实现代码如程序清单 13-7 所示，该函数用于创建列表框演示例程。

（1）第 5 至 8 行代码：显示标题字符串"LISTBOX Demo"。

（2）第 10 至 31 行代码：创建按钮、文本、进度条控件并设置参数。

（3）第 33 至 45 行代码：创建列表框控件并设置背景颜色、文本颜色、选项按钮间距、文本对齐方式等参数。

（4）第 47 至 54 行代码：通过 while 语句持续改变进度条显示数值并刷新窗口。

程序清单 13-7

```
1.   void CreateLISTBOXDemo(void)
2.   {
3.     const GUI_ConstString LISTBOXText[] = {"FAST","MEDIUM","SLOW",NULL}; //列边框选项的文本
4.
5.     //显示标题字符串
6.     GUI_SetColor(GUI_WHITE);
7.     GUI_SetFont(&GUI_Font32B_ASCII);
8.     GUI_DispStringHCenterAt("LISTBOX Demo", 240, 100);
9.
10.    //创建 START 按钮和 RESET 按钮控件并设置回调函数
11.    s_hBUTTON_START = BUTTON_Create(60, 495, 150, 50, ID_BUTTON_START, WM_CF_SHOW);
12.    WM_SetCallback(s_hBUTTON_START, BUTTON_STARTCallback);
13.    s_hBUTTON_RESET = BUTTON_Create(270, 495, 150, 50, ID_BUTTON_RESET, WM_CF_SHOW);
14.    WM_SetCallback(s_hBUTTON_RESET, BUTTON_RESETCallback);
15.
16.    //创建文本控件并设置其字体、文本颜色和背景颜色
```

```
17.    s_hTEXT = TEXT_CreateEx(130, 380, 220, 40, WM_HBKWIN, WM_CF_SHOW, TEXT_CF_HCENTER,
ID_TEXT, "");
18.    TEXT_SetFont(s_hTEXT, &GUI_Font24B_ASCII);
19.    TEXT_SetTextColor(s_hTEXT, GUI_WHITE);
20.    TEXT_SetBkColor(s_hTEXT, 0x312F0F);
21.    WM_EnableMemdev(s_hTEXT);                          //启用内存设备来重绘文本控件
22.
23.    //创建进度条控件并设置其显示信息
24.    s_hPROGBAR = PROGBAR_Create(120, 250, 240, 40, WM_CF_SHOW);    //创建进度条
25.    PROGBAR_SetMinMax(s_hPROGBAR, 0, 100);                     //设置进度条的最小值和最大值
26.    PROGBAR_SetBarColor(s_hPROGBAR, 0, 0x22C2FF);             //设置已完成的进度条颜色
27.    PROGBAR_SetBarColor(s_hPROGBAR, 1, 0x9F5925);             //设置未完成的进度条颜色
28.    PROGBAR_SetFont(s_hPROGBAR, &GUI_Font24B_ASCII);          //设置进度条上文本的字体大小
29.    PROGBAR_SetTextColor(s_hPROGBAR, 0, GUI_BLACK);           //设置进度条上的文本颜色
30.    PROGBAR_SetValue(s_hPROGBAR, 0);                          //设置进度条的初始值
31.    WM_EnableMemdev(s_hPROGBAR);                              //启用内存设备来重绘进度条
32.
33.    //创建列表框控件并设置其显示信息
34.    s_hLISTBOX = LISTBOX_CreateEx(75, 325, 120, 137, WM_HBKWIN, WM_CF_SHOW, 0,
ID_LISTBOX, LISTBOXText);
35.    LISTBOX_SetBkColor(s_hLISTBOX, LISTBOX_CI_UNSEL, 0x9F5925);     //选项未选中时的背景颜色
36.    LISTBOX_SetBkColor(s_hLISTBOX, LISTBOX_CI_SELFOCUS, 0x22C2FF);  //选项选中时的背景颜色
37.    LISTBOX_SetBkColor(s_hLISTBOX, LISTBOX_CI_SEL, 0x22C2FF);  //初始默认选中选项的背景颜色
38.    LISTBOX_SetFont(s_hLISTBOX, &GUI_Font20B_ASCII);          //设置选项文本的字体
39.    LISTBOX_SetTextColor(s_hLISTBOX, LISTBOX_CI_UNSEL, GUI_WHITE);//设置选项未选中时的文
本颜色
40.    LISTBOX_SetTextColor(s_hLISTBOX, LISTBOX_CI_SELFOCUS, GUI_BLACK);     //设置选项选中
时的文本颜色
41.    LISTBOX_SetTextColor(s_hLISTBOX, LISTBOX_CI_SEL, GUI_BLACK);          //初始默认选中
选项的文本颜色
42.    LISTBOX_SetItemSpacing(s_hLISTBOX, 25);                    //每个选项之间的距离
43.    LISTBOX_SetTextAlign(s_hLISTBOX, GUI_TA_HCENTER | GUI_TA_VCENTER);   //设置选项文本
对齐方式
44.    WIDGET_SetEffect(s_hLISTBOX, &WIDGET_Effect_Simple);   //设置列表框的样式
45.    WM_SetCallback(s_hLISTBOX, LISTBOXCallback);             //设置列表框回调函数
46.
47.    while(1)
48.    {
49.      ChangeValue();          //改变进度条显示数值
50.
51.      GUI_Delay(DelayTime);   //通过改变延时调整进度条速度
52.
53.      GUI_Exec();             //GUI 轮询
54.    }
55.  }
```

13.3.4　完善 GUIDemo.c 文件

在 GUIDemo.c 文件的"包含头文件"区，添加包含 LISTBOXDemo.h 头文件的代码，如
程序清单 13-8 所示。

程序清单 13-8

```
#include "GUIDemo.h"
#include "LISTBOXDemo.h"
```

在"API 函数实现"区，按程序清单 13-9 修改 MainTask 函数的代码，调用 CreateLISTBOXDemo 函数创建例程，实现在 LCD 上进行列表框演示。

程序清单 13-9

```
1.    void MainTask(void)
2.    {
3.      GUI_Init();                    //GUI 初始化
4.
5.      DrawBackground();              //绘制背景
6.
7.      CreateLISTBOXDemo();           //创建例程
8.    }
```

13.3.5 编译及下载验证

代码编写完成并编译通过后，下载程序并进行复位。GD32F3 苹果派开发板的 LCD 上将显示如图 13-2 所示的界面，单击"START"按钮，进度条开始计数并显示百分比，如图 13-3 所示。通过 LISTBOX 控件的 3 个选项按钮可控制进度条计数速度：FAST 为最快，MEDIUM 为适中，SLOW 为最慢。单击"STOP"按钮，进度条将停止计数；单击"RESET"按钮，进度条将复位为 0%。

图 13-3 运行结果

本章任务

熟练掌握本章所介绍的 LISTBOX 控件相关库函数的定义和用法。在本章例程的基础上，添加 RADIO 和 LISTBOX 控件，实现控制 PROGBAR 控件的已完成和未完成部分的进度条颜色。RADIO 控件包含两个选项按钮，用于选择设置已完成或未完成的部分，LISTBOX 控件则包含不同颜色的选项。

本章习题

1. 简述 LISTBOX 控件的功能及常见使用场景。
2. LISTBOX_SetBkColor 函数的功能是什么？说明其各项参数的意义。
3. LISTBOX 控件支持哪几种按键消息？接收到各个按键消息后如何响应？

第 14 章　GRAPH 控件

第 13 章介绍了 LISTBOX 控件的功能和用法。本章将介绍曲线图控件 GRAPH。GRAPH 控件在各类可视化页面中应用非常广泛，有助于用户更直观地了解数据的变化趋势。本章将详细介绍该控件的功能和应用。

14.1　GRAPH 控件简介

GRAPH 控件主要用于绘制曲线。GRAPH 控件通过曲线将数据可视化，以最直观的形式将数据的变化趋势呈现给用户，在温/湿度实时监测、内存使用率监测等应用场景中广泛使用。

GRAPH 控件主要由 3 部分构成：曲线显示区、数据对象和刻度对象。曲线显示区用于显示曲线，通常仅设置其背景颜色以使曲线更清晰或控件整体更美观。数据对象为曲线本身，即曲线的变化本质上来源于数据对象。刻度对象用于为曲线显示区添加刻度值，将曲线的变化情况进行量化。

在 GRAPH 控件中，可以同时显示多条曲线，也可以设置水平和垂直刻度，曲线显示区可以显示水平间距和垂直间距不同的网格。若数据超出曲线显示区，则控件可以自动显示滚动条。emWin 中 GRAPH 控件的结构如图 14-1 所示。

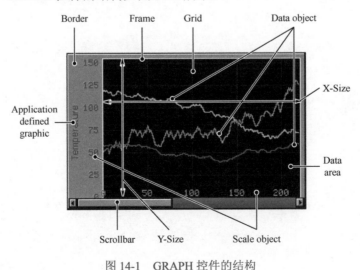

图 14-1　GRAPH 控件的结构

GRAPH 控件各个部分的含义如表 14-1 所示。

表 14-1　GRAPH 控件各个部分的含义

名　称	含　义
Border	边框
Frame	曲线显示区的边框线条
Grid	曲线显示区的网格线
Data object	数据对象，一条曲线对应一个数据对象
Data area	曲线显示区
Scale object	刻度对象（水平/垂直）
Scrollbar	滚动条（水平/垂直），可查看超出曲线图控件曲线显示区域的数据对象
Application defined graphic	应用程序定义的回调函数，用于绘制应用程序定义的文本或图形
X-Size	曲线显示区的水平尺寸
Y-Size	曲线显示区的垂直尺寸

GRAPH 控件通常仅用于显示曲线，不涉及用户交互，因此不支持任何通知代码、输入焦点和按键消息。

emWin 为 GRAPH 控件提供的预定义 ID 如下：

```
#define GUI_ID_GRAPH0        0x220
#define GUI_ID_GRAPH1        0x221
#define GUI_ID_GRAPH2        0x222
#define GUI_ID_GRAPH3        0x223
```

14.2　GRAPH 控件的数据对象

针对应用场景的不同，GRAPH 控件提供了两种数据对象，分别为 GRAPH_DATA_XY 和 GRAPH_DATA_YT，对应于两种不同的曲线：XY 模式曲线和 YT 模式曲线。

1. GRAPH_DATA_XY

该数据对象用于显示由点阵坐标(X, Y)组成的曲线，典型应用是绘制函数图形。GRAPH_DATA_XY 的显示效果如图 14-2 所示。

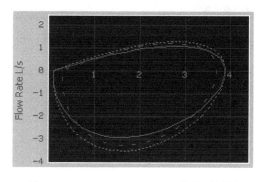

图 14-2　GRAPH_DATA_XY 的显示效果

2. GRAPH_DATA_YT

该数据对象用于显示图形上每个 X 值对应一个 Y 值的曲线，典型应用是绘制测量值持续更新的曲线，适用于温/湿度监测等应用场景。GRAPH_DATA_YT 的显示效果如图 14-3 所示。

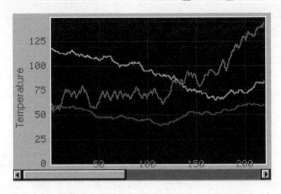

图 14-3　GRAPH_DATA_YT 的显示效果

14.3　GRAPH 控件的库函数

GRAPH 控件提供了丰富的库函数，下面简要介绍几种常用的库函数，完整的库函数列表及对应的描述可参考 emWin 用户手册的 17.10.8 节。

（1）GRAPH_SetColor。

GRAPH_SetColor 函数用于设置 GRAPH 控件的颜色，具体描述如表 14-2 所示。

表 14-2　GRAPH_SetColor 函数的描述

函数名	GRAPH_SetColor
函数原型	GUI_COLOR GRAPH_SetColor(GRAPH_Handle hObj, GUI_COLOR Color, unsigned Index);
功能描述	设置 GRAPH 控件的颜色
输入参数 1	hObj：GRAPH 控件的句柄
输入参数 2	Color：需要设置的颜色
输入参数 3	Index：需要设置颜色的区域，可取值见表 14-3
输出参数	无
返回值	先前所设置的区域的颜色

参数 Index 用于指定 GRAPH 控件中需要设置颜色的区域，可取值如表 14-3 所示。

表 14-3　Index 的可取值

可 取 值	描　　述
GRAPH_CI_BK	设置曲线显示区的颜色
GRAPH_CI_BORDER	设置边框的颜色
GRAPH_CI_FRAME	设置边框线条的颜色
GRAPH_CI_GRID	设置网格线的颜色

例如，在句柄为 hItem 的 GRAPH 控件中，设置边框为灰色、曲线显示区为黑色、网格线为白色，代码如下：

```
GRAPH_SetColor(hItem, GUI_GRAY,  GRAPH_CI_BORDER);
GRAPH_SetColor(hItem, GUI_BLACK, GRAPH_CI_BK);
GRAPH_SetColor(hItem, GUI_WHITE, GRAPH_CI_GRID);
```

（2）GRAPH_DATA_YT_Create。

GRAPH_DATA_YT_Create 函数用于创建 GRAPH_DATA_YT 数据对象，具体描述如表 14-4 所示。

表 14-4　GRAPH_DATA_YT_Create 函数的描述

函数名	GRAPH_DATA_YT_Create
函数原型	GRAPH_DATA_Handle GRAPH_DATA_YT_Create(GUI_COLOR Color, unsigned MaxNumItems, I16 * pData, unsigned NumItems);
功能描述	创建 GRAPH_DATA_YT 数据对象
输入参数 1	Color：曲线颜色
输入参数 2	MaxNumItems：最大数据量
输入参数 3	pData：要添加到数据对象的数据指针
输入参数 4	NumItems：要添加的数据量
输出参数	无
返回值	创建的数据对象的句柄

例如，创建一个最大数据量为 600 的数据对象，并且使用绿色绘制曲线，代码如下：

```
static GRAPH_DATA_Handle GRAPHData;
GRAPHData = GRAPH_DATA_YT_Create(GUI_GREEN, 600, 0, 0);
```

（3）GRAPH_AttachData。

GRAPH_AttachData 函数用于将数据对象附加到现有 GRAPH 控件上，具体描述如表 14-5 所示。

表 14-5　GRAPH_AttachData 函数的描述

函数名	GRAPH_AttachData
函数原型	void GRAPH_AddGraph(GRAPH_Handle hObj, GRAPH_DATA_Handle hData);
功能描述	将数据对象附加到现有 GRAPH 控件上
输入参数 1	hObj：GRAPH 控件的句柄
输入参数 2	hData：数据对象的句柄
输出参数	无
返回值	void

例如，将句柄为 GRAPHData 的数据对象附加到句柄为 hItem 的 GRAPH 控件上，代码如下：

```
GRAPH_AttachData(hItem, GRAPHData);
```

（4）GRAPH_DATA_YT_AddValue。

GRAPH_DATA_YT_AddValue 函数用于向 GRAPH_DATA_YT 数据对象添加数据，具体描述如表 14-6 所示。

表 14-6　GRAPH_DATA_YT_AddValue 函数的描述

函数名	GRAPH_DATA_YT_AddValue
函数原型	void GRAPH_DATA_YT_AddValue(GRAPH_DATA_Handle hDataObj, I16 Value);
功能描述	向 GRAPH_DATA_YT 数据对象添加数据
输入参数 1	hDataObj：数据对象的句柄
输入参数 2	Value：要添加到数据对象中的数据
输出参数	无
返回值	void

例如，向句柄为 GRAPHData 的数据对象添加一个值为 100 数据，代码如下：

GRAPH_DATA_YT_AddValue(GRAPHData, 100);

14.4　实例与代码解析

下面通过编写实例程序，在框架窗口中添加一个 GRAPH 控件，使用开发板的 DAC 外设使 PA4 引脚持续输出正弦波，再使用 ADC 外设持续采集 PA1 引脚上输入的信号，通过跳线帽或杜邦线连接 PA1 和 PA4 引脚，将从 PA1 引脚上采集到的正弦波显示在 GRAPH 控件上。最终实现的 GUI（不包含数据）如图 14-4 所示。

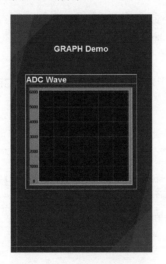

图 14-4　最终实现的 GUI

14.4.1　复制并编译原始工程

首先，将 "D:\emWinKeilTest\Material\12.GRAPH_Sample" 文件夹复制到 "D:\emWinKeilTest\Product" 文件夹中。其次，双击运行 "D:\emWinKeilTest\Product\12.GRAPH_Sample\Project" 文件夹中的 GD32KeilPrj.uvprojx，单击工具栏中的 按钮进行编译。当 Build Output 栏中出现 "FromELF：creating hex file…" 时，表示已经成功生成.hex 文件，出现 "0 Error(s), 0 Warning(s)" 表示编译成功。最后，将.axf 文件下载到开发板的内部 Flash 上。如果屏幕显示

"Hello World！"，则表示原始工程正确，可以进行下一步操作。

14.4.2　添加 GRAPHDemo 文件对

首先，将"D:\emWinKeilTest\Product\12.GRAPH_Sample\TPSW\emWin5.26\emWin\Sample\Application\GUIDemo\GRAPHDemo"文件夹中的 GRAPHDemo.c 文件添加到 EMWIN_DEMO 分组中。然后，将"D:\emWinKeilTest\Product\12.GRAPH_Sample\TPSW\emWin5.26\emWin\Sample\Application\GUIDemo\GRAPHDemo"路径添加到 Include Paths 栏中。

14.4.3　GRAPHDemo 文件对

1．GRAPHDemo.h 文件

GRAPHDemo.h 文件的"包含头文件"区包含如程序清单 14-1 所示的头文件。在GRAPHDemo.c 文件中需要调用 ADC 模块相关函数，所以需要包含 ADC.h 头文件。

程序清单 14-1

```
1.    #include "GUI.h"
2.    #include "DIALOG.h"
3.    #include "BUTTON.h"
4.    #include "WM.h"
5.    #include "ADC.h"
```

在"API 函数声明"区，声明 CreateGRAPHDemo 函数，如程序清单 14-2 所示。该函数用于创建曲线图演示例程。

程序清单 14-2

```
void CreateGRAPHDemo(void);    //创建例程
```

2．GRAPHDemo.c 文件

在 GRAPHDemo.c 文件的"宏定义"区，进行如程序清单 14-3 所示的宏定义，定义程序中用到的所有控件的 ID。

程序清单 14-3

```
#define ID_FRAMEWIN    (GUI_ID_USER + 0x00)
#define ID_GRAPH       (GUI_ID_USER + 0x01)
```

在"内部变量"区，进行如程序清单 14-4 所示的变量声明和定义。

（1）第 1 至 6 行代码：定义资源表 s_arrDialogCreate，其中包含一个框架窗口和一个 GRAPH 控件。

（2）第 8 行代码：声明曲线图数据对象的句柄。

程序清单 14-4

```
1.    //创建包含 GRAPH 控件框架窗口的资源表
2.    static const GUI_WIDGET_CREATE_INFO s_arrDialogCreate[] =
3.    {
4.      { FRAMEWIN_CreateIndirect, "ADC Wave", ID_FRAMEWIN   , 50, 200, 380, 390, 0, 0x0, 0 },
5.      { GRAPH_CreateIndirect    , ""        , ID_GRAPH      , 10, 10, 350, 330, 0, 0x0, 0 },
6.    };
```

7.

8.　static GRAPH_DATA_Handle GRAPHData;　　　　　//曲线图数据对象的句柄

在"内部函数声明"区，声明 1 个内部函数，如程序清单 14-5 所示，该函数为对话框的回调函数。

程序清单 14-5

static void DialogCallback(WM_MESSAGE* pMsg); //对话框回调函数

在"内部函数实现"区，编写 DialogCallback 函数的实现代码，如程序清单 14-6 所示。

（1）第 9 至 15 行代码：设置框架窗口的标题栏和客户区。

（2）第 17 至 25 行代码：设置 GRAPH 控件的边框颜色、边框尺寸、网格线的线型等参数。

（3）第 27 至 32 行代码：创建垂直刻度对象并附加到 GRAPH 控件上。通过 GRAPH_SCALE_SetFactor 函数将刻度值的计算因子设置为 20，即刻度值与像素值的比值为 20，1 像素代表的刻度值为 20。由于 GRAPH_SCALE_Create 函数的第 4 个参数指定 2 条刻度线的间距为 50 像素，因此垂直刻度上将显示 0、1000、2000、3000、4000 等刻度值。

（4）第 34 至 36 行代码：创建 GRAPH_DATA_YT 数据对象并附加到 GRAPH 控件上，且使用绿色绘制曲线。

程序清单 14-6

```
1.    static void DialogCallback(WM_MESSAGE* pMsg)
2.    {
3.      WM_HWIN hItcm;
4.      GRAPH_SCALE_Handle hScaleV;        //刻度对象
5.
6.      switch (pMsg->MsgId)
7.      {
8.        case WM_INIT_DIALOG:
9.          //初始化 FRAMEWIN
10.         hItem = pMsg->hWin;
11.         FRAMEWIN_SetTitleHeight(hItem, 30);
12.         FRAMEWIN_SetFont(hItem, GUI_FONT_32B_ASCII);
13.         FRAMEWIN_SetTextColor(hItem, GUI_WHITE);
14.         FRAMEWIN_SetBarColor(hItem, EDIT_CI_ENABLED, 0x9F5925);
15.         FRAMEWIN_SetClientColor(hItem, 0x312F0F);
16.
17.         //初始化 GRAPH 控件
18.         hItem = WM_GetDialogItem(pMsg->hWin, ID_GRAPH);          //获取 GRAPH 控件的句柄
19.         GRAPH_SetColor(hItem, GUI_GRAY,   GRAPH_CI_BORDER); //设置边框的颜色
20.         GRAPH_SetColor(hItem, GUI_BLACK, GRAPH_CI_BK);          //设置曲线显示区的背景颜色
21.         GRAPH_SetColor(hItem, GUI_GRAY, GRAPH_CI_GRID);         //设置网格线的颜色
22.         GRAPH_SetBorder(hItem, 32, 10, 10, 10);                 //设置边框的尺寸
23.         GRAPH_SetLineStyleH(hItem, GUI_LS_DOT);                 //设置水平网格线的线型
24.         GRAPH_SetLineStyleV(hItem, GUI_LS_DOT);                 //设置垂直网格线的线型
25.         GRAPH_SetGridVis(hItem, 1);                             //设置网格线可见
26.
27.         //创建垂直刻度对象
28.         hScaleV = GRAPH_SCALE_Create(15, GUI_TA_HCENTER | GUI_TA_LEFT, GRAPH_SCALE_
CF_VERTICAL, 50);
```

```
29.      GRAPH_AttachScale(hItem, hScaleV);              //将垂直刻度对象添加到现有 GRAPH 控件上
30.      GRAPH_SCALE_SetFactor(hScaleV, 20);                 //设置刻度值的计算因子
31.      GRAPH_SCALE_SetFont(hScaleV, GUI_FONT_16B_ASCII);   //设置刻度值的字体
32.      GRAPH_SCALE_SetTextColor(hScaleV, GUI_BLACK);       //设置刻度值的颜色
33.
34.      //创建数据对象
35.      GRAPHData = GRAPH_DATA_YT_Create(GUI_GREEN, 600, 0, 0);
36.      GRAPH_AttachData(hItem, GRAPHData);             //将数据对象添加到现有 GRAPH 控件上
37.
38.      WM_EnableMemdev(hItem);                         //启用内存设备来重绘 GRAPH 控件
39.      break;
40.
41.    default:
42.      WM_DefaultProc(pMsg);
43.      break;
44.    }
45.  }
```

在"API 函数实现"区，CreateGRAPHDemo 函数的实现代码如程序清单 14-7 所示，该函数用于创建曲线图演示例程。

（1）第 3 至 6 行代码：显示标题字符串"GRAPH Demo"。

（2）第 8 至 9 行代码：根据资源表 s_arrDialogCreate 创建对话框。

（3）第 11 至 16 行代码：通过 GetADC 函数获取 ADC 采样数据。由于 ADC 采样值范围为 0～4095，而 GRAPH 控件的刻度值的计算因子为 20，因此，需要将 ADC 采样值除以 20 后显示在 GRAPH 控件上。

程序清单 14-7

```
1.   void CreateGRAPHDemo(void)
2.   {
3.     //显示标题字符串
4.     GUI_SetColor(GUI_WHITE);
5.     GUI_SetFont(&GUI_Font32B_ASCII);
6.     GUI_DispStringHCenterAt("GRAPH Demo", 240, 100);
7.
8.     //根据资源表间接创建框架窗口
9.     GUI_CreateDialogBox(s_arrDialogCreate, GUI_COUNTOF(s_arrDialogCreate), DialogCallback, WM_
HBKWIN, 0, 0);
10.
11.    while(1)
12.    {
13.      GRAPH_DATA_YT_AddValue(GRAPHData, GetADC() / 20);   //向数据对象中添加 ADC 数据
14.
15.      GUI_Exec();                                         //GUI 轮询
16.    }
17.  }
```

14.4.4　DAC.c 和 ADC.c 文件介绍

在 DAC.c 文件的"内部变量"区，定义正弦波一个周期内的 100 个数据，如程序清单 14-8 所示。

程序清单 14-8

```
1.   static unsigned short s_arrSineWave100Point[100] = {
2.   2048, 2176, 2304, 2431, 2557, 2680, 2801, 2919, 3034, 3145, 3251, 3353, 3449, 3540, 3625, 3704,
3.   3776, 3842, 3900, 3951, 3995, 4031, 4059, 4079, 4091, 4095, 4091, 4079, 4059, 4031, 3995, 3951,
4.   3900, 3842, 3776, 3704, 3625, 3540, 3449, 3353, 3251, 3145, 3034, 2919, 2801, 2680, 2557, 2431,
5.   2304, 2176, 2048, 1919, 1791, 1664, 1538, 1415, 1294, 1176, 1061,  950,  844,  742,  646,  555,
6.    470,  391,  319,  253,  195,  144,  100,   64,   36,   16,    4,    0,    4,   16,   36,   64,
7.    100,  144,  195,  253,  319,  391,  470,  555,  646,  742,  844,  950, 1061, 1176, 1294, 1415,
8.   1538, 1664, 1791, 1919
9.   };
```

在本章例程中，通过 TIMER 定时器和 DMA 外设，使开发板的 PA4 引脚持续输出正弦波。

在 ADC.c 的 "API 函数实现" 区，实现 GetADC 函数，该函数用于获取 ADC 采样值，如程序清单 14-9 所示。

程序清单 14-9

```
1.   unsigned short GetADC(void)
2.   {
3.     //返回 ADC 采样值
4.     return s_arrADCData;
5.   }
```

在本章例程中，通过 TIMER 定时器和 DMA 外设，将 ADC 采样值存放在 s_arrADCData 变量中，再通过 GetADC 函数获取 ADC 采样值。

14.4.5　完善 GUIDemo.c 文件

在 GUIDemo.c 文件的 "包含头文件" 区，添加包含 GRAPHDemo.h 头文件的代码，如程序清单 14-10 所示。

程序清单 14-10

```
#include "GUIDemo.h"
#include "GRAPHDemo.h"
```

在 "API 函数实现" 区，按程序清单 14-11 修改 MainTask 函数的代码，调用 CreateGRAPHDemo 函数创建例程，实现在 LCD 上进行曲线图演示。

程序清单 14-11

```
1.   void MainTask(void)
2.   {
3.     GUI_Init();              //GUI 初始化
4.
5.     DrawBackground();        //绘制背景
6.
7.     CreateGRAPHDemo();       //创建例程
8.   }
```

14.4.6　编译及下载验证

代码编写完成并编译通过后，下载程序并进行复位。GD32F3 苹果派开发板的 LCD 上将显示如图 14-4 所示的界面，使用跳线帽连接开发板的 PA1 和 PA4 引脚，在 GRAPH 控件中将显示 ADC 采集的正弦波波形，如图 14-5 所示。

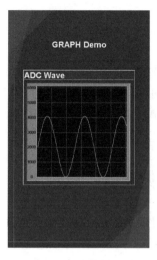

图 14-5　运行结果

 本章任务

熟练掌握本章所介绍的 GRAPH 控件相关库函数的定义和用法。查阅资料了解微控制器的内部温度传感器的功能和用法，设计一个用于监控 CPU 温度的程序，要求在 GRAPH 控件中显示 CPU 温度的变化情况。

 本章习题

1. 简述 GRAPH 控件的功能及常见使用场景。
2. GRAPH 控件支持哪些数据对象？对应的应用场景是什么？
3. GRAPH_SCALE_Create 函数的功能是什么？

第 15 章　ICONVIEW 控件

第 14 章介绍了 GRAPH 控件的功能和用法。本章将介绍图标视图控件 ICONVIEW，该控件主要用于展示一系列图标或图片，每个图标或图片均可提供相应的交互功能。ICONVIEW 控件提供了直观的界面和交互方式来提升用户的使用体验，本章将详细介绍该控件的功能和应用。

15.1　ICONVIEW 控件简介

ICONVIEW 控件常用于制作图标菜单，在具有多种独立功能的应用程序中使用广泛。该控件可以将各种独立功能封装在图标中，用户可以通过单击图标来实现对应的功能。

ICONVIEW 控件的特点是可为每个图标提供一个文本，文本既可概括图标的功能，也可视为图标的名称。ICONVIEW 控件的图标及图标的背景均支持透明度显示，选中图标时可以使用纯色或带透明度的颜色效果突出显示。ICONVIEW 控件还支持滚动条，在必要时用于显示更多图标。

ICONVIEW 控件的应用示例如图 15-1 所示。

图 15-1　ICONVIEW 控件应用示例

ICONVIEW 控件支持 5 种通知代码，以区分不同的控件行为，如表 15-1 所示。当 ICONVIEW 控件中发生事件时，会向父窗口发送 WM_NOTIFY_PARENT 消息，在消息结构体的 Data.v 成员中将附加相应的通知代码，回调函数根据通知代码执行对应的响应。

表 15-1　ICONVIEW 控件支持的通知代码

通 知 代 码	描　　述
WM_NOTIFICATION_CLICKED	图标已被单击
WM_NOTIFICATION_RELEASED	图标已被释放

通 知 代 码	描　　述
WM_NOTIFICATION_MOVED_OUT	图标已被单击，且指针从控件中移出而未被释放
WM_NOTIFICATION_SCROLL_CHANGED	滚动条的滚动位置发生改变（若有滚动条）
WM_NOTIFICATION_SEL_CHANGED	选择的图标已改变，即选择了其他图标

ICONVIEW 控件支持键盘输入或其他类似于键盘输入的外部输入，以实现改变当前所选择的图标。若 ICONVIEW 控件具有输入焦点，则可以接收如表 15-2 所示的按键消息。

表 15-2　ICONVIEW 控件支持的按键消息

按 键 消 息	描　　述
GUI_KEY_RIGHT	选择下一个图标
GUI_KEY_LEFT	选择上一个图标
GUI_KEY_DOWN	选择下一行的图标
GUI_KEY_UP	选择上一行的图标
GUI_KEY_HOME	选择第一个图标
GUI_KEY_END	选择最后一个图标

emWin 为 ICONVIEW 控件提供的预定义 ID 如下：

```
#define GUI_ID_ICONVIEW0    0x250
#define GUI_ID_ICONVIEW1    0x251
#define GUI_ID_ICONVIEW2    0x252
#define GUI_ID_ICONVIEW3    0x253
```

15.2　ICONVIEW 控件的库函数

ICONVIEW 控件提供了丰富的库函数，下面简要介绍几种常用的库函数，完整的库函数列表及对应的描述可参考 emWin 用户手册的 17.12.5 节。

（1）ICONVIEW_CreateEx。

ICONVIEW_CreateEx 函数用于创建 ICONVIEW 控件，具体描述如表 15-3 所示。

表 15-3　ICONVIEW_CreateEx 函数的描述

函数名	ICONVIEW_CreateEx
函数原型	ICONVIEW_Handle ICONVIEW_CreateEx(int x0, int y0, int xSize, int ySize, WM_HWIN hParent, int WinFlags, int ExFlags, int Id, int xSizeItems, int ySizeItems);
功能描述	创建 ICONVIEW 控件
输入参数 1	x0：ICONVIEW 控件的起始 X 轴坐标
输入参数 2	y0：ICONVIEW 控件的起始 Y 轴坐标
输入参数 3	xSize：ICONVIEW 控件的水平尺寸
输入参数 4	ySize：ICONVIEW 控件的垂直尺寸

输入参数 5	hParent：父窗口的句柄，若为 0 则表示以桌面窗口为父窗口
输入参数 6	WinFlags：创建标志，可取值见表 7-5
输入参数 7	ExFlags：默认为 0。若为 ICONVIEW_CF_AUTOSCROLLBAR_V，则表示当控件区域不足以显示所有图标时，增加垂直滚动条
输入参数 8	Id：ICONVIEW 控件的 ID
输入参数 9	xSizeItems：图标的水平尺寸
输入参数 10	ySizeItems：图标的垂直尺寸
输出参数	无
返回值	创建的 ICONVIEW 控件的句柄

例如，在坐标(80, 250)处创建一个宽 320 像素、高 350 像素的 ICONVIEW 控件，该控件以桌面窗口为父窗口，其中图标尺寸为 120 像素×130 像素，代码如下：

```
static WM_HWIN s_hICONVIEW;
s_hICONVIEW = ICONVIEW_CreateEx(80, 250, 320, 350, WM_HBKWIN, WM_CF_SHOW, 0, ID_ICONVIEW,
120, 130);
```

（2）ICONVIEW_AddBitmapItem。

ICONVIEW_AddBitmapItem 函数用于向 ICONVIEW 控件中添加图标，具体描述如表 15-4 所示。

表 15-4　ICONVIEW_AddBitmapItem 函数的描述

函数名	ICONVIEW_AddBitmapItem
函数原型	int ICONVIEW_AddBitmapItem(ICONVIEW_Handle hObj,const GUI_BITMAP * pBitmap, const char * pText);
功能描述	向 ICONVIEW 控件中添加图标
输入参数 1	hObj：ICONVIEW 控件的句柄
输入参数 2	pBitmap：指向存放图标信息的位图结构体的指针
输入参数 3	pText：图标的文本
输出参数	无
返回值	0-成功；非 0-失败

例如，向句柄为 s_hICONVIEW 的 ICONVIEW 控件中，添加位图结构体 bmFRAMEWIN_ Bitmap 中存放的图标，图标文本为"FRAMEWIN"，代码如下：

```
extern GUI_CONST_STORAGE GUI_BITMAP bmFRAMEWIN_Bitmap;
ICONVIEW_AddBitmapItem(s_hICONVIEW, &bmFRAMEWIN_Bitmap, "FRAMEWIN");
```

（3）ICONVIEW_SetBkColor。

ICONVIEW_SetBkColor 函数用于设置 ICONVIEW 控件的背景颜色，具体描述如表 15-5 所示。

表 15-5　ICONVIEW_SetBkColor 函数的描述

函数名	ICONVIEW_SetBkColor
函数原型	void ICONVIEW_SetBkColor(ICONVIEW_Handle hObj, int Index, GUI_COLOR Color);
功能描述	设置 ICONVIEW 控件的背景颜色

续表

输入参数 1	hObj：ICONVIEW 控件的句柄
输入参数 2	Index：ICONVIEW_CI_BK，设置控件背景颜色；ICONVIEW_CI_SEL，设置选中图标时的背景颜色
输入参数 3	Color：要设置的颜色
输出参数	无
返回值	void

例如，在句柄为 s_hICONVIEW 的 ICONVIEW 控件中，设置控件背景颜色为白色，图标被选中时的颜色为蓝色，代码如下：

```
ICONVIEW_SetBkColor(s_hICONVIEW, ICONVIEW_CI_SEL, GUI_BLUE);
ICONVIEW_SetBkColor(s_hICONVIEW, ICONVIEW_CI_BK, GUI_WHITE);
```

15.3　实例与代码解析

下面通过编写实例程序，创建一个 ICONVIEW 控件，其中包含 4 个图标：FRAMEWIN、TEXT&EDIT、PROGBAR、GRAPH，单击“FRAMEWIN”图标进入第 9 章 FRAMEWIN 控件例程的 GUI，单击另外 3 个图标也可进入对应章节例程的 GUI。最终实现的 GUI 如图 15-2 所示。

图 15-2　最终实现的 GUI

15.3.1　复制并编译原始工程

首先，将“D:\emWinKeilTest\Material\13.ICONVIEW_Sample”文件夹复制到“D:\emWinKeilTest\Product”文件夹中。其次，双击运行“D:\emWinKeilTest\Product\13.ICONVIEW_Sample\Project”文件夹中的 GD32KeilPrj.uvprojx，单击工具栏中的🔨按钮进行编译。当 Build Output 栏中出现“FromELF：creating hex file...”时，表示已经成功生成.hex 文件，出现“0 Error(s), 0 Warning(s)”表示编译成功。最后，将.axf 文件下载到开发板的内部 Flash 上。如果屏幕显示“Hello World！”，则表示原始工程正确，可以进行下一步操作。

15.3.2 添加 ICONVIEWDemo 等文件对

在本章例程中将使用 FRAMEWIN、GRAPH 等控件的相关演示文件。因此，需要添加对应的文件对。

首先，将文件路径定位至"D:\emWinKeilTest\Product\13.ICONVIEW_Sample\TPSW\emWin5.26\emWin\Sample\Application\GUIDemo"，将该路径下所有文件夹中的.c 文件添加到 EMWIN_DEMO 分组中。然后，将该路径下的所有文件夹的绝对路径添加到 Include Paths 栏中。

15.3.3 ICONVIEWDemo 文件对

1. ICONVIEWDemo.h 文件

ICONVIEWDemo.h 文件的"包含头文件"区包含如程序清单 15-1 所示的头文件。

程序清单 15-1

```
#include "GUI.h"
#include "DIALOG.h"
#include "WM.h"
```

在"宏定义"区，进行如程序清单 15-2 所示的宏定义。

程序清单 15-2

```
#define ID_ICONVIEW (GUI_ID_USER + 0x00)
```

在"枚举结构体"区，进行如程序清单 15-3 所示的图标信息枚举结构体声明。

程序清单 15-3

```
1.    //图标信息枚举结构体
2.    typedef struct
3.    {
4.       const GUI_BITMAP* pBitmap;
5.       const char* pText;
6.    }StructBitMap;
```

在"API 函数声明"区，声明 CreateICONVIEWDemo 函数，如程序清单 15-4 所示。该函数用于创建图标视图演示例程。

程序清单 15-4

```
void CreateICONVIEWDemo(void);    //创建例程
```

2. ICONVIEWDemo.c 文件

在 ICONVIEWDemo.c 文件的"内部变量"区，进行如程序清单 15-5 所示的变量声明和定义。

（1）第 1 行代码：声明 ICONVIEW 控件的句柄。

（2）第 3 至 7 行代码：通过 extern 关键字声明将要显示的 4 个图标的位图结构体，这 4 个结构体均存放在 ICONVIEW_Bitmap.c 文件中，通过 BmpCvt 位图转换工具转换而来。4 个图标源文件存放在"D:\emWinKeilTest\Product\13.ICONVIEW_Sample\ICONVIEW_Bitmap"文件夹中。

（3）第 9 至 16 行代码：定义存放 4 个图标信息的结构体数组 s_arrBitMap。

程序清单 15-5

```
1.   static WM_HWIN s_hICONVIEW;          //ICONVIEW 控件的句柄
2.
3.   //4 个图标的位图结构体
4.   extern GUI_CONST_STORAGE GUI_BITMAP bmFRAMEWIN_Bitmap;
5.   extern GUI_CONST_STORAGE GUI_BITMAP bmTEXTEDIT_Bitmap;
6.   extern GUI_CONST_STORAGE GUI_BITMAP bmPROGBAR_Bitmap;
7.   extern GUI_CONST_STORAGE GUI_BITMAP bmGRAPH_Bitmap;
8.
9.   //4 个图标的位图和文本定义
10.  static StructBitMap s_arrBitMap[] =
11.  {
12.     {&bmFRAMEWIN_Bitmap,"FRAMEWIN"},
13.     {&bmTEXTEDIT_Bitmap,"TEXT&EDIT"},
14.     {&bmPROGBAR_Bitmap,"PROGBAR"},
15.     {&bmGRAPH_Bitmap,"GRAPH"},
16.  };
```

在"API 函数实现"区，CreateICONVIEWDemo 函数的实现代码如程序清单 15-6 所示，该函数用于创建图标视图演示例程。

（1）第 5 至 9 行代码：创建 ICONVIEW 控件并设置背景颜色和图标之间的距离。

（2）第 11 至 15 行代码：通过 for 循环将 4 个图标添加到 ICONVIEW 控件中。

（3）第 17 至 20 行代码：通过 ICONVIEW_SetSel 函数设置默认不选中任何图标，然后设置图标文本的字体、颜色和对齐方式。

程序清单 15-6

```
1.    void CreateICONVIEWDemo(void)
2.    {
3.       int i = 0;
4.
5.       s_hICONVIEW = ICONVIEW_CreateEx(80, 250, 320, 350, WM_HBKWIN, WM_CF_SHOW, 0,
ID_ICONVIEW, 120, 130);
6.       ICONVIEW_SetBkColor(s_hICONVIEW, ICONVIEW_CI_SEL, 0x4F4F2F | (0x60uL << 24)); //设置图标
被选中时的颜色
7.       ICONVIEW_SetBkColor(s_hICONVIEW, ICONVIEW_CI_BK, 0x312F0F);//设置控件区域的背景颜色
8.       ICONVIEW_SetSpace(s_hICONVIEW, GUI_COORD_X, 70);          //设置图标之间的水平距离
9.       ICONVIEW_SetSpace(s_hICONVIEW, GUI_COORD_Y, 70);          //设置图标之间的垂直距离
10.
11.      for(i = 0; i < 4; i ++)
12.      {
13.        //添加 ICONVIEW 控件的位图
14.        ICONVIEW_AddBitmapItem(s_hICONVIEW, &bmFRAMEWIN_Bitmap, s_arrBitMap[i].pText);
15.      }
16.
17.      ICONVIEW_SetSel(s_hICONVIEW, -1);                        //默认不选中任何图标
18.      ICONVIEW_SetTextColor(s_hICONVIEW, 0, GUI_WHITE);        //设置图标文本颜色
19.      ICONVIEW_SetFont(s_hICONVIEW, GUI_FONT_20_ASCII);        //设置图标文本字体
20.      ICONVIEW_SetTextAlign(s_hICONVIEW, GUI_TA_HCENTER | GUI_TA_BOTTOM); //设置图标文本
```

对齐方式

```
21.
22.    WM_EnableMemdev(s_hICONVIEW);                 //启用内存设备来重绘 ICONVIEW 控件
23.
24.    while(1)
25.    {
26.      GUI_Exec();        //GUI 轮询
27.    }
28. }
```

15.3.4 其他控件演示文件介绍

FRAMEWIN 控件演示例程与第 9 章相同，对应的 FRAMEWINDemo.c 文件内容与 9.5.3 节相同，这里不再赘述。

在 TEXT&EDIT 控件的演示例程中，需要为对话框添加关闭按钮，以方便退出当前演示例程，返回图标视图界面。因此，本章例程的 TEXT&EDITDemo.c 文件与 10.3.3 节相比，需要进行部分修改。

在 PROGBAR 控件的演示例程中，需要一个框架窗口来承载进度条和按钮。因此，本章例程的 PROGBARDemo.c 文件与 11.4.3 节相比，需要进行部分修改。

在 GRAPH 控件的演示例程中，需要为对话框添加关闭按钮，以方便退出当前演示例程，返回图标视图界面。因此，本章例程的 GRAPHDemo.c 文件与 14.4.3 节相比，需要进行部分修改。

15.3.5 完善 GUIDemo.c 文件

在 GUIDemo.c 文件的"包含头文件"区，添加包含各个控件演示例程的头文件代码，如程序清单 15-7 所示。

程序清单 15-7

```
1.   #include "GUIDemo.h"
2.   #include "ICONVIEWDemo.h"
3.   #include "FRAMEWINDemo.h"
4.   #include "TEXT&EDITDemo.h"
5.   #include "GRAPHDemo.h"
6.   #include "PROGBARDemo.h"
```

在"内部函数声明"区，添加声明背景窗口的回调函数，如程序清单 15-8 所示。

程序清单 15-8

```
static void DrawBackground(void);                    //绘制背景
static void BkWindowCallback(WM_MESSAGE* pMsg);      //背景窗口回调函数
```

在"内部函数实现"区，添加 BkWindowCallback 函数的实现代码，如程序清单 15-9 所示。

（1）第 11 至 14 行代码：显示标题字符串"ICONVIEW Demo"。

（2）第 17 至 51 行代码：当 ICONVIEW 控件中有图标被按下或释放时，BkWindowCallback 回调函数将收到 WM_NOTIFY_PARENT 消息。在回调函数中，通过判断消息中附加的通知代码执行事件响应。由于 ICONVIEW 控件中共有 4 个图标，因此需要通过 ICONVIEW_

GetSel 函数判断事件具体来自哪一个图标，然后可通过对应的例程创建函数，实现 GUI 跳转。

程序清单 15-9

```
1.    static void BkWindowCallback(WM_MESSAGE* pMsg)
2.    {
3.        int Id;
4.        int NCode;
5.
6.        switch (pMsg->MsgId)
7.        {
8.          case WM_PAINT:
9.            DrawBackground();          //绘制背景
10.
11.           //显示标题字符串
12.           GUI_SetColor(GUI_WHITE);
13.           GUI_SetFont(&GUI_Font32B_ASCII);
14.           GUI_DispStringHCenterAt("ICONVIEW Demo", 240, 100);
15.           break;
16.
17.         case WM_NOTIFY_PARENT:
18.           Id = WM_GetId(pMsg->hWinSrc);
19.           NCode = pMsg->Data.v;
20.
21.           switch (Id)
22.           {
23.             case ID_ICONVIEW:
24.               switch (NCode)
25.               {
26.                 case WM_NOTIFICATION_CLICKED:
27.                   break;
28.                 case WM_NOTIFICATION_RELEASED:
29.                   //根据被单击的图标执行对应的响应函数
30.                   switch (ICONVIEW_GetSel(pMsg->hWinSrc))
31.                   {
32.                     case 0:       //单击 FRAMEWIN 图标
33.                       CreateFRAMEWINDemo();
34.                       break;
35.                     case 1:       //单击 TEXT&EDIT 图标
36.                       CreateTEXTEDITDemo();
37.                       break;
38.                     case 2:       //单击 PROGBAR 图标
39.                       CreatePROGBARDemo();
40.                       break;
41.                     case 3:       //单击 GRAPH 图标
42.                       CreateGRAPHDemo();
43.                       break;
44.                   }
45.                   break;
```

```
46.              }
47.            break;
48.
49.          default:
50.            break;
51.        }
52.      break;
53.
54.    default:
55.      WM_DefaultProc(pMsg);
56.      break;
57.  }
58. }
```

在"API 函数实现"区，按程序清单 15-10 修改 MainTask 函数的代码，调用 WM_SetCallback 函数设置背景窗口的回调函数，再通过 CreateICONVIEWDemo 函数创建例程，实现在 LCD 上进行图标视图演示。

程序清单 15-10

```
1.  void MainTask(void)
2.  {
3.    GUI_Init();                                    //GUI 初始化
4.
5.    WM_SetCallback(WM_HBKWIN, BkWindowCallback);   //设置背景窗口回调函数
6.
7.    CreateICONVIEWDemo();                          //创建例程
8.  }
```

15.3.6 编译及下载验证

代码编写完成并编译通过后，下载程序并进行复位。GD32F3 苹果派开发板的 LCD 上将显示如图 15-2 所示的界面，单击"FRAMEWIN""TEXT&EDIT""PROGBAR""GRAPH"图标将分别进入如图 15-3 所示的 4 个界面。4 个界面的功能与前面章节中的一致。

图 15-3 运行结果

本章任务

熟练掌握本章所介绍的 ICONVIEW 控件相关库函数的定义和用法。在本章例程的基础上，增加 2 个自定义图标，分别将第 9 章和第 10 章任务中的应用集成到这 2 个图标中。

 本章习题

1．简述 ICONVIEW 控件的功能及常见使用场景。

2．ICONVIEW 控件接收到 GUI_KEY_RIGHT 按键消息后将如何响应？

3．ICONVIEW_AddBitmapItem 函数的功能是什么？

第 16 章　图片显示

前面介绍了 emWin 提供的各类控件的功能和用法，用户可以基于这些控件开发丰富的 GUI。本章主要介绍 emWin 的图片显示功能，支持显示 BMP、JPEG、PNG 格式的图片。

16.1　图片格式简介

图片格式即图像文件存放的格式，常用格式有 JPEG、BMP、GIF 和 PNG 等。这几种图片格式的区别如下。

（1）压缩方式不同。

BMP 几乎不进行压缩，画质好，但是文件大，不利于传输。PNG 为无损压缩，能够保留相对多的信息，也可以把图像文件压缩到极限，便于传输。而 JPEG 为有损压缩，压缩文件小，但是会导致画质损失。

（2）显示速度不同。

JPEG 在网页下载时只能由上到下依次显示图片，直到图片全部下载后，才能看到全貌。PNG 显示速度快，只需下载 1/64 的图像信息即可显示出低分辨率的预览图像。

（3）支持图像不同。

JPEG 和 BMP 无法保存透明信息，系统默认自带白色背景。而 PNG 和 GIF 支持透明图像的制作，在制作网页图像时，可以把图像背景设置为透明，用网页本身的颜色信息来代替透明图像的色彩。

16.2　BMP 图片

16.2.1　BMP 图片简介

BMP 是 Bitmap 的缩写，即位图，是 Windows 操作系统中的标准图像文件格式，能够被多种 Windows 应用程序所支持。BMP 格式的特点是包含的图像信息较丰富，几乎不进行压缩，因而其缺点是占用磁盘空间大。

BMP 文件由文件头（bitmap-file header）、位图信息头（bitmap-information header）、颜色信息（color table）和图像数据 4 部分组成。

1. 文件头

文件头一共包含 14 字节，包括文件标识、文件大小和位图起始位置等信息。文件头位于位图文件的第 1～14 字节，其结构体定义如下：

```
typedef __packed struct
{
  u16 bfType;
  u32 bfSize;
  u16 bfReserved1;
  u16 bfReserved2;
  u32 bfOffBits;
}StructBMPFileHeader;
```

下面对文件头结构体中的变量进行简要介绍。

bfType：说明文件的类型，位于位图文件的第 1～2 字节。该值必须为 0x4D42，即字符"BM"的 ASCII 码值。

bfSize：说明位图文件大小，单位为字节，低位在前，位于位图文件的第 3～6 字节。

假设 bfSize 的第 3 字节为 0x82，第 4 字节为 0x21，则文件大小为 0x2182B=8578B=8578/1024KB=8.377KB。

bfReserved1、bfReserved2：位图文件保留字，必须都为 0。

bfOffBits：位图数据的起始位置，头文件的偏移量，单位为字节，位于位图文件的第 11～14 字节。

2．位图信息头

位图信息头用于说明位图的尺寸等信息，位于位图文件的第 15～54 字节，其结构体定义如下：

```
typedef __packed struct
{
  u32 biSize;
  u32 biWidth;
  u32 biHeight;
  u16 biPlanes;
  u16 biBitCount;
  u32 biCompression;
  u32 biSizeImage;
  u32 biXPelsPerMeter;
  u32 biYPelsPerMeter;
  u32 biClrUsed;
  u32 biClrImportant;
}StructBMPInfoHeader;
```

下面对位图信息头结构体中的变量进行简要介绍。

biSize：信息头所占字节数，通常为 40 字节，即 0x00000028，位于文件的第 15～18 字节。

biWidth、biHeight：位图的宽度和高度，分别位于文件的第 19～22 字节和第 23～26 字节。

biPlanes：目标设备的级别，通常为 1，位于文件的第 27～28 字节。

biBitCount：说明比特数/像素数，即每像素所需的位数，取值一般为 1、4、8、16、24或 32，位于文件的第 29～30 字节。

biCompression：说明图像数据的压缩类型。BI_RGB，没有压缩；BI_RLE8，每像素 8比特的 RLE 压缩编码，压缩格式由 2 字节组成（重复像素计数和颜色索引）；BI_RLE4，每像素 4 比特的 RLE 压缩编码，压缩格式由 2 字节组成；BI_BITFIELDS，每像素的比特数由指定的掩码决定。该变量位于文件的第 31~34 字节。

biSizeImage：位图的大小，以字节为单位，没有压缩时可以为 0，位于文件的第 35~38 字节。

biXPelsPerMeter、biYPelsPerMeter：表示位图水平分辨率和垂直分辨率，单位为像素/米。分别位于文件的第 39~42 字节和第 43~46 字节。

biClrUsed：表示位图实际使用的调色板中的颜色数，为 0 说明使用所有调色板项，即颜色数为 2 的 biBitCount 次方，位于文件的第 47~50 字节。

biClrImportant：位图显示过程中对图像显示来说重要的颜色索引数目，位于文件的第 51~54 字节。

3．颜色信息

颜色信息又称调色板，用于说明位图中的颜色，有若干表项，每一个表项为一个 s_structRGBQuad 结构体，用于定义一个颜色，每种颜色都由红、绿、蓝三种颜色组成。表项数目由信息头中的 biBitCount 决定：当 biBitCount 为 1 时，有两个表项，此时位图最多有两种颜色，默认情况下是黑色和白色，可以自定义；当 biBitCount 为 4 或 8 时，分别有 16 或 32 个表项，表示位图最多有 16 或 256 种颜色；当 biBitCount 为 16、24 或 32 时，没有颜色信息项。

```
typedef __packed struct
{
    u8 rgbBlue;         //指定蓝色强度
    u8 rgbGreen;        //指定绿色强度
    u8 rgbRed;          //指定红色强度
    u8 rgbReserved;     //保留，设置为 0
}s_structRGBQuad;
```

GD32F3 苹果派开发板的 LCD 显示屏为 16 位色，因此将 biBitCount 的值设置为 16，表示位图最多有 65536（2^{16}）种颜色，每个色素用 16 位（2 字节）表示。这种格式称为高彩色，或者增强型 16 位色、64K 色。

当成员变量 biCompression 取值不同时，代表不同的情况。当 biCompression 为 BI_RGB 时，没有调色板，其 0~4 位表示蓝色强度，5~9 位表示绿色强度，10~14 位表示红色强度，15 位保留并设为 0。在本章例程中，biCompression 的取值为 BI_BITFIELDS，原调色板的位置被三个双字类型的变量占据，称为红、绿、蓝掩码，分别用于描述红、绿、蓝分量在 16 位中所占的位置。常用的颜色数据格式有 RGB555 和 RGB565。在 RGB555 格式下，红、绿、蓝的掩码分别为 0x7C00、0x03E0、0x001F；在 RGB565 格式下，红、绿、蓝的掩码分别为 0xF800、0x07E0、0x001F。在读取一像素之后，可以分别用掩码与像素值进行与运算，在某些情况下还要再进行左移或右移操作，从而提取出所需要的颜色分量。

这种格式的图像使用起来较为复杂，不过因为其显示效果接近于真彩，而图像数据又比真彩图像小得多，多被用于游戏软件。

4．图像数据

图像数据是定义位图的字节阵列。位图数据记录了位图的每像素的值，顺序为：行内扫描从左到右，行间扫描从下到上。

当 biBitCount=1 时，8 像素占 1 字节；当 biBitCount=4 时，2 像素占 1 字节；当 biBitCount=8 时，1 像素占 1 字节；当 biBitCount=8 时，1 像素占 2 字节；当 biBitCount=24 时，1 像素占 3 字节，按顺序分别为 B、G、R。Windows 规定一个扫描行所占的字节数必须是 4 的倍数（即以 long 为单位），不足的以 0 填充。

16.2.2　BMP 图片显示相关的库函数

emWin 提供了两种方法来显示图片：①从外部存储器中读取数据并显示，由于其显示过程为一边读取数据一边显示，所以占用的 RAM 空间较小，但同时显示的速度也会降低；②从内存直接读取图片数据并显示，显示速度较快但占用内存较多。BMP、JPEG、PNG 格式的图片均可以使用以上两种方法来显示。

下面介绍用于显示 BMP 格式图片的常用库函数，更多的 BMP 相关函数可参考 emWin 用户手册的 8.1.2 节。

（1）GUI_BMP_Draw。

GUI_BMP_Draw 函数用于绘制已加载到内存的 BMP 图片，具体描述如表 16-1 所示。

表 16-1　GUI_BMP_Draw 函数的描述

函数名	GUI_BMP_Draw
函数原型	int GUI_BMP_Draw(const void * pFileData, int x0, int y0);
功能描述	绘制已加载到内存的 BMP 图片
输入参数 1	pFileData：指向 BMP 图片所在存储区域的起始位置的指针
输入参数 2	x0：图片的起始 X 轴坐标
输入参数 3	y0：图片的起始 Y 轴坐标
输出参数	无
返回值	0-成功；非 0-失败

（2）GUI_BMP_DrawEx。

GUI_BMP_DrawEx 函数用于绘制外部存储器中的 BMP 图片，具体描述如表 16-2 所示。

表 16-2　GUI_BMP_DrawEx 函数的描述

函数名	GUI_BMP_DrawEx
函数原型	int GUI_BMP_DrawEx(GUI_GET_DATA_FUNC * pfGetData, void * p, int x0, int y0);
功能描述	绘制外部存储器中的 BMP 图片
输入参数 1	pfGetData：指向用于获取数据的函数的指针
输入参数 2	p：传递给 pfGetData 指向的函数的指针
输入参数 3	x0：图片的起始 X 轴坐标
输入参数 4	y0：图片的起始 Y 轴坐标
输出参数	无
返回值	0-成功；非 0-失败

用于获取数据的函数原型如下：

```
int GUI_GET_DATA_FUNC(void * p, const U8 ** ppData, unsigned NumBytes, U32 Off);
```

GUI_GET_DATA_FUNC 函数的参数描述如下：

① p：GUI_BMP_DrawEx 函数的第二个输入参数传递过来的指针。

② ppData：在显示图片时，需要获取图片数据的位置。

③ NumBytes：请求的数据量（以字节为单位）。

④ Off：偏移量。

在 使 用 GUI_BMP_DrawEx 函 数 显 示 外 部 存 储 器 中 的 图 片 前 ， 需 要 先 依 据 GUI_GET_DATA_FUNC 函数原型定义一个新的用于获取数据的函数。例如，在显示 BMP 图片时，先定义 BMPGetData 函数：

```
static int BMPGetData(void * p, const U8 ** ppData, unsigned numBytesReq, U32 Off)
{
  ...
}
```

然后在调用 GUI_BMP_DrawEx 函数时，将 BMPGetData 函数的地址作为 GUI_BMP_ DrawEx 函数的第一个输入参数使用，从而实现图片显示。

16.3　JPEG 图片

16.3.1　JPEG 图片简介

JPEG 是一种广泛使用的图像压缩标准和文件格式，最初于 1992 年发布，经过多年的发展和改进，现已成为数字图像领域中最常用的格式之一。

JPEG 格式的优点在于能够在图像压缩过程中实现高比例的压缩，从而减小图像文件的大小，节省存储空间，并且可以在网络传输中快速加载。但高比例的压缩在本质上是通过牺牲图像细节和质量来实现的，因此，JPEG 是一种有损压缩格式，每次重新保存 JPEG 图片都会引入一定程度的压缩损失，导致图像质量逐渐下降。这使得 JPEG 格式不适用于对图像细节和精确性要求较高的应用。

emWin 内置了 JPEG 库，可以实现 JPEG 基线、扩展顺序和渐进压缩的过程，但仅支持解码而不支持编码。同时 emWin 的库在解码 JPEG 图像时会固定占用 33KB 的 RAM 空间，在绘制完 JPEG 图像后，占用的 RAM 控件将被释放。

16.3.2　JPEG 图片显示相关的库函数

下面介绍用于显示 JPEG 格式图片的常用库函数，更多的 JPEG 相关函数可参考 emWin 用户手册的 8.2.6 节。

（1）GUI_JPEG_Draw。

GUI_JPEG_Draw 函数用于绘制已加载到内存中的 JPEG 图片，具体描述如表 16-3 所示。

表 16-3　GUI_JPEG_Draw 函数的描述

函数名	GUI_JPEG_Draw
函数原型	int GUI_JPEG_Draw(const void * pFileData, int DataSize, int x0, int y0);
功能描述	绘制已加载到内存中的 JPEG 图片
输入参数 1	pFileData：指向 JPEG 图片所在存储区域的起始位置的指针
输入参数 2	DataSize：JPEG 图片文件的字节数
输入参数 3	x0：图片的起始 X 轴坐标
输入参数 4	y0：图片的起始 Y 轴坐标
输出参数	无
返回值	0-成功；非 0-失败

（2）GUI_JPEG_DrawEx。

GUI_JPEG_DrawEx 函数用于绘制外部存储器中的 JPEG 图片，具体描述如表 16-4 所示。

表 16-4　GUI_JPEG_DrawEx 函数的描述

函数名	GUI_JPEG_DrawEx
函数原型	int GUI_JPEG_DrawEx(GUI_GET_DATA_FUNC * pfGetData, void * p, int x0, int y0);
功能描述	绘制外部存储器中的 JPEG 图片
输入参数 1	pfGetData：指向用于获取数据的函数的指针
输入参数 2	p：传递给 pfGetData 指向的函数的指针
输入参数 3	x0：图片的起始 X 轴坐标
输入参数 4	y0：图片的起始 Y 轴坐标
输出参数	无
返回值	0-成功；非 0-失败

GUI_JPEG_DrawEx 函数的用法与 GUI_BMP_DrawEx 函数基本一致。

16.4　PNG 图片

16.4.1　PNG 图片显示

PNG 是一种无损的图像文件格式，通过使用一种无损压缩的算法对图像数据进行编码和压缩来减小文件大小。因此，PNG 图片在编辑和保存的过程中不会引入压缩损失，这使得 PNG 图片能够保留更多的图像细节和质量。它采用基于索引的颜色模型或完整的 RGB 颜色模型来表示图像的像素信息。此外，PNG 还支持透明度通道，使图像能够具有部分透明或完全透明的区域。

PNG 图片适用于多种应用场景，尤其适合处理细节和线条的情况，如图标、图形设计、网页图像和透明背景图像等。

emWin 内部不包含 PNG 解码库，需要用户自行下载并移植。Segger 官方网站提供了 PNG

库的下载链接，PNG 库同样具有多个版本，与 emWin 的版本一一对应，在本书配套资料包 "08.相关软件\emWin_PNG_V526" 文件夹下提供了适用于 emWin5.26 版本的 PNG 库。使用 PNG 库进行解码时需要占用 21KB 的 RAM 空间，而显示 PNG 图片（尺寸为 X 像素×Y 像素）所需要的总内存为 $21KB+(X+1)×Y×4B$。

16.4.2　PNG 图片显示的库函数

下面介绍用于显示 PNG 图片的常用库函数，更多的 PNG 相关函数可参考 emWin 用户手册的 8.4.4 节。

（1）GUI_PNG_Draw。

GUI_PNG_Draw 函数用于绘制已加载到内存中的 PNG 图片，具体描述如表 16-5 所示。

表 16-5　GUI_PNG_Draw 函数的描述

函数名	GUI_PNG_Draw
函数原型	int GUI_PNG_Draw(const void * pFileData, int FileSize, int x0, int y0);
功能描述	绘制已加载到内存中的 PNG 图片
输入参数 1	pFileData：指向 PNG 图片所在存储区域的起始位置的指针
输入参数 2	FileSize：PNG 图片文件的字节数
输入参数 3	x0：图片的起始 X 轴坐标
输入参数 4	y0：图片的起始 Y 轴坐标
输出参数	无
返回值	0-成功；非 0-失败

（2）GUI_PNG_DrawEx。

GUI_PNG_DrawEx 函数用于绘制外部存储器中的 PNG 图片，具体描述如表 16-6 所示。

表 16-6　GUI_PNG_DrawEx 函数的描述

函数名	GUI_PNG_DrawEx
函数原型	int GUI_PNG_DrawEx(GUI_GET_DATA_FUNC * pfGetData, void * p, int x0, int y0);
功能描述	绘制外部存储器中的 PNG 图片
输入参数 1	pfGetData：指向用于获取数据的函数的指针
输入参数 2	p：传递给 pfGetData 指向的函数的指针
输入参数 3	x0：图片的起始 X 轴坐标
输入参数 4	y0：图片的起始 Y 轴坐标
输出参数	无
返回值	0-成功；非 0-失败

GUI_PNG_DrawEx 函数的用法与 GUI_BMP_DrawEx 函数基本一致。

16.5 实例与代码解析

下面通过编写实例程序，实现通过按钮控制开发板上的 LCD 显示 BMP、JPEG、PNG 格式的图片。最终实现的 GUI 如图 16-1 所示。

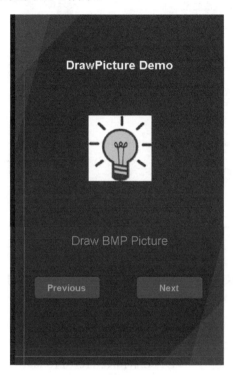

图 16-1 最终实现的 GUI

16.5.1 复制并编译原始工程

首先，将"D:\emWinKeilTest\Material\14.DrawPicture_Sample"文件夹复制到"D:\emWinKeilTest\Product"文件夹中。其次，双击运行"D:\emWinKeilTest\Product\14.DrawPicture_Sample\Project"文件夹中的 GD32KeilPrj.uvprojx，单击工具栏中的 按钮进行编译。当 Build Output 栏中出现"FromELF：creating hex file..."时，表示已经成功生成.hex 文件，出现"0 Error(s), 0 Warning(s)"表示编译成功。准备一张 SD 卡，将本书配套资料包"08.软件资料\SD 卡文件"下的所有文件夹复制到 SD 卡的根目录下，再将 SD 卡插入开发板的 SD 卡座。最后，将.axf 文件下载到开发板的内部 Flash 上。如果屏幕显示"Hello World！"，则表示原始工程正确，可以进行下一步操作。

16.5.2 移植 PNG 库

将本书配套资料包"08.软件资料\emWin_PNG_V526"路径下的 PNG 文件夹复制到"D:\emWinKeilTest\Product\14.DrawPicture_Sample\TPSW"路径下。在工程中新建 EMWIN_PNG 分组，并将"D:\emWinKeilTest\Product\14.DrawPicture_Sample\TPSW\PNG"路径下的所

有.c 文件添加到 EMWIN_PNG 分组中，如图 16-2 所示。

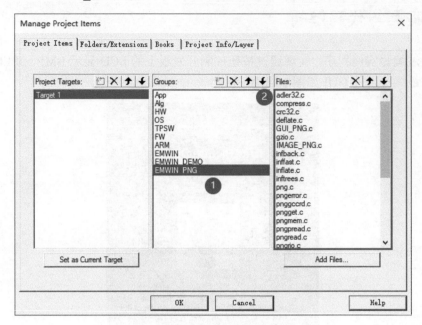

图 16-2　新建 EMWIN_PNG 分组并添加文件

然后，将"D:\emWinKeilTest\Product\14.DrawPicture_Sample\TPSW\PNG"路径添加到
Include Paths 栏中。

16.5.3　添加 BMPPicture 等文件对

首先，将文件路径定位至"D:\emWinKeilTest\Product\14.DrawPicture_Sample\TPSW\
emWin5.26\emWin\Sample\Application\GUIDemo"，在该路径下，将 BMPPicture 文件夹中的
BMPPicture.c 文件、JPEGPicture 文件夹中的 JPEGPicture.c 文件、PNGPicture 文件夹中的
PNGPicture.c 文件添加到 EMWIN_DEMO 分组中。然后，将这 3 个.c 文件的绝对路径添加到
Include Paths 栏中。

16.5.4　BMPPicture 文件对

1. BMPPicture.h 文件

在 BMPPicture.h 文件的"API 函数声明"区，声明 ShowBMPEx 函数，如程序清单 16-1
所示。该函数用于显示存放于 SD 中的 BMP 图片。

程序清单 16-1

```
void ShowBMPEx(const char *BMPFileName, int x, int y);    //显示 BMP 图片（从 SD 卡读取）
```

2. BMPPicture.c 文件

BMPPicture.c 文件的"包含头文件"区包含如程序清单 16-2 所示的头文件。因为需要调
用 printf 语句打印错误信息，所以包含 UART0.h 头文件。此外，还需要调用文件系统操作相
关函数，因此包含 ff.h 头文件。

程序清单 16-2

```
#include "BMPPicture.h"
#include "UART0.h"
#include "ff.h"
```

在"内部变量"区，声明用于存放图片数据的缓冲区 s_arrBMPBuffer，如程序清单 16-3 所示。

程序清单 16-3

```
static char s_arrBMPBuffer[1024 * 2];    //读取缓冲区
```

在"内部函数声明"区，声明用于获取 BMP 图片数据的回调函数 BMPGetData，如程序清单 16-4 所示。

程序清单 16-4

```
//用于获取 BMP 图片数据的回调函数
static int BMPGetData(void * p, const U8 ** ppData, unsigned numBytesReq, U32 Off);
```

在"内部函数实现"区，编写 BMPGetData 函数的实现代码，如程序清单 16-5 所示。该函数用于从文件系统中获取 BMP 图片数据。每调用一次该函数，将读取图片一整行的像素数据存放到缓冲区中。

程序清单 16-5

```
1.    static int BMPGetData(void * p, const U8 ** ppData, unsigned numBytesReq, U32 Off)
2.    {
3.        U32   readAddress;      //读取地址
4.        FIL* phFile;            //BMP 文件
5.        UINT numBytesRead;      //成功读取的字节数
6.
7.        //获取 BMP 图片文件的首地址
8.        phFile = (FIL*)p;
9.
10.       if(Off == 1)
11.       {
12.           readAddress = 0;
13.       }
14.       else
15.       {
16.           readAddress = Off;
17.       }
18.
19.       //读取数据量
20.       if (numBytesReq > (sizeof(s_arrBMPBuffer) ))
21.       {
22.           numBytesReq = sizeof(s_arrBMPBuffer) ;
23.       }
24.
25.       //移动指针到相应的位置
26.       f_lseek(phFile, readAddress);
```

```
27.
28.    //读取数据并存放到缓冲区中
29.    f_read(phFile, s_arrBMPBuffer, numBytesReq , &numBytesRead);
30.    *ppData = (U8*)(s_arrBMPBuffer);
31.
32.    //返回读取的字节数
33.    return numBytesRead ;
34. }
```

在"API 函数实现"区，ShowBMPEx 函数的实现代码如程序清单 16-6 所示。

（1）第 6 行代码：打开参数 BMPFileName 指定的文件名对应的文件，将打开的文件对象赋值给 s_fileBMPFile。

（2）第 13 行代码：通过 GUI_BMP_DrawEx 函数在指定的位置绘制 BMP 图片，s_fileBMPFile 将作为 BMPGetData 函数的第一个输入参数。

程序清单 16-6

```
1.    void ShowBMPEx(const char *BMPFileName, int x, int y)
2.    {
3.      static char result;
4.      static FIL   s_fileBMPFile;
5.
6.      result = f_open(&s_fileBMPFile, BMPFileName, FA_READ);      //打开 BMP 文件
7.
8.      if(result != FR_OK)
9.      {
10.        printf("打开文件失败\r\n");
11.      }
12.
13.      GUI_BMP_DrawEx(BMPGetData, &s_fileBMPFile, x, y);      //绘制 BMP 图片
14.
15.      f_close(&s_fileBMPFile);
16.    }
```

16.5.5 JPEGPicture 文件对

JPEGPicture 文件对的内容与 BMPPicture 文件对基本相同，仅将显示 BMP 相关库函数改为显示 JPEG 库函数，这里不再赘述。

16.5.6 PNGPicture 文件对

1. PNGPicture.h 文件

在 PNGPicture.h 文件的"API 函数声明"区，声明 ShowPNG 函数，如程序清单 16-7 所示。该函数用于显示存放在内存中的 PNG 图片。

程序清单 16-7

```
void ShowPNG(int x, int y);
```

2. PNGPicture.c 文件

在 PNGPicture.c 文件的"内部变量"区，定义存放 PNG 图片数据的数组_acPNGPicture，

如程序清单 16-8 所示。

程序清单 16-8

```
1.   //PNG 图片转换为 C 位图
2.   static const unsigned char _acPNGPicture[16752UL + 1] = {
3.   ...
4.   }
```

该数组是通过使用 emWin 的 Bin2C 工具对 PNG 图片转换而来的，对应的 PNG 图片存放在"D:\emWinKeilTest\Product\14.DrawPicture_Sample\TPSW\emWin5.26\emWin\Sample\Application\GUIDemo\GUIDemo\PNGPicture"路径下。转换步骤如图 16-3 所示。

① 打开"D:\emWinKeilTest\Product\14.DrawPicture_Sample\TPSW\emWin5.26\emWin\Tool"路径下的 Bin2C 工具，单击"Select File"按钮。

② 选择"D:\emWinKeilTest\Product\14.DrawPicture_Sample\TPSW\emWin5.26\emWin\Sample\Application\GUIDemo\GUIDemo\PNGPicture"路径下的 PNG.png 文件。

③ 单击"Convert"按钮，在 PNG 图片所在路径下即可生成对应的 PNG.c 文件，其中包含了存放 PNG 图片数据的数组 _acPNGPicture。

将该数组复制到 PNGPicture.c 文件中后，即可调用相关库函数绘制 PNG 图片。

在"内部函数实现"区，ShowPNG 函数的实现代码如程序清单 16-9 所示。该函数通过调用 GUI_PNG_Draw 函数来绘制内存中的 PNG 图片。

图 16-3　图片转换为数组

程序清单 16-9

```
1.   void ShowPNG(int x, int y)
2.   {
3.     GUI_PNG_Draw(_acPNGPicture, sizeof(_acPNGPicture), x, y);     //绘制 PNG 图片
4.   }
```

16.5.7　完善 GUIDemo.c 文件

在 GUIDemo.c 文件的"包含头文件"区，添加包含各个图片的相关头文件的代码，如程序清单 16-10 所示。

程序清单 16-10

```
1.   #include "GUIDemo.h"
2.   #include "DIALOG.h"
3.   #include "BmpPicture.h"
4.   #include "JPEGPicture.h"
5.   #include "PNGPicture.h"
```

在"宏定义"区，添加两个按钮的 ID 定义，如程序清单 16-11 所示。

程序清单 16-11

```
#define ID_BUTTON_Previous    (GUI_ID_USER + 0x00)
#define ID_BUTTON_Next        (GUI_ID_USER + 0x01)
```

在"枚举结构体"区，添加枚举 EnumPaintPictureFlag 的声明，如程序清单 16-12 所示。该枚举用于确定图片显示顺序。

程序清单 16-12

```
1.   //用于确定图片显示顺序
2.   typedef enum
3.   {
4.     ENUM_NULL,
5.     ENUM_BMP,
6.     ENUM_JPEG,
7.     ENUM_PNG
8.   }EnumPaintPictureFlag;
```

在"内部变量"区，添加两个按钮的句柄及图片的标志位定义，如程序清单 16-13 所示。图片的标志位用于表示当前显示的图片类型。

程序清单 16-13

```
static WM_HWIN s_hBUTTON_Previous;        // "Previous" 按钮的句柄
static WM_HWIN s_hBUTTON_Next;            // "Next" 按钮的句柄
static int s_iPictureFlag = 1;            //用于决定所绘制图片的格式
```

在"内部函数声明"区，添加如程序清单 16-14 所示的第 2 至 5 行代码，声明按钮和窗口的回调函数。

程序清单 16-14

```
1.   static void DrawBackground(void);                    //绘制背景
2.   static void UpdatePicture(void);                     //更新显示的图片
3.   static void BUTTON_PreviousCallback(WM_MESSAGE* pMsg); // "Previous" 按钮回调函数
4.   static void BUTTON_NextCallback(WM_MESSAGE* pMsg);     // "Next" 按钮回调函数
5.   static void BkWindowCallback(WM_MESSAGE* pMsg);        //背景窗口回调函数
```

在"内部函数实现"区，首先实现 DrawBackground 函数，该函数无须修改。在 DrawBackground 函数实现代码后添加 UpdatePicture 函数的实现代码，如程序清单 16-15 所示。

（1）第 3 至 6 行代码：使用背景色填充图片和文本的显示区域。

（2）第 13 至 28 行代码：根据图片标志位 s_iPictureFlag 的值判断要显示的图片格式，然后调用对应的库函数绘制图片。其中，BMP 和 JPEG 图片存放于 SD 卡根目录的 photo 文件夹下，PNG 图片保存在内存中。

程序清单 16-15

```
1.   static void UpdatePicture(void)
2.   {
3.     //使用背景色填充显示区域
4.     GUI_SetColor(0x312F0F);
5.     GUI_FillRect(100, 200, 100 + 280, 200 + 200);
6.     GUI_FillRect(100, 500, 100 + 280, 500 + 80);
7.
8.     //设置文本格式
9.     GUI_SetColor(0x129A98);
10.    GUI_SetTextMode(GUI_TM_TRANS);
```

```
11.      GUI_SetFont(&GUI_Font32_ASCII);
12.
13.      //根据 s_iPictureFlag 的值判断要显示的图片及文本
14.      if(s_iPictureFlag == ENUM_BMP)
15.      {
16.          ShowBMPEx("0:/photo/BMP1.bmp", 170, 230);              //绘制 BMP 图片
17.          GUI_DispStringHCenterAt("Draw BMP Picture", 240, 500);
18.      }
19.      else if(s_iPictureFlag == ENUM_JPEG)
20.      {
21.          ShowJPEGEx("0:/photo/JPEG1.jpg", 140, 250);            //绘制 JPEG 图片
22.          GUI_DispStringHCenterAt("Draw JPEG Picture", 240, 500);
23.      }
24.      else if(s_iPictureFlag == ENUM_PNG)
25.      {
26.          ShowPNG(170, 230);                                    //绘制 PNG 图片
27.          GUI_DispStringHCenterAt("Draw PNG Picture", 240, 500);
28.      }
29.  }
```

在 UpdatePicture 函数实现代码后添加 BUTTON_PreviousCallback 函数的实现代码，如程序清单 16-16 所示。该函数为 GUI 上的"Previous"按钮的回调函数，当按下该按钮时，图片标志位 s_iPictureFlag 递减，可实现图片切换。

程序清单 16-16

```
1.   static void BUTTON_PreviousCallback(WM_MESSAGE* pMsg)
2.   {
3.       GUI_RECT rect1;
4.       WM_HWIN hItem;
5.       WM_GetClientRect(&rect1);                //获取"Previous"按钮的尺寸
6.       hItem = pMsg->hWin;
7.
8.       switch (pMsg->MsgId)
9.       {
10.      case WM_PAINT:
11.          if (BUTTON_IsPressed(hItem))         // "Previous"按钮按下状态
12.          {
13.              GUI_SetColor(0x22C2FF);
14.              GUI_FillRoundedRect(rect1.x0, rect1.y0, rect1.x1, rect1.y1, 4);
15.              s_iPictureFlag--;                //显示上一张图片
16.
17.              //当前显示第一张图片，上一张显示第三张图片
18.              if(s_iPictureFlag == 0)
19.              {
20.                  s_iPictureFlag = 3;
21.              }
22.          }
23.          else                                 // "Previous"按钮未按下状态
24.          {
25.              GUI_SetColor(0x9F5925);
26.              GUI_FillRoundedRect(rect1.x0, rect1.y0, rect1.x1, rect1.y1, 4);
```

```
27.        }
28.
29.        //设置 Previous 按钮上显示的文本
30.        GUI_SetColor(0x9BA17F);
31.        GUI_SetFont(&GUI_Font24B_ASCII);
32.        GUI_SetTextMode(GUI_TM_XOR);
33.        GUI_DispStringInRect("Previous", &rect1, GUI_TA_HCENTER | GUI_TA_VCENTER);
34.        break;
35.
36.      default:
37.        BUTTON_Callback(pMsg);
38.        break;
39.    }
40.  }
```

在 BUTTON_PreviousCallback 函数实现代码后添加 BUTTON_NextCallback 函数的实现代码，如程序清单 16-17 所示。该函数为 GUI 上的"Next"按钮的回调函数，当按下该按钮时，图片标志位 s_iPictureFlag 递增，可实现图片切换。

程序清单 16-17

```
1.    static void BUTTON_NextCallback(WM_MESSAGE* pMsg)
2.    {
3.      GUI_RECT rect2;
4.      WM_HWIN hItem;
5.      WM_GetClientRect(&rect2);              //获取"Next"按钮的尺寸
6.      hItem = pMsg->hWin;
7.
8.      switch (pMsg->MsgId)
9.      {
10.       case WM_PAINT:
11.         if (BUTTON_IsPressed(hItem))        // "Next"按钮按下状态
12.         {
13.           GUI_SetColor(0x22C2FF);
14.           GUI_FillRoundedRect(rect2.x0, rect2.y0, rect2.x1, rect2.y1, 4);
15.           s_iPictureFlag++;                //显示下一张图片
16.
17.           //当前显示第三张图片，下一张显示第一张图片
18.           if(s_iPictureFlag == 4)
19.           {
20.             s_iPictureFlag = 1;
21.           }
22.         }
23.         else                                // "Next"按钮未按下状态
24.         {
25.           GUI_SetColor(0x9F5925);
26.           GUI_FillRoundedRect(rect2.x0, rect2.y0, rect2.x1, rect2.y1, 4);
27.         }
28.
29.         //设置"Next"按钮上显示的文本
30.         GUI_SetColor(0x9BA17F);
31.         GUI_SetFont(&GUI_Font24B_ASCII);
```

```
32.         GUI_SetTextMode(GUI_TM_XOR);
33.         GUI_DispStringInRect("Next", &rect2, GUI_TA_HCENTER | GUI_TA_VCENTER);
34.         break;
35.
36.       default:
37.         BUTTON_Callback(pMsg);
38.         break;
39.     }
40.  }
```

在 BUTTON_NextCallback 函数实现代码后添加 BkWindowCallback 函数的实现代码，如程序清单 16-18 所示。

（1）第 7 至 16 行代码：首先调用 DrawBackground 函数绘制背景，然后显示标题"DrawPicture Demo"，最后通过 UpdatePicture 函数显示图片。

（2）第 18 至 30 行代码：在检测到按钮被单击后，调用 UpdatePicture 函数更新显示图片。

程序清单 16-18

```
1.   static void BkWindowCallback(WM_MESSAGE* pMsg)
2.   {
3.     int NCode;
4.
5.     switch (pMsg->MsgId)
6.     {
7.       case WM_PAINT:
8.         DrawBackground();          //绘制背景
9.
10.        //显示标题字符串
11.        GUI_SetColor(GUI_WHITE);
12.        GUI_SetFont(&GUI_Font32B_ASCII);
13.        GUI_DispStringHCenterAt("DrawPicture Demo", 240, 100);
14.
15.        UpdatePicture();           //更新显示的图片
16.        break;
17.
18.      case WM_NOTIFY_PARENT:
19.        NCode = pMsg->Data.v;
20.
21.        switch (NCode)
22.        {
23.          case WM_NOTIFICATION_CLICKED:
24.            break;
25.          //检测到按钮被单击后，更新显示图片
26.          case WM_NOTIFICATION_RELEASED:
27.            UpdatePicture();
28.            break;
29.        }
30.        break;
31.
32.      default:
33.        WM_DefaultProc(pMsg);
```

```
34.        break;
35.    }
36. }
```

在"API 函数实现"区，按程序清单 16-19 修改 MainTask 函数的代码，设置背景窗口和两个按钮的回调函数，实现在 LCD 上进行图片显示。

程序清单 16-19

```
1.  void MainTask(void)
2.  {
3.      //初始化 GUI
4.      GUI_Init();
5.      GUI_SetBkColor(0x312F0F);
6.      GUI_Clear();
7.
8.      WM_SetCallback(WM_HBKWIN, BkWindowCallback);                    //设置背景窗口的回调函数
9.
10.     s_hBUTTON_Previous = BUTTON_Create(45, 600, 150, 48, ID_BUTTON_Previous, WM_CF_SHOW);
11.     WM_SetCallback(s_hBUTTON_Previous, BUTTON_PreviousCallback); //设置"Previous"按钮的回调函数
12.     s_hBUTTON_Next = BUTTON_Create(280, 600, 150, 48, ID_BUTTON_Next, WM_CF_SHOW);
13.     WM_SetCallback(s_hBUTTON_Next, BUTTON_NextCallback);            //设置"Next"按钮的回调函数
14.
15.     while(1)
16.     {
17.         GUI_Exec();        //GUI 轮询
18.     }
19. }
```

16.5.8 编译及下载验证

代码编写完成并编译通过后，确保 SD 卡已插入 SD 卡座，下载程序并进行复位。GD32F3 苹果派开发板的 LCD 上将显示如图 16-1 所示的界面，单击"Next"按钮或"Previous"按钮可切换图片，如图 16-4 所示，可显示 BMP、JPEG、PNG 这 3 种格式的图片。

图 16-4 运行结果

本章任务

熟练掌握本章所介绍的 BMP、JPEG、PNG 图片显示相关库函数的定义和用法。查阅资料和用户手册，在本章例程的基础上，增加 GIF 格式的图片显示功能。

 本章习题

1. 简述 BMP、JPEG、PNG 三种图片格式的主要区别。
2. BMP 图片由哪些部分组成？
3. 简述 emWin 提供的两种图片显示方法，并说明各有何优缺点。
4. 显示 PNG 图片时，通常需要占用多大内存？

第 17 章　中文显示

本书在前面介绍了文本显示的两种方法，通过文本显示相关函数或 TEXT 控件，均可实现在 GUI 中显示英文字符或其他符号。但在实际应用中，通常还需要显示中文字符或其他语言的字符。本章将介绍在 emWin 中显示中文字符的方法。

17.1　字符编码和点阵字体

1．字符、字符集和字符编码

字符是各种文字和符号的总称，包括各种语言的文字、标点符号、图形符号、数字等。一个字符可以是一个中文汉字、一个英文字母或一个阿拉伯数字等。

字符集是多个字符的集合。例如，GB2312 简体中文字符集收录简化汉字（6763 个）及一般符号、序号、数字、拉丁字母、希腊字母、汉语拼音符号、汉语注音等，共 7445 个图形字符。其他比较常见的字符集还有 ASCII 字符集、BIG 字符集、GB18030 字符集、Unicode 字符集等。

微控制器只能存储二进制数据，因此，在微控制器开发过程中所涉及的数据需要先转换成二进制数，再存储进相应的存储器单元。将对应的字符用二进制数表示的过程称为字符编码，如 ASCII 码中的字符"A"可以使用"0x41"保存。转换成不同二进制数的过程对应不同的编码方式，常见的字符编码方式有 ASCII 编码方式、GB2312 编码方式和 GBK 编码方式等。其中，ASCII 编码用于保存英文字符，GB2312 编码和 GBK 编码除了可以用于保存英文字符，还可以用于保存中文字符。

2．ASCII 字符集及编码

ASCII 字符集主要包括控制字符（回车、退格、换行等）和可显示字符（英文大小写字符、阿拉伯数字和西文符号）。

ASCII 编码是将 ASCII 字符集转换为计算机可以接收的数字系统的规则。ASCII 编码使用 7bit 表示一个字符，因此最多只能表示 128 个字符，ASCII 码表见附录。

3．GB2312 字符集及编码

使用 ASCII 编码方式已经足以实现英文字符的保存，英文单词的数量虽然多，但都由 26 个英文字母组成，因此仅用 1 字节编码长度即可表示所有英文字符。但对于汉字，如果按照笔画用类似于英文字母的方式来保存，再将其组合成具体的文字，编码方式将会极其复杂。因此，通常使用二进制数编码来保存单个汉字。但汉字的数量较多，仅常用字就多达 6000 个左右，此外，还有众多生僻字和繁体字。所以中文字符的编码需要 2 字节的编码长度。2 字节编码长度最多能表示 65535 个字符，但实际上字库并不需要用到全部空间，因为常用汉字加上生僻字和繁体字也仅有 20000 多个,若参考 ASCII 码的方式按顺序排列,则不仅会浪费剩余空间,而且不便于字符检索。因此,GB2312 编码方式使用区位码来查找字符。

在 GB2312 编码的第 1 字节中,编号 0~127 表示的字符与 ASCII 编码相同,后面的编码 0xA1~0xFE(编码 161~256)用于汉字编码。这 1 字节被称为汉字的区号或高位字节,0xA1~0xFE 换算成区号为 01~94 区(换算关系是编码值减去 0xA0)。第 2 字节的 0xA1~0xFE 用于汉字编码,这一字节被称为汉字的位号或低位字节,换算成位号为 01~94 位(换算关系是编码值减去 0xA0)。根据区号和位号,有 94×94=8836 个编码可以使用。在这些编码中,还包含了数字符号、罗马希腊字母、日文的假名及全角字符。

注意:ASCII 码表中的 128 个字符为半角字符,在 GB2312 编码中,使用 2 字节长度的编码对这 128 个字符进行重新编排后得到的字符为全角字符。

GB2312 编码的 94 个区的编排情况如下。

(1)01~09 区为特殊全角符号,共 682 个。

(2)16~55 区为一级汉字,共 3755 个,按照音序排列。

(3)56~87 区为二级汉字,共 3008 个,按照部首或笔画排列。

(4)10~15 区和 88~94 区共 13 个区暂未编码。

为了与 ASCII 编码兼容的同时不与 ASCII 编码冲突,GB2312 编码并未直接使用区位码 0x0101~0x5E5E 表示字符,而是使用实际的编码 0xA1A1~0xFEFE,即高字节与低字节的区位码要加上 0xA0。

4．GBK 字符集及编码

由于 GB2312 字符集可以表示的汉字个数只有 6000 多个(其余 2000 多个为汉字及日文等字符,不包含繁体字和生僻字)。在特殊情况下,GB2312 字符集的字符量可能无法满足使用需求。在 GB2312 字符集基础上产生的 GBK 编码方式能够很好地解决这一问题。GBK 字符集能够保存 20000 多个汉字,包括生僻字和繁体字,并同时兼容 GB2312 和 ASCII 编码方式。GBK 编码同样使用 1 字节或 2 字节来保存字符,使用 1 字节时,保存的字符与 ASCII 码对应;使用 2 字节时,保存的字符为中文及其他字符,在其编码区中,第 1 字节(区号)范围为 0x81~0xFE。由于 0x7F 不被使用,因此第 2 字节(位号)分为两部分,分别为 0x40~0x7E 和 0x80~0xFE(以 0x7F 为界)。其中,与 GB2312 编码区重合的部分,字符相同,因此 GB2312 编码是 GBK 编码的子集。

5．Unicode 字符集及编码

由于各个国家都有一套自己的编码标准,导致编码种类繁多却相互之间不共通。因此国际组织重新制定了一种包含已有的所有语言的字符集。该字符集为 UCS,也称为 Unicode。

Unicode 仅对字符进行编号,并未指定字符与编码的对应关系。

以汉字"汉"为例,它的 Unicode 码点为 0x6c49,对应的二进制数是 110110001001001,二进制数有 15 位,说明该字符至少需要用 2 字节来表示。在 Unicode 字符集中,后面的字符可能需要 3 字节、4 字节甚至更多字节来表示。那么计算机如何判断某 4 字节编码表示的是一个字符,而不是分别表示两个 2 字节编码的字符呢?通过让 Unicode 字符集中的所有字符均使用 4 字节编码,似乎可以解决编码问题,但同时造成了极大的空间浪费。如果是一个英文文档,使用 Unicode 编码将比使用 ASCII 编码额外多占用 3 倍的内存。这种使用 4 字节编码来表示 Unicode 字符集字符的方式称为 UTF-32 编码。针对 UTF-32 编码的不足,后续又产

生了 UTF-16 和 UTF-8 编码。

UTF-16 编码对 Unicode 字符编号在 0～65535 的字符采用 2 字节编码方式，将每个字符的编号转换为 2 字节的二进制数，即 0x0000～0xFFFF。由于 Unicode 字符集在 0xD800～0xDBFF 区间内没有表示任何字符，因此 UTF-16 编码利用这段空间对 Unicode 编号超出 0xFFFF 的字符进行编码，从而表示 4 字节扩展。相比 UTF-32 编码，UTF-16 编码节省了存储空间。

UTF-8 是目前互联网上使用最广泛的一种 Unicode 编码方式，它的编码有 1、2、3、4 字节共 4 种长度，每个 Unicode 字符根据自己的编号范围进行对应的编码。编码规则如下。①对于单字节的字符，最高位设为 0，低 7 位对应这个字符的 Unicode 码点。对于 Unicode 编号为 0x0000 0000～0x0000 007F 的字符，UTF-8 编码只需要 1 字节，因为这个范围的 Unicode 编号的字符与 ASCII 码完全相同，所以 UTF-8 兼容了 ASCII 码表。②对于需要使用 N 字节来表示的字符（$N>1$），最高字节的最高 N 位都设为 1，第 $N+1$ 位设为 0，剩余的 $N-1$ 字节的最高两位都设为 10，剩下的位使用这个字符的 Unicode 码点来填充，具体编码规则如表 17-1 所示。

表 17-1　UTF-8 编码规则

Unicode 十六进制码点范围	UTF-8 二进制
0000 0000 ～ 0000 007F	0××××××××
0000 0080 ～ 0000 07FF	110××××× 10××××××
0000 0800 ～ 0000 FFFF	110××××× 10×××××× 10××××××
0001 0000 ～ 0010 FFFF	110××××× 10×××××× 10×××××× 10××××××

17.2　字模和字库

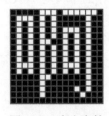

图 17-1　中文字符"啊"点阵示意图

如图 17-1 所示，假设在 LCD 16×16 区域显示汉字"啊"，可以按照一定顺序，如从左往右、从上往下依次将像素点点亮或熄灭，遍历整个矩形区域后，字符"啊"将显示在屏幕上。现在用 1bit 表示一个像素点，假设 0 代表熄灭，1 代表点亮，则可以按照从左往右、从上往下的顺序依次将像素点数据保存到一个数组中，这个数组即为汉字"啊"的点阵数据，即字模。将所有汉字的点阵数据组合在一起并保存到一个文件中，就是一个汉字字库。

17.3　emWin 支持的字体类型

下面以 emWin 自带的字体转换器 FontCvt.exe 为例，介绍 emWin 支持的字体类型，其中 FontCvt.exe 存放于本书配套资料包"02.相关软件\字体转换器"文件夹下。双击运行 FontCvt.exe，弹出的字体转换器界面如图 17-2 所示，可看到 emWin 支持的 7 种字体类型。

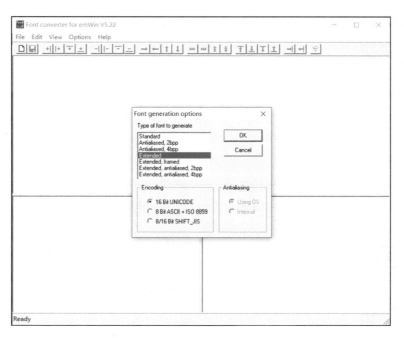

图 17-2　字体转换器界面

下面依次介绍这 7 种字体类型。

1．Standard 比例位图字体

Standard 比例位图字体的每个字符的高度相同，但宽度可能不同。像素信息保存为 1bpp（即 1 位色彩深度），涵盖整个字符区域。字号为 24 的比例位图字体的显示效果如图 17-3 所示。

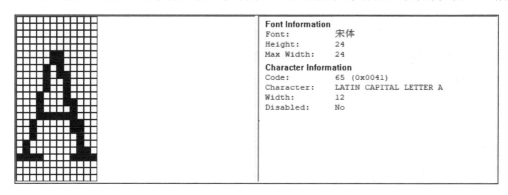

图 17-3　Standard 比例位图字体的显示效果

2．Antialiased 2bpp 抗锯齿字体

Antialiased 2bpp 抗锯齿字体的每个字符的高度相同，但宽度可能不同。像素信息保存为 2bpp 抗锯齿信息，涵盖整个字符区域。字号为 24 的 Antialiased 2bpp 抗锯齿字体的显示效果如图 17-4 所示。

3．Antialiased 4bpp 抗锯齿字体

Antialiased 4bpp 抗锯齿字体的每个字符的高度相同，但宽度可能不同。像素信息保存为 4bpp 抗锯齿信息，涵盖整个字符区域。字号为 24 的 Antialiased 4bpp 抗锯齿字体的显示效果如图 17-5 所示。

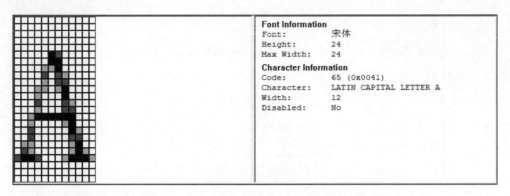

图 17-4　Antialiased 2bpp 抗锯齿字体的显示效果

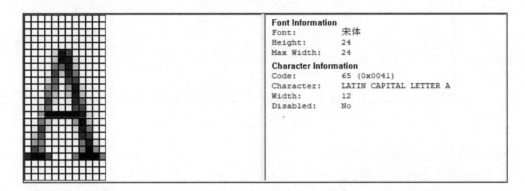

图 17-5　Antialiased 4bpp 抗锯齿字体的显示效果

4. Extended 扩展比例位图字体

Extended 扩展比例位图字体的每个字符拥有自己的高度和宽度，像素信息保存为 1bpp，仅涵盖字形位图区域。字号为 24 的 Extended 扩展比例位图字体的显示效果如图 17-6 所示。

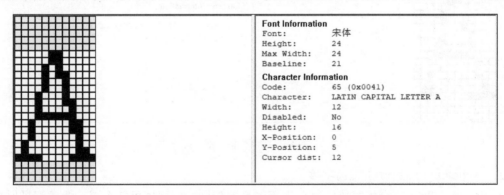

图 17-6　Extended 扩展比例位图字体的显示效果

5. Extended framed 带边框的扩展比例位图字体

带边框的字体始终在透明模式下绘制，与当前设置无关。字符像素按当前所设置的前景色绘制，边框按背景色绘制。在背景色未知的情况下，使用带边框的扩展比例位图字体为最佳选择。字号为 24 的 Extended framed 带边框的扩展比例位图字体的显示效果如图 17-7 所示。

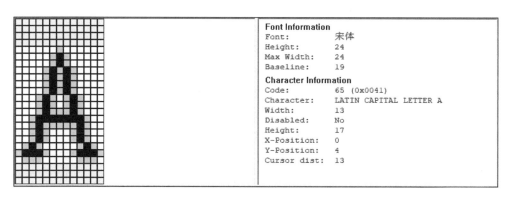

图 17-7　Extended framed 带边框的扩展比例位图字体的显示效果

6．Extended 2bpp 扩展比例位图字体

Extended 2bpp 扩展比例位图字体的每个字符高度相同，但宽度可能不同。像素信息保存为 2bpp 抗锯齿信息，仅涵盖字形位图区域。字号为 24 的 Extended 2bpp 扩展比例位图字体的显示效果如图 17-8 所示。

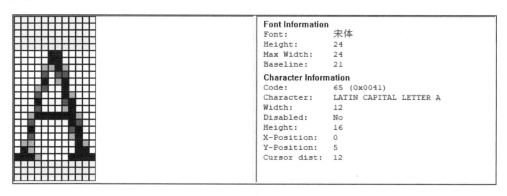

图 17-8　Extended 2bpp 扩展比例位图字体的显示效果

7．Extended 4bpp 扩展比例位图字体

Extended 4bpp 扩展比例位图字体的每个字符高度相同，但宽度可能不同。像素信息保存为 4bpp 抗锯齿信息，仅涵盖字形位图区域。字号为 24 的 Extended 4bpp 扩展比例位图字体的显示效果如图 17-9 所示。

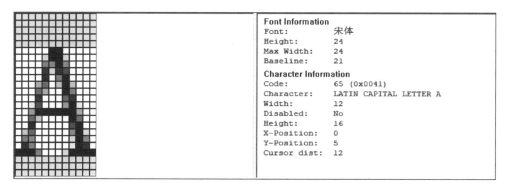

图 17-9　Extended 4bpp 扩展比例位图字体的显示效果

17.4　emWin 支持的字体格式

下面主要介绍 emWin 中比较常用的几种字体格式。

1．C 文件格式

在使用 C 文件格式的字体时，将需要使用的所有字符的像素信息均包含在一个.c 文件中，通过包含该.c 文件即可使用字符的字模，从而显示对应的字符。该.c 文件类似于一个小型的字库，其中仅包含需要使用的字符。可以通过字体转换器来创建包含指定字符的.c 文件。

2．SIF 格式

SIF 格式又称为系统独立字体格式，是包含字体信息的二进制数据块。可以通过字体转换器来创建系统独立字体。

3．XBF 格式

XBF 格式又称为外部位图字体格式，也是包含字体信息的二进制数据块，同样可以使用字体转换器来创建 XBF 格式文件。与其他字体不同的是，XBF 字体不必放在内存中即可使用，而 emWin 其他字体均需要存放在内存中。在使用 XBF 字体时，可以将其存放在任意外部存储器中，在内存较小的系统上可以优先考虑使用该字体。

17.5　C 文件格式的字体生成和使用

在本章例程中，使用了 C 文件格式在 GUI 上显示"实验名称：emWin 图片显示实验""实验平台：GD32F3 苹果派开发板"等包含中文的文本。下面以显示"实验名称：emWin 图片显示实验"文本为例，介绍 C 文件格式的字体生成和使用方法。

1．准备 txt 文件

在本书配套资料包"04.例程资料\Product\15.DisplayChinese_Sample\Font"文件夹下存放了 4 个.txt 文件，内容如表 17-2 所示，均为例程中需要显示的文本。

表 17-2　.txt 文件内容

文 件 名	文 件 内 容
FONT1.txt	实验名称：emWin 图片显示实验
FONT2.txt	实验平台：GD32F3 苹果派开发板
FONT3.txt	C 文件格式的小字库：emWin 汉字显示
FONT4.txt	打开 LED 关闭 LED 打开蜂鸣器 关闭蜂鸣器

双击打开 FONT1.txt 文件，执行菜单命令"文件"→"另存为"，在弹出的对话框中将编码方式改为 UTF-16 LE，然后单击"保存"按钮覆盖原 FONT1.txt 文件，如图 17-10 所示。

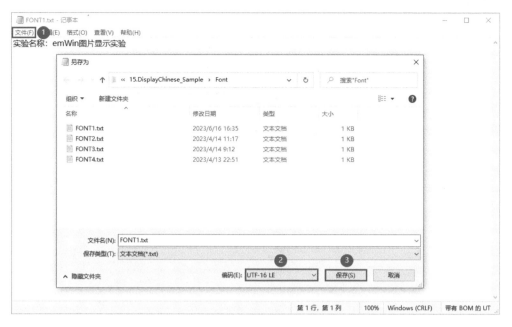

图 17-10　修改编码方式

2．生成.c 文件

双击打开本书配套资料包"02.相关软件\字体转换器"下的字体转换器 FontCvt.exe，选择 Standard 比例位图字体，然后单击"OK"按钮，如图 17-11 所示。

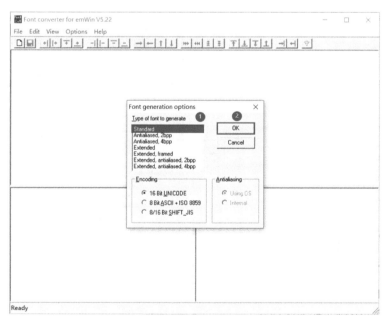

图 17-11　选择字体类型

在弹出的字体设置对话框中，选择要显示文本的字体、字形和大小（字号），分别为"隶书""常规""28"，然后选中"Pixels"单选按钮，最后单击"确定"按钮，如图 17-12 所示。

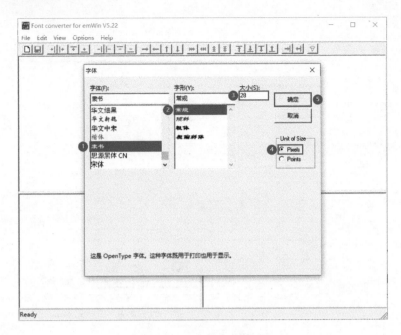

图 17-12　选择字体格式

接下来执行菜单命令"Edit"→"Disable all characters"，取消选中所有字符，如图 17-13 所示。

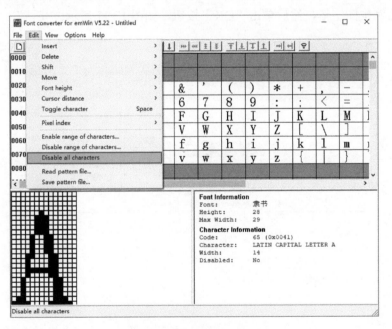

图 17-13　取消选中所有字符

执行菜单命令"Edit"→"Read pattern file"，在弹出的对话框中将路径定位至本书配套资料包"04.例程资料\Product\15.DisplayChinese_Sample\Font"文件夹下，选择"FONT1.txt"文件，并单击"打开"按钮，如图 17-14 所示。这样即可选中所有需要用到的字符，即 FONT1.txt 文件中包含的字符。

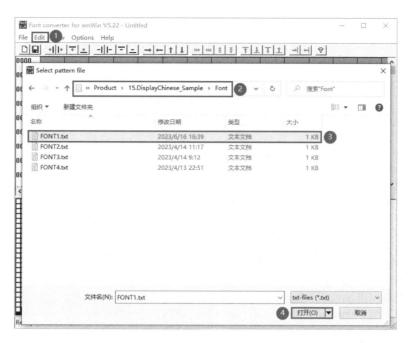

图 17-14 选中用到的字符

执行菜单命令"File"→"Save As",在弹出的对话框中将路径定位至本书配套资料包"04.例程资料\Product\15.DisplayChinese_Sample\Font"文件夹下,将文件名改为"FONT_LS28.c",并单击"保存"按钮,如图 17-15 所示。这样即可在 FONT1.txt 文件所在路径下生成一个 FONT_LS28.c 文件,该文件包含了 FONT1.txt 文件中包含的所有字符。

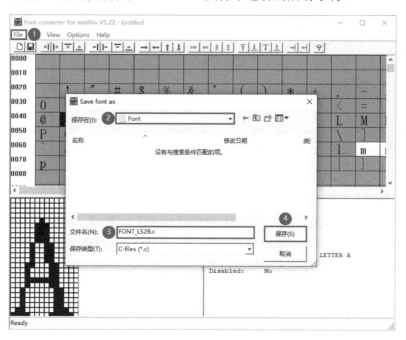

图 17-15 生成.c 文件

FONT_LS28.c 文件的内容如下:

```
#include "GUI.h"

#ifndef GUI_CONST_STORAGE
  #define GUI_CONST_STORAGE const
#endif

extern GUI_CONST_STORAGE GUI_FONT GUI_FontFONT_LS28;

GUI_CONST_STORAGE unsigned char acGUI_FontFONT_LS28_0057[ 56] = {…};
GUI_CONST_STORAGE unsigned char acGUI_FontFONT_LS28_0065[ 56] = {…};
GUI_CONST_STORAGE unsigned char acGUI_FontFONT_LS28_0069[ 56] = {…};
GUI_CONST_STORAGE unsigned char acGUI_FontFONT_LS28_006D[ 56] = {…};
GUI_CONST_STORAGE unsigned char acGUI_FontFONT_LS28_006E[ 56] = {…};
GUI_CONST_STORAGE unsigned char acGUI_FontFONT_LS28_540D[112] = {…};
GUI_CONST_STORAGE unsigned char acGUI_FontFONT_LS28_56FE[112] = {…};
GUI_CONST_STORAGE unsigned char acGUI_FontFONT_LS28_5B9E[112] = {…};
GUI_CONST_STORAGE unsigned char acGUI_FontFONT_LS28_663E[112] = {…};
GUI_CONST_STORAGE unsigned char acGUI_FontFONT_LS28_7247[112] = {…};
GUI_CONST_STORAGE unsigned char acGUI_FontFONT_LS28_793A[112] = {…};
GUI_CONST_STORAGE unsigned char acGUI_FontFONT_LS28_79F0[112] = {…};
GUI_CONST_STORAGE unsigned char acGUI_FontFONT_LS28_9A8C[112] = {…};
GUI_CONST_STORAGE unsigned char acGUI_FontFONT_LS28_FF1A[112] = {…};

GUI_CONST_STORAGE GUI_CHARINFO GUI_FontFONT_LS28_CharInfo[14] = {…};

GUI_CONST_STORAGE GUI_FONT_PROP GUI_FontFONT_LS28_Prop13 = {…};
GUI_CONST_STORAGE GUI_FONT_PROP GUI_FontFONT_LS28_Prop12 = {…};
GUI_CONST_STORAGE GUI_FONT_PROP GUI_FontFONT_LS28_Prop11 = {…};
GUI_CONST_STORAGE GUI_FONT_PROP GUI_FontFONT_LS28_Prop10 = {…};
GUI_CONST_STORAGE GUI_FONT_PROP GUI_FontFONT_LS28_Prop9 = {…};
GUI_CONST_STORAGE GUI_FONT_PROP GUI_FontFONT_LS28_Prop8 = {…};
GUI_CONST_STORAGE GUI_FONT_PROP GUI_FontFONT_LS28_Prop7 = {…};
GUI_CONST_STORAGE GUI_FONT_PROP GUI_FontFONT_LS28_Prop6 = {…};
GUI_CONST_STORAGE GUI_FONT_PROP GUI_FontFONT_LS28_Prop5 = {…};
GUI_CONST_STORAGE GUI_FONT_PROP GUI_FontFONT_LS28_Prop4 = {…};
GUI_CONST_STORAGE GUI_FONT_PROP GUI_FontFONT_LS28_Prop3 = {…};
GUI_CONST_STORAGE GUI_FONT_PROP GUI_FontFONT_LS28_Prop2 = {…};
GUI_CONST_STORAGE GUI_FONT_PROP GUI_FontFONT_LS28_Prop1 = {…};

GUI_CONST_STORAGE GUI_FONT GUI_FontFONT_LS28 = {…};
```

上述数组中存放了 FONT1.txt 文件中包含的字符的点阵数据，类似于一个小型的字库。当在其他文件中需要使用到该字库时，只需将 FONT_LS28.c 文件添加到工程中，并使用 extern 关键字声明 GUI_FontFONT_LS28 字体即可。

3．生成 Unicode 编码

生成.c 文件后，通过 emWin 的文本显示相关函数来显示"实验名称：emWin 图片显示实验"文本，还需要获取此文本的 Unicode 编码。

双击打开本书配套资料包"04.例程资料\Product\15.DisplayChinese_Sample\Font"文件夹下的 FONT1.txt 文件，执行菜单命令"文件"→"另存为"，在弹出的对话框中将编码方式改为"带有 BOM 的 UTF-8"，然后单击"保存"按钮覆盖原 FONT1.txt 文件，如图 17-16 所示。

图 17-16　修改编码方式

双击打开本书配套资料包"02.相关软件\字体转换器"下的转换工具 U2C（即 UTF-8 编码到 C 转换器），单击"Select file"按钮，选择本书配套资料包"04.例程资料\Product\15.DisplayChinese_Sample\Font"文件夹下的 FONT1.txt 文件，然后单击"Convert"按钮，如图 17-17 所示。此时，在 FONT1.txt 文件所在路径下生成了一个 FONT1.c 文件，单击"Close"按钮关闭 U2C 工具。

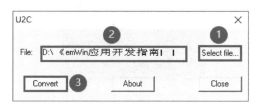

图 17-17　选择文件

FONT1.c 文件中的内容如下：

```
"\xe5\xae\x9e\xe9\xaa\x8c\xe5\x90\x8d\xe7\xa7\xb0\xef\xbc\x9a""emWin\xe5\x9b\xbe\xe7\x89\x87\xe6\x98\xbe\xe7\xa4\xba\xe5\xae\x9e\xe9\xaa\x8c"
```

第一个双引号中的内容为"实验名称："的 Unicode 编码，第二个双引号中的内容为"emWin 图片显示实验"的 Unicode 编码。由于 emWin 中的"e"也可以作为十六进制数，为避免编码出错，转换器以"emWin"字符为界将原字符串分为两部分进行编码。

4．显示文本

将 FONT_LS28.c 文件添加到工程后，可通过以下代码实现"实验名称：emWin 图片显示实验"显示。

```
extern GUI_CONST_STORAGE GUI_FONT GUI_FontLS28;

static const char * text[] =
{
"\xe5\xae\x9e\xe9\xaa\x8c\xe5\x90\x8d\xe7\xa7\xb0\xef\xbc\x9a",
"emWin\xe5\x9b\xbe\xe7\x89\x87\xe6\x98\xbe\xe7\xa4\xba\xe5\xae\x9e\xe9\xaa\x8c"
};

GUI_SetColor(GUI_WHITE);
GUI_SetFont(&GUI_FontLS28);                         //隶书 28 号字体
GUI_DispStringAt(text[0], 50 , 250);                //显示 "实验名称："
GUI_DispStringAt(text[1], 50 , 280);                //显示 "emWin 图片显示实验"
```

17.6 实例与代码解析

下面通过编写实例程序，介绍 emWin 提供的字体转换器 FontCvt 的用法，并实现在 GUI 中显示不同字体的自定义中文字符。最终实现的 GUI 如图 17-18 所示。

图 17-18 最终实现的 GUI

17.6.1 复制并编译原始工程

首 先 ， 将 " D:\emWinKeilTest\Material\15.DisplayChinese_Sample " 文 件 夹 复 制 到 "D:\emWinKeilTest\Product"文件夹中。其次，双击运行"D:\emWinKeilTest\Product\ 15.Display Chinese_Sample\Project"文件夹中的 GD32KeilPrj.uvprojx，单击工具栏中的 按钮进行编译。当 Build Output 栏中出现"FromELF：creating hex file..."时，表示已经成功生成.hex 文件，出现"0 Error(s), 0 Warning(s)"表示编译成功。最后，将.axf 文件下载到开发板的内部 Flash 上。如果屏幕显示"Hello World！"，则表示原始工程正确，可以进行下一步操作。

17.6.2 添加字库

在工程中新建 EMWIN_FONT 分组，并将"D:\emWinKeilTest\Product\15.DisplayChinese_

Sample\TPSW\emWin_FONT" 路 径 下 的 GUI_FontHZ24.c 、 GUI_UC_EncodeNone.c 、 GUICharPEx.c 和 MyFont.c 文件添加到 EMWIN_FONT 分组中，如图 17-19 所示。然后，将 "D:\emWinKeilTest\Product\15.DisplayChinese_Sample\TPSW\emWin_FONT" 路 径 添 加 到 Include Paths 栏中。

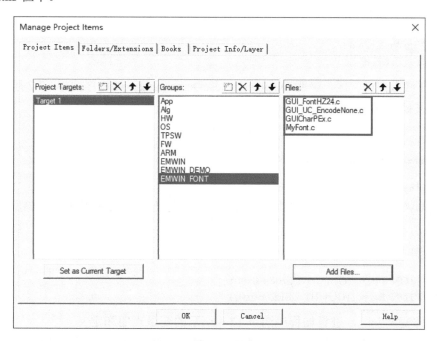

图 17-19　新建 EMWIN_FONT 分组并添加文件

在本章例程中，除了使用自制 C 文件格式的字库来显示中文，还使用了存放于 SD 卡中的 GBK24.FON 字库来显示中文。GUI_FontHZ24.c、GUI_UC_EncodeNone.c、GUICharPEx.c 文件为获取 GBK24.FON 字库的中文字符提供支持。MyFont.c 文件中存放了 4 种格式的字体，分别为隶书 28 号字体、微软雅黑 32 号字体、华文楷体 24 号字体、黑体 24 号字体。这 4 种字体对应的字库中分别存放了如表 17-2 所示的 4 个文件的内容。

17.6.3　添加 DisplayChineseDemo 文件对

首先，将 "D:\emWinKeilTest\Product\15.DisplayChinese_Sample\TPSW\emWin5.26\emWin\ Sample\Application\GUIDemo\DisplayChineseDemo" 文件夹中的 DisplayChineseDemo.c 文件添加到 EMWIN_DEMO 分组中。然后，将 "D:\emWinKeilTest\Product\15.DisplayChinese_Sample\ TPSW\emWin5.26\emWin\Sample\Application\GUIDemo\DisplayChineseDemo" 路 径 添 加 到 Include Paths 栏中。

17.6.4　DisplayChineseDemo 文件对

1. DisplayChineseDemo.h 文件

DisplayChineseDemo.h 文件的"包含头文件"区包含如程序清单 17-1 所示的头文件。

程序清单 17-1

```
1.    #include "GUI.h"
2.    #include "LED.h"
3.    #include "Beep.h"
4.    #include "FontLib.h"
5.    #include "ff.h"
6.    #include "EmWinHzFont.h"
7.    #include "BUTTON.h"
```

在"API 函数声明"区，声明 DisplayChineseDemo 函数，如程序清单 17-2 所示。该函数用于创建中文显示例程。

程序清单 17-2

```
void DisplayChineseDemo(void);      //创建例程
```

2. DisplayChineseDemo.c 文件

在 DisplayChineseDemo.c 文件的"宏定义"区，定义 LED 按钮和 Beep 按钮的 ID，如程序清单 17-3 所示。

程序清单 17-3

```
#define ID_BUTTON_LED    (GUI_ID_USER + 0x00)
#define ID_BUTTON_Beep   (GUI_ID_USER + 0x01)
```

在"内部变量"区，进行如程序清单 17-4 所示的变量声明和定义。

（1）第 1 至 4 行代码：使用 extern 关键字声明后续将要使用的 4 种字体。

（2）第 9 至 12 行代码：分别为第 8 行注释所要表示的字符的 Unicode 编码。

（3）第 18 至 21 行代码：分别为第 17 行注释所要表示的字符的 Unicode 编码。

（4）第 24 至 25 行代码：声明 LED 按钮和 Beep 按钮的句柄。

程序清单 17-4

```
1.    extern GUI_CONST_STORAGE GUI_FONT GUI_FontLS28;        //隶书 28 号字体
2.    extern GUI_CONST_STORAGE GUI_FONT GUI_FontWRYH32;      //微软雅黑 32 号字体
3.    extern GUI_CONST_STORAGE GUI_FONT GUI_FontHWKT24;      //华文楷体 24 号字体
4.    extern GUI_CONST_STORAGE GUI_FONT GUI_FontBLACK24;     //黑体 24 号字体
5.
6.    //用于显示相关汉字
7.    static const char * text[] =
8.    { //实验名称：emWin 图片显示实验/实验平台：GD32F3 苹果派开发板/C 文件格式的小字库：/emWin
汉字显示
9.      "\xe5\xae\x9e\xe9\xaa\x8c\xe5\x90\x8d\xe7\xa7\xb0\xef\xbc\x9a""emWin\xe5\x9b\xbe\xe7\x89\x87\xe6\x98\
xbe\xe7\xa4\xba\xe5\xae\x9e\xe9\xaa\x8c",
10.     "\xe5\xae\x9e\xe9\xaa\x8c\xe5\xb9\xb3\xe5\x8f\xb0\xef\xbc\x9aGD32F3\xe8\x8b\xb9\xe6\x9e\x9c\xe6\xb4\
xbe\xe5\xbc\x80\xe5\x8f\x91\xe6\x9d\xbf",
11.     "C\xe6\x96\x87\xe4\xbb\xb6\xe6\xa0\xbc\xe5\xbc\x8f\xe7\x9a\x84\xe5\xb0\x8f\xe5\xad\x97\xe5\xba\x93\xef\
xbc\x9a",
12.     "emWin\xe6\xb1\x89\xe5\xad\x97\xe6\x98\xbe\xe7\xa4\xba"
13.   };
14.   //也可以将使用到自制的中文字库文件改为 UTF-8 的编码，这样可以直接识别汉字
```

```
15.
16.    static const char * ButtonText[] =
17.    { //打开 LED/关闭 LED/打开蜂鸣器/关闭蜂鸣器
18.        "\xe6\x89\x93\xe5\xbc\x80LED",
19.        "\xe5\x85\xb3\xe9\x97\xadLED",
20.        "\xe6\x89\x93\xe5\xbc\x80\xe8\x9c\x82\xe9\xb8\xa3\xe5\x99\xa8",
21.        "\xe5\x85\xb3\xe9\x97\xad\xe8\x9c\x82\xe9\xb8\xa3\xe5\x99\xa8"
22.    };
23.
24.    static WM_HWIN s_hBUTTON_LED;          //LED 按钮的句柄
25.    static WM_HWIN s_hBUTTON_Beep;         //Beep 按钮的句柄
```

在"内部函数声明"区，声明 LED 按钮和 Beep 按钮的回调函数，如程序清单 17-5 所示。

程序清单 17-5

```
static void BUTTON_LEDCallback(WM_MESSAGE* pMsg);          //LED 按钮回调函数
static void BUTTON_BeepCallback(WM_MESSAGE* pMsg);         //Beep 按钮回调函数
```

在"内部函数实现"区，首先实现 BUTTON_LEDCallback 函数，如程序清单 17-6 所示。该函数主要用于绘制 LED 按钮的外观及控制开发板的 LED 状态。在默认状态下，开发板上的 2 个 LED 关闭，且 LED 按钮上显示"打开 LED"；按下（单击）LED 按钮后，开发板上的 2 个 LED 开启，且 LED 按钮上显示"关闭 LED"。

程序清单 17-6

```
1.     static void BUTTON_LEDCallback(WM_MESSAGE* pMsg)
2.     {
3.         static int flag_LED = 0;                 //绘制 LED 按钮的标志位
4.         GUI_RECT rect0;
5.         WM_GetClientRect(&rect0);                //获取 LED 按钮的尺寸
6.
7.         switch (pMsg->MsgId)
8.         {
9.           case WM_PAINT:
10.            if (BUTTON_IsPressed(pMsg->hWin))
11.            {
12.                flag_LED++;
13.            }
14.
15.            //根据 flag_LED 绘制 LDE 按钮的文本信息
16.            if (flag_LED % 2 == 0)               //LED 按钮未按下状态
17.            {
18.                GUI_SetColor(0x9F5925);
19.                GUI_FillRoundedRect(rect0.x0, rect0.y0, rect0.x1, rect0.y1, 0);
20.
21.                GUI_SetColor(0x9F5925);
22.                GUI_SetFont(&GUI_FontBLACK24);
23.                GUI_SetTextMode(GUI_TM_XOR);
24.                GUI_DispStringInRect(ButtonText[0], &rect0, GUI_TA_HCENTER | GUI_TA_VCENTER);
25.                LED1Off();                       //关闭 LED
26.                LED2Off();
27.            }
```

```
28.         else                                    //LED 按钮按下状态
29.         {
30.           GUI_SetColor(0x22C2FF);
31.           GUI_FillRoundedRect(rect0.x0, rect0.y0, rect0.x1, rect0.y1, 0);
32.
33.           GUI_SetColor(0x9F5925);
34.           GUI_SetFont(&GUI_FontBLACK24);
35.           GUI_SetTextMode(GUI_TM_XOR);
36.           GUI_DispStringInRect(ButtonText[1], &rect0, GUI_TA_HCENTER | GUI_TA_VCENTER);
37.           LED1On();                             //开启 LED
38.           LED2On();
39.         }
40.       break;
41.
42.     default:
43.       BUTTON_Callback(pMsg);
44.       break;
45.     }
46.   }
```

在 BUTTON_LEDCallback 函数的实现代码后为 BUTTON_BeepCallback 函数的实现代码，如程序清单 17-7 所示。该函数主要用于绘制 Beep 按钮的外观及控制开发板的蜂鸣器状态。在默认状态下，开发板上的蜂鸣器关闭，且 Beep 按钮上显示"打开蜂鸣器"；按下 Beep 按钮后，开发板上的蜂鸣器开启，且 Beep 按钮上显示"关闭蜂鸣器"。

程序清单 17-7

```
1.    static void BUTTON_BeepCallback(WM_MESSAGE* pMsg)
2.    {
3.      static int flag_Beep = 0;                   //绘制 Beep 按钮的标志位
4.      GUI_RECT rect1;
5.      WM_GetClientRect(&rect1);                    //获取 Beep 按钮的尺寸
6.
7.      switch (pMsg->MsgId)
8.      {
9.        case WM_PAINT:
10.         if (BUTTON_IsPressed(pMsg->hWin))
11.         {
12.           flag_Beep++;
13.         }
14.
15.         //根据 flag_Beep 绘制 Beep 按钮的文本信息
16.         if (flag_Beep % 2 == 0)                 //Beep 按钮未按下状态
17.         {
18.           GUI_SetColor(0x9F5925);
19.           GUI_FillRoundedRect(rect1.x0, rect1.y0, rect1.x1, rect1.y1, 0);
20.
21.           GUI_SetColor(0x9F5925);
22.           GUI_SetFont(&GUI_FontBLACK24);
23.           GUI_SetTextMode(GUI_TM_XOR);
24.           GUI_DispStringInRect(ButtonText[2], &rect1, GUI_TA_HCENTER | GUI_TA_VCENTER);
25.           BeepOff();                            //关闭蜂鸣器
```

```
26.          }
27.          else                                //Beep 按钮按下状态
28.          {
29.            GUI_SetColor(0x22C2FF);
30.            GUI_FillRoundedRect(rect1.x0, rect1.y0, rect1.x1, rect1.y1, 0);
31.
32.            GUI_SetColor(0x9F5925);
33.            GUI_SetFont(&GUI_FontBLACK24);
34.            GUI_SetTextMode(GUI_TM_XOR);
35.            GUI_DispStringInRect(ButtonText[3], &rect1, GUI_TA_HCENTER | GUI_TA_VCENTER);
36.            BeepOn();                          //开启蜂鸣器
37.          }
38.          break;
39.        default:
40.          BUTTON_Callback(pMsg);
41.          break;
42.      }
43. }
```

在"API 函数实现"区，DisplayChineseDemo 函数的实现代码如程序清单 17-8 所示，该
函数用于创建中文显示例程。

（1）第 3 至 7 行代码：显示标题字符串"DisplayChinese Demo"。

（2）第 8 至 10 行代码：使用 GUI_FontHZ24 字体显示"emWin 全字库中文显示（GB2312
编码）"，该字体来自存放在 SD 卡中的 GBK24.FON 字库。

（3）第 15 至 16 行代码：使用隶书 28 号字体显示"实验名称：emWin 图片显示实验"。

（4）第 17 至 18 行代码：使用微软雅黑 32 号字体显示"实验平台：GD32F3 苹果派开
发板"。

（5）第 21 至 24 行代码：使用华文楷体 24 号字体显示"C 文件格式的小字库：emWin
汉字显示"。

（6）第 26 至 32 行代码：分别设置 LED 按钮和 Beep 按钮的回调函数并启用内存设备来
重绘这 2 个按钮。

程序清单 17-8

```
1.   void DisplayChineseDemo(void)
2.   {
3.     //显示标题字符串
4.     GUI_SetColor(GUI_WHITE);
5.     GUI_SetFont(&GUI_Font32B_ASCII);
6.     GUI_DispStringHCenterAt("DisplayChinese Demo", 240, 100);
7.
8.     GUI_SetColor(0x22C2FF);
9.     GUI_SetFont(&GUI_FontHZ24);
10.    GUI_DispStringAt("emWin 全字库中文显示（GB2312 编码）", 50, 400);
11.
12.    GUI_UC_SetEncodeUTF8();          //改变编码方式
13.
14.    GUI_SetColor(GUI_WHITE);
15.    GUI_SetFont(&GUI_FontLS28);                      //隶书 28 号字体
```

```
16.    GUI_DispStringAt(text[0], 50 , 250);              //显示"实验名称：emWin 图片显示实验"
17.    GUI_SetFont(&GUI_FontWRYH32);                     //微软雅黑 32 号字体
18.    GUI_DispStringAt(text[1], 50 , 300);              //显示"实验平台：GD32F3 苹果派开发板"
19.
20.    GUI_SetColor(0x22C2FF);
21.    GUI_SetFont(&GUI_FontHWKT24);                     //华文楷体 24 号字体
22.    GUI_DispStringAt(text[2], 50 , 450);              //显示"C 文件格式的小字库："
23.    GUI_SetFont(&GUI_FontHWKT24);                     //华文楷体 24 号字体
24.    GUI_DispStringAt(text[3], 265, 450);             //显示"emWin 汉字显示"
25.
26.    s_hBUTTON_LED = BUTTON_Create(60,   550, 150, 50, ID_BUTTON_LED, WM_CF_SHOW);
27.    WM_SetCallback(s_hBUTTON_LED, BUTTON_LEDCallback);        //设置 LED 按钮的回调函数
28.    WM_EnableMemdev(s_hBUTTON_LED);                           //启用内存设备来重绘 LED 按钮
29.
30.    s_hBUTTON_Beep = BUTTON_Create(270, 550, 150, 50, ID_BUTTON_Beep, WM_CF_SHOW);
31.    WM_SetCallback(s_hBUTTON_Beep, BUTTON_BeepCallback);      //设置 Beep 按钮的回调函数
32.    WM_EnableMemdev(s_hBUTTON_Beep);                          //启用内存设备来重绘 Beep 按钮
33.
34.    while(1)
35.    {
36.       GUI_Exec();    //GUI 轮询
37.    }
38.  }
```

17.6.5 完善 GUIDemo.c 文件

在 GUIDemo.c 文件的"包含头文件"区，添加包含 DisplayChineseDemo.h 头文件的代码，如程序清单 17-9 所示。

程序清单 17-9

```
#include "GUIDemo.h"
#include "DisplayChineseDemo.h"
```

在"API 函数实现"区，按程序清单 17-10 修改 MainTask 函数的代码，创建例程可通过 Display ChineseDemo 函数实现，实现在 LCD 上进行中文显示。

程序清单 17-10

```
1.   void MainTask(void)
2.   {
3.     GUI_Init();        //GUI 初始化
4.
2.     DrawBackground(); //绘制背景
3.
4.     DisplayChineseDemo();   //创建例程
5.   }
```

17.6.6 编译及下载验证

代码编写完成并编译通过后，下载程序并进行复位。确保 SD 卡已插入 SD 卡座，GD32F3 苹果派开发板的 LCD 上将显示如图 17-18 所示的界面，单击 GUI 上的两个按钮，按钮的外观

将进行重绘，如图 17-20 所示。同时，开发板将进行对应的状态响应。

图 17-20　运行结果

 本章任务

熟练掌握本章所介绍的中文显示方法。尝试使用字体转换器生成 Standard 比例位图字体之外的其他类型字体，并生成对应的.c 文件，最终实现在 GUI 上显示该字体。

 本章习题

1. 简述 GB2312 编码与 GBK 编码有何联系。
2. UTF-32 编码、UTF-16 编码和 UTF-8 编码之间的区别是什么？
3. 在什么情况下应该使用 XBF 格式字体？
4. 简述使用 C 文件格式字体的步骤。

附录　ASCII 码表

ASCII 值	控 制 字 符	ASCII 值	控 制 字 符	ASCII 值	控 制 字 符	ASCII 值	控 制 字 符
0	NUL	29	GS	58	:	87	W
1	SOH	30	RS	59	;	88	X
2	STX	31	US	60	<	89	Y
3	ETX	32	(space)	61	=	90	Z
4	EOT	33	!	62	>	91	[
5	ENQ	34	"	63	?	92	\
6	ACK	35	#	64	@	93	]
7	BEL	36	$	65	A	94	^
8	BS	37	%	66	B	95	_
9	HT	38	&	67	C	96	`
10	LF	39	'	68	D	97	a
11	VT	40	(	69	E	98	b
12	FF	41	)	70	F	99	c
13	CR	42	*	71	G	100	d
14	SO	43	+	72	H	101	e
15	SI	44	,	73	I	102	f
16	DLE	45	-	74	J	103	g
17	DC1	46	.	75	K	104	h
18	DC2	47	/	76	L	105	i
19	DC3	48	0	77	M	106	j
20	DC4	49	1	78	N	107	k
21	NAK	50	2	79	O	108	l
22	SYN	51	3	80	P	109	m
23	ETB	52	4	81	Q	110	n
24	CAN	53	5	82	R	111	o
25	EM	54	6	83	S	112	p
26	SUB	55	7	84	T	113	q
27	ESC	56	8	85	U	114	r
28	FS	57	9	86	V	115	s

续表

ASCII 值	控 制 字 符	ASCII 值	控 制 字 符	ASCII 值	控 制 字 符	ASCII 值	控 制 字 符
116	t	119	w	122	z	125	}
117	u	120	x	123	{	126	~
118	v	121	y	124	|	127	DEL

参 考 文 献

[1] 钟世达. GD32F3 开发基础教程——基于 GD32F303ZET6[M]. 北京：电子工业出版社，2022.

[2] 张峰. emWin 在 LPC1788 上的移植与应用[J]. 电子设计工程，2015(3): 156-160.

[3] 温子祺. ARM Cortex-M4 微控制器原理与实践[M]. 北京：北京航空航天大学出版社，2016.

[4] 朱明杰. 基于 emWin 图形支持系统的人机交互界面[J]. 电脑迷，2019(2): 110.

[5] 张维通. 基于 EMWIN 和 ARM Cortex-M4 内核的数字示波器[J]. 电子世界，2018(12): 13-15.

[6] 钟涛. 基于 STM32 单片机的 emWin 系统设计[J]. 中国新通信，2017, 19(7): 53-54.

[7] 刘贤斌. 嵌入式系统图形用户界面汉字显示通用函数库的设计与实现[D]. 西安：西北工业大学，2019.